国家社会科学重点基金项目"大都市中产化进程与政策研究"（17ASH003）
江苏省高校优势学科建设工程专项资金（城乡规划学）

规划视角的中国小城镇模式

朱喜钢　孙　洁　马国强　著

中国建筑工业出版社

图书在版编目（CIP）数据

规划视角的中国小城镇模式 / 朱喜钢, 孙洁, 马国强著 .—北京：中国建筑工业出版社，2019.12
ISBN 978-7-112-24271-9

Ⅰ. ①规… Ⅱ. ①朱…②孙…③马… Ⅲ. ①小城镇－城市规划－研究　中国　Ⅳ. ① TU984.2

中国版本图书馆 CIP 数据核字（2019）第 217183 号

责任编辑：黄　翊　陆新之
责任校对：张惠雯

规划视角的中国小城镇模式
朱喜钢　孙　洁　马国强　著
*
中国建筑工业出版社出版、发行（北京海淀三里河路9号）
各地新华书店、建筑书店经销
北京雅盈中佳图文设计公司制版
天津翔远印刷有限公司印刷
*
开本：787×1092毫米　1/16　印张：16¾　字数：326千字
2019 年 12 月第一版　2019 年 12 月第一次印刷
定价：**98.00** 元
ISBN 978-7-112-24271-9
　　　　（34782）

序

　　我们今天生活、工作在大城市的人，许多有着小镇读书、成长的记忆。中国改革开放40余年的工业化、城镇化进程，使5亿人从乡村、小镇进入了城市，这一过程至今仍在延续着，我就是其中的一员。正是因为邓小平高考制度的改革，使我有机会从苏南的一个小镇进入了南京这样的大都会。昔日曾经生活过的小镇，成为了一辈子的"乡愁"。

　　两年前，江苏紫金传媒的采访，我曾经谈过"乡愁"：从《诗经》到李杜，再到余光中、顾城、海子，从"乡在何处"的疑问到"近乡情更怯"的忐忑，"乡愁"这种情愫，贯穿了中华民族的发展史，是中国人无法打开的情结。乡愁，是农耕社会走向城市社会的一种怀旧情愫，具有社会整体性的代际特征。我们这一代人，注定了可能永远满足不了那份保留在心底深处的乡愁。正是因为乡愁，萌发了我写作此书的最初动机。

　　我的"乡愁"是一个名叫沙溪的江南小镇，全国有此地名的小镇大概有十几个。与中国其他的小镇一样，在工业化、城镇化、都市化大潮中，它们或多或少都处于衰败过程中，只有极少数例外。江南的沙溪因被列入国家级历史文化名镇而获得发展。其实，所有人都明白，小镇的衰败与乡村的衰败一样，都是历史大潮的产物，要改变这一趋势困难重重。这意味着，我们今天都市中的许多人只能将"乡愁"留存心中。

　　作为一名城乡规划工作者，自然比普通人更清楚背后的因果。正因为此，从十年前开始，我渐渐将工作与研究的重心从大城市转向小城镇，先后在江苏、浙江、福建、江西、山东、安徽等地区主持编制了很多小城镇的规划。从总体规划到城镇设计，每一个规划与设计几乎都是一份沉甸甸的考卷，在检验规划师智慧的同时，似乎还有一种"良心"与使命在召唤：小镇里藏着千千万万人的那份"乡愁"。

　　小镇岂止是"乡愁"。在农耕社会，中国近现代的许多大文豪、大科学家、大政治家中的许多人来自小镇，社会一半以上的精英出自小镇。中国今天的许多城市，甚至是大城市，都是从小城镇发展而来。在此演化进程中，小城镇像成长中的"蝌蚪"，少数幸运地长成了"青蛙"，大量的仍然是蝌蚪，而其中的相当一部分正在走向衰亡或者已经衰亡。这是城镇化中一种无情的"社会生态"。辩证的是，这一"生态"系统中存在着此消彼长的平衡，小镇消亡的同时，城市在成长、在扩大，如同乡村的衰败伴随的是都市的成长发展一样。在未来相当长的时间里，中国的乡村与小城镇仍将扮演都市成长土壤的角色，他们的营养滋润着城市的成长。

那么，问题来了，哪些小镇有可能从"蝌蚪"成长为"青蛙"？哪些将蜕变成有生命力的蝌蚪，而哪些让它们自然消亡？当下的中国正面临这样的常态。从专业上说，这涉及许多高深的问题，如生产力布局、生态平衡及国土安全；城镇体系结构、功能重构，城市群、都市圈培育、发展及支撑；乡村振兴及其抓手等等。小城镇问题几乎触及了城市地理、乡村地理、区域规划、城市规划、乡村规划等诸多领域。无疑，小城镇是个大问题。

我们正处在一个"选择"与"被选择"的时代，在保护与发展、兼并与撤销中作出"选择"或者"被选择"。江浙等发达地区改革开放的一条重要经验是：从20世纪80年代到21世纪初的20多年中，撤并了一半左右的小城镇。与此同时，将有条件保护与发展的小城镇进行认真规划，品质发展。正因为此，在发展资源有限的机会中，将优势的资源集中到更好的空间载体中，提升了发展的动力，提高了发展的活力与水平。这一过程是政府与规划师通力合作的成果，是有所为和有所不为的集体智慧成就了江浙地区城镇化、都市化的品质与相对均质化的城乡区域。这是尚未被社会关注的一个重要的"中国方案"与"中国经验"。

本书的出发点是基于上述认识的思考，亦是回馈"乡愁"的那份眷恋。之所以选择规划视角，一方面是因为10年前作者曾经从规划的视角讨论并研究了中国的都市运动，得出的结论是：大城市优先发展是一个规律，是不可阻挡的"群众运动"。尽管我们并不希望如此，因为这会带来许多显而易见的城市问题。但事实上，正确的规划引导可以提前作出预判，将问题最小化，并朝着理想的愿景前行。既然如此，小城镇是否亦能够比目前的状态更好一些呢？另一方面，尽管都市运动的客观结果是小城镇及乡村的衰落，在都市与小城镇（包括乡村）的"跷跷板"两端，都市翘起、小镇落下似乎已成定势。全球范围几乎都是如此，只有少数的欧洲国家，如德国、法国、奥地利、瑞士等，城市与小城镇仍然保持着良好的均质态势。这是我们需要关注和研究的问题：为什么这些国家能够做到，是怎样做到的？我们能否通过我们的研究与规划，保护并发展一批小城镇，使得中国的城镇化、都市化格局能够变得不是那么非此即彼，你死我活，使整个城镇化的社会生态更加和谐、优美？这是本书作者试图追求的理想，亦是希望与社会共同分享的话题。

事实上，在过去几十年中，中国已经培育成长了一批有特色、有活力、有元气的小城镇。它们有两个共同的特点：一是政府的重点扶持，如旅游、休闲、物流等与特色产业关联的小镇；二是社会资本的介入与公众参与。这些小城镇在每个省市都有，但凤毛麟角，不足以说明中国小城镇的发展水平，更不代表小城镇未来的发展趋势。因此，我们需要对面广量大的普通小城镇进行深入的研究，并将研究成果付之于规划与治理实践，总结出一条有中国特色的发展路径。即在大都市优先发展的趋势中，如何让小城镇发挥独特的功能与作用，如何在"城市像欧洲，乡村（小镇）像非洲"的民间比喻中，将"非洲"变成"欧洲"？这正是本书将要讨论与研究的问题。

本书由三部分构成：第一部分是介绍我国小城镇的角色定位、价值及使命，总结我国小城镇发展的历程和典型模式，以及发达国家小城镇的发展历程与经验；第二部分是小城镇发展模式的理论研究，包括对发达国家小城镇发展的经验、空间形态、功能类型及动力机制；第三部分是规划引领下的中国小城镇转型与提升的方法与路径，重点总结了江苏常州市礼嘉镇、安徽马鞍山市博望镇、江西上饶市沙溪镇以及福建福清市一都镇四个不同类型的小城镇规划，突出规划引领的小城镇特色发展和实践指导。

在本书写作过程中，案例研究的常州市武进区礼嘉镇总体规划获得了江苏省城乡建设系统优秀勘察设计二等奖、国家城乡规划设计二等奖。与此同时，正是因为本书的写作，使得本人主持的国家社会科学重点基金项目（17ASH003）的研究获得了重要突破，不仅在理论成果上，而且更多地体现在政策治理的落实上，此书亦是这一基金项目的部分成果。

本书的出版得到各方面的支持和帮助，在此深表谢意。首先，感谢江苏、安徽、江西、福建等地方众多规划项目的委托方给了我们规划研究与规划编制的宝贵机会，激发了我们对小城镇的研究兴趣；其次，感谢规划项目的所有参与者，是大家的辛勤工作与智慧为本书提供了丰富的素材；再次，感谢南京大学城乡规划与设计专业2014级、2017级、2018级硕士研究生以及2016级博士生李建树、周扬在本书写作过程中卓有成效的工作。其中，刘蕾、林晓群、余思奇、肖娅、郭紫雨五位同学参与了资料收集、文献整理以及部分章节的起草；周扬、符颢、江璇、金霜霜、谭小芳对部分章节作了资料的补充和图片校对，魏琛朋参与了部分分析图的制作，李建树对初稿的修订以及杨婧雯的封面设计，都为本书最终完成作出了贡献。最后，要感谢中国建筑工业出版社陆新之主任、黄翊编辑在本书出版过程中的大力帮助和辛勤付出。

朱喜钢

二〇一九年夏至

于南大鼓楼校区

目录

第一章
我国小城镇的角色、价值及使命

21 世纪以来，我国城镇化进程进入全新的阶段，国家先后出台支持城市群、中心城市发展以及乡村振兴的政策文件，相关的研究成果层出不穷。比较之下，小城镇的发展要逊色，学界的关注也比较少。作为本书的开篇章节，本章从"小城镇"的概念界定入手，从小城镇的角色、困境、价值、使命四个方面展开论证，阐释小城镇在我国新型城镇化推进过程中不可替代的作用，进而为推动都市化、城市群以及乡村振兴战略的全面落实打下基础。

第一节　小城镇的角色

小城镇，顾名思义，就是较小的城镇，介于城与乡之间。根据不同学科对小城镇概念的解释，结合我国行政管理体制和城镇体系，现在一般从两个方面对"小城镇"的概念范畴进行界定：一是从（人口、用地）规模上，小城镇一般指常住人口在 20 万以下的小型城镇，大多数小城镇常住人口不超过 5 万人；二是从行政主体上，小城镇是指除设区市以外的建制镇，是我国行政管理体系的基层城镇单元。由于我国小城镇规模差异巨大，并且与其所在区域的自然、社会、经济等要素条件紧密相关，仅以"规模"难以界定"小城镇"的本质特征。尤其是发达镇常住人口超过 20 万人，但其行政级别、管理权限与其他建制镇并无差别。因此本书中所指"小城镇"为建制镇，是农村一定区域内政治、经济、文化和生活服务的中心，既强调其行政主体的独立性和完整性（已纳入城市管理的街道办不属于"小城镇"），又强调其服务农业农村的中心性（已撤并的原集镇区也不属于"小城镇"）。

一、城之尾、乡之首

小城镇是我国城镇体系中既特殊又重要的节点。在城镇体系中，小城镇处于最基层，也正是由于它的特殊位置——城之尾、乡之首，才真正起到了联系城乡的重大作用（费孝通，1985）。具体来讲，小城镇在推进城乡社会整体发展中的作用主要体现在三个方面：一方面是为城乡产业协作提供纽带。从农村产业结构调整看，仅仅依靠农村自身力量，没有城市先进生产力的支持和资金的支持，大力发展非农产业、推进农业产业化和贸工农一体化是困难的。从城市看，由于生产结构的调整、生产技术的提高及企业分工的细化，也必然要寻求新的市场和协作伙伴。小城镇作为城乡经济网络的联结点，既可以利用城市先进的技术、科学的管理和快捷的信息，也可以利用农村低成本的劳动力和丰富的资源优势，进而无论是协作配合城市工业生产，还是对农产品加工增值，都将带来极大的便利。

第二方面是为城乡功能融合提供载体。大城市发展过程中会不断遇到空间日益狭窄、地价昂贵、劳动力成本上升的问题。当城市规模过大时，需要在城市之外另行发展小城镇以分散城市规模，而一部分小城镇既是大城市职能扩散的产物，亦是广大农村政治、经济、文化和生活服务中心，因此有利于从资金、技术方面"反哺"农业，促进农村的发展。第三是为城乡共同发展提供支撑。目前，我国经济发展呈现出"内需不足—依赖出口—低价竞销—利润低下—工资增长缓慢—内需不足"的不良循环态势。因而，倡导和推行"居民收入增加—内需增长—降低对出口的依赖—避免竞销—收入增加"及循环经济的内需型发展在必行。进入城镇化成熟阶段后，要从根本上持续地扩大内需总量，重在改善和提高约50%生活在小城镇和农村的人口的生活水平，满足他们的物质和非物质消费需求。通过加强小城镇劳动密集型产业的发展以及小城镇基础设施和农村路网、基本农田水利的建设及生态环境改善、文教卫等事业的发展，拉动内需的大幅增长，促进城市工业产品和服务业剩余能量的乡镇转移，形成一个"城市、城镇和农村相互促进、共同发展，城乡居民收入持续增加"的良性循环。

总之，发展小城镇是带动农村经济和社会全面发展的大战略，是解决"三农"问题最根本、最有效的途径之一（朱建芬，2003）。同时，小城镇经济作为统筹城乡经济共同发展的载体和纽带，在我国城镇化的发展中具有重要的地位和作用。在改革开放之初，以乡镇企业为支撑的小城镇发展，成为了解决城乡二元矛盾、拉动城镇化的重要力量，形成了中国特色的自下而上城镇化道路（崔功豪，1999）。随后国家也出台了一系列政策鼓励发展小城镇，从2000年国务院下发的《关于促进小城镇健康发展的若干意见》，2009年的《关于加大城乡统筹发展力度，进一步夯实农业农村发展基础的若干意见》，到 2014 年的《国家新型城镇化规划（2014—2020 年）》，均提出发展中小城镇的战略，实现城乡统筹、城乡一体的繁荣。2017 年党的十九大报告上提出要建构以城市群为主体、大中小城市和小城镇协调发展的城镇格局，进一步强调小城镇发展的重要性。从这一系列的战略政策看出，小城镇的规划建设已列入国家重要议事日程，"积极发展小城镇"已经成为全社会的战略目标。

二、城镇化的"蓄水池"

目前，我国城镇化率已接近 60%，但截至 2018 年底，农村仍有 2 亿多剩余劳动力。根据世界发达国家城镇化的经验，我国城镇化率仍会进一步提高。然而，大中城市的现有基础设施和社会服务设施却难以承受大量农业剩余劳动力的不断涌入。再加上与城市居住成本、生活习俗的差异和农村家庭的"拖后腿"，迫使这些农民工只能游离于城乡，既加剧了交通压力又引发了教育子女、照顾老人和夫妻情感等社会问题及农业生产的弱劳化问题。

小城镇在地缘上接近农村，吸收和转移劳动力的成本低、风险小，不至于对社会产生大的震动。在生活成本上，小城镇能提供高于农村的生活环境，又能提供低于大中城市的生活成本，对农民进城能起到引导和鼓励的作用。小城镇的生活方式接近城市，但民俗、民情与农村相类似，农民进入小城镇后不会在生活习惯上有太大的反差。在劳动力进入小城镇后仍和农村有着千丝万缕的联系，有助于城乡间的交流和沟通，有利于带动整个农村的发展。

从城镇化的地缘性、成本、社会性等方面看，不少小城镇成为周边农村城镇化的"次优选择"和"过渡空间"，起到了城镇化"蓄水池"的作用（费孝通，1985）。因此，小城镇在科学、有序推进城镇化的过程中具有不可替代的作用。劳动力向小城镇转移可以减少剩余劳动力的盲目外出和过度流失，也可以弥补农忙时期劳动力的不足。此外，农村人口向小城镇适度移居有助于加快人口城镇化、农业现代化和农村富裕化进程，带动区域经济社会的健康发展。

三、城乡结构的夹层

小城镇夹层的角色本质为衔接性、过渡性。受限于较低的行政等级，面临大城市快速发展的背景，小城镇的角色存在三重尴尬，主要体现在以下几方面。

1. 低行政等级制约的尴尬

根据行政级别的高低依次形成上下级的关系，行政地位的不同，导致不同等级城镇在项目、资金、建设用地指标等资源分配及公共服务配置方面的不均衡。行政等级越高的城市能够获得数量更多和质量更优的资源与公共服务，而低等级小城镇不仅缺乏调配公共资源的能力和吸引力，而且难以形成可持续财政的能力，其进一步发展的空间被剥夺或受到遏制（杨林防，2003）。这种"虹吸式"的资源和要素流动与集聚态势，不仅扩大了不同等级城镇之间的发展差距，而且严重阻碍了区域经济一体化格局的形成。长期以来我国小城镇及镇域农村建设的投资严重匮乏。小城镇与城市在市政基础设施投资上的差距较大，县城的市政投资是建制镇的 2 倍左右（表 1-1），考虑到县城的数量远小于建制镇，因此平均每一个县城和小城镇获得的市政投资实质差距更大。根据公安部门统计的人口（包括户籍人口和暂住人口），2017 年全国城市城区人口 4.1 亿，县城人口约 1.39 亿，独立镇人口 1.55 亿，乡人口 2500 万，村庄人口约 7.56 亿（表 1-2）。建制镇市政公用设施固定资产人均投资额 1204 元，人均投资额不到县城的一半（46.06%），仅是城市的 1/4。

2005~2017年市政公用基础设施投资（单位：亿元）　　　表1-1

年份	城市	县城	建制镇	乡	村庄
2005	5602	719	476	55	434
2006	5765	731	580	66	501
2007	6419	812	614	75	616
2008	7368	1146	726	99	793
2009	10641	1681	798	101	863
2010	13363	2570	1028	129	1105
2011	13934	2860	1168	122	1216
2012	15296	3985	1384	152	1660
2013	16353	3834	1603	153	1850
2014	16245	3572	1663	132	1707
2015	16204	3099	1646	134	1919
2016	17460	3394	1697	136	2120
2017	19327	3634	1867	175	2529

（数据来源：《中国城乡建设统计年鉴》）

2017年市政公用基础设施投资情况对比　　　表1-2

	城市	县城	建制镇	乡	村庄
总投资（亿元）	19327	3634	1867	175	2529
人均投资（元）	4713	2614	1204	700	335

（数据来源：《中国城乡建设统计年鉴》）

2.大城市竞争挤压的尴尬

21世纪以来，中国实际上实施了"大城市主导型"的城镇化发展模式。由于大多数城市选择了以工业化为主导的发展路径，导致城市规模的过快增长，出现了城市规模越大则扩张也越快的态势。在此背景下，小城镇则处于发展的弱势地位，对人口和产业的吸引力明显减弱。据统计，2011年我国外出农民工分布最集中的是地级市，占33.9%；第二是县级市，占23.7%；第三是省会城市，占20.5%；第四是直辖市，占10.3%；建制镇最少，仅占8.9%。与2009年相比，在直辖市、省会城市和县级市的农民工比例分别上升了1.2个百分点、0.7个百分点和5.2个百分点，在地级市的农民工比例下降了0.5个百分点，而在建制镇的农民工比例下降了4.9个百分点，显示出人口向大城市聚集的趋势仍很明显。由此看出，小城镇远离喧嚣、环境清新、生活便利、经济成本低等优势，目前还没有真正成为其吸引人口和产业入驻的竞争力因素。

3.市民化滞后于城镇化的尴尬

《国家新型城镇化规划（2014—2020）年》提出要促进约1亿农业转移人口落户城镇，至2030年常住人口城镇化率达到60%左右，户籍人口城镇化率达到45%左右（表1-3）。在落户政策上，对小城市和建制镇提出了"全面放开"的政策。虽然户籍制度已经放开，但制约小城镇发展的机制、体制障碍仍然存在，计划经济时代遗留下来的土地制度仍然制约农民进入城镇的积极性。而小城镇户籍的放开有助于消化农村剩余劳动力，但随着大规模的农村人口迁徙，小城镇的承载和融合能力又成为一大问题，新老非户籍人口市民化加重小城镇发展压力。

《国家新型城镇化规划》落户政策对比表　　　　　　　　表1-3

行政级别	落户政策
500万人口以上特大城市	严格控制
300万~500万人口大城市	合理确定
100万~300万人口大城市	合理放开
50万~100万人口城市	有序放开
小城市和建制镇	全面放开

（数据来源：《国家新型城镇化规划（2014—2020年）》）

第二节　小城镇的困境

改革开放以来，在我国快速城镇化进程中小城镇表现出不同于大中城市、乡村的独有特征——城镇化的"半成品"，或者说小城镇发展现状的阶段性、粗放性以及分化的特征，整体上存在"似城似乡，又非城非乡"的困境。

一、小城镇未能融入城市

随着经济全球化和信息化的深入发展，以北京、上海为首的我国内地一些特大城市已经在世界城市体系中承担起了越来越多的组织职能，在世界城市体系中的重要性不断跃升（程遥，赵民，2015）。长三角、珠三角等"全球城市区域"在对接全球经济网络中起到越来越重要的作用，越来越多城市参与到全球资源、信息、产业的重新分配与组织当中。然而，在高度的行政权主导以及地方政府单一推动型特征下，各地区把高指标的城镇化率作为政绩目标，形成政府间的相互攀比及竞争之势，致使城市大规模占地，无序蔓延，重复建设、盲目圈地、乱征滥用耕地等现象屡禁不止（姚士谋，2009）。城市热衷于各种类型开发区、产业园、物流园、大学城、中央商务区等建设。一方面，城镇化的高速发展全面推动了中国经济和社会的巨大进步，并在很大程度上改善了城乡居民的生活水平和居住条件；另一方面，高速城镇化也带来了城市无序扩张、耕地资源过度流失、土地的城镇化快于人口城镇化等生态与社会问题。在此背景下，小城镇被城镇化的结果大多是以空间上被兼并、行政上被撤并为手段的，城镇化是以小城镇本身的消亡为代价的，由于原小城镇的地缘、产业、社会等传统结构仍然会在一定时期内存在，因此真正融入城市尚需时日。

同时，随着中国城镇化的不断发展，单一大城市发展的弊端不断显现，城镇的等级体系和规模结构严重失衡。特大城市、大中城市的数量和人口比重不断增加，小城镇发展动力明显不足，或发展缓慢，或停滞不前。小城镇成为中国城镇体系中真正的"末环"，不断边缘化，其在城乡统筹发展中重要的枢纽作用与地位被全社会所忽视。

二、小城镇无法脱离乡村

我国城镇化起步晚，但发展速度快。在城乡居民点中，几乎所有的小城镇均是由乡村转化而来，且这种转化的历史进程并不久远，甚至有相当一部分小城镇脱胎于乡村，成形于改革开放之后。因此我国小城镇生于乡村、出于乡村，与农村有着难以割舍、无法斩断的联系，这也是小城镇的面貌、产业、人口结构仍然具有工农结合、城乡兼具的特点的原因。按照我国城镇化目标，小城镇要在未来的发展过程中重点提升自身的发展质量，彰显自身特色。在实践中，大多数小城镇均以大中城市为目标，想方设法使自己尽快、彻底摆脱农村的影子，这已成为小城镇发展的目标取向。

然而，目前我国城镇化处于十分重要的发展路口，2018年全国城镇化率已达到59.58%，流动人口有2.41亿。2020年我国的总人口将达到14.5亿，城镇化水平60%左右，

图 1-1　德国巴登巴登小镇

城镇人口 8.7 亿；到 2030 年城镇化率将达到 70% 左右，基本实现城镇化。据此推算，还将转移 3 亿的农民。从发达国家的城镇化进程实践来看，小城镇完全可以成为人口产业承载的重要载体。以德国为例，全国人口超过 8200 万，城镇化率 97%，但是 70% 的人口居住在小城镇；城镇规模方面，德国百万人口以上的大城市只有 4 个，50 万人口以上的中型城市不超过 10 个，10 万以上的小城市只有 89 个（李兵弟，2014），而小城镇却有 13500 个，其中 75% 的小城镇人口少于 5000 人（图 1-1）。此外，即使是城镇化率达到 84% 的美国，50% 以上人口也是居住在 5 万人口以下的小城镇。

因此，作为城镇化的"蓄水池"，小城镇是我国进一步推进城镇化、提高城镇化质量的重要载体，小城镇将迎来新的发展机遇。相比国外主要发达国家而言，截至 2018 年底，小城镇人口在我国城镇总人口中占的比重还不超过 35%，且我国多数小城镇目前发育不良，发展落后，存在极大的上升空间。

三、小城镇加速分化

改革开放以后，我国小城镇进入发展的平稳期，数量不断增加，规模逐渐扩大。然而，与此同时中西部大部分小城镇却面临着人口不断流失的尴尬局面，小城镇发展的两极走向逐渐显露。小城镇区域发展差异显著，兴衰两极分化严重。无论是经济发达地区还是欠发达地区，由于城镇化进程的大背景以及种种不确定性，小城镇的进一步分化将日益明显。

在省域层面，东部发达省区小城镇的产业发展、城镇建设水平领先全国，而中西部省区特别是西部地区小城镇的发展水平要低得多。2018 年公布的全国综合实力千强镇名单中，江苏 204 个镇上榜，浙江 161 个镇上榜，广东 120 镇上榜，山东 112 镇上榜，河北 57 个镇上榜，这 5 个省的上榜数量就占到了 65%（图 1-2）。珠三角、长三

图1-2 2018年全国综合实力千强镇在各省的分布情况

（数据来源：2018全国综合实力千强镇名单）

角地区的部分小城镇无论从城镇集聚规模（建成区、常住人口），还是从城镇建设标准、产业发展水平等方面，都可匹敌甚至超过中西部的地级城市。

在区域层面，小城镇的发展轨迹也展现出了两极分化的态势。一部分小城镇借助于优越的交通区位、优良的产业发展传统、独特的生态环境，不断集聚新的发展要素，形成了特色竞争优势，在城市化的背景下获得了快速的发展壮大，走向了良性发展的道路。但也有不少小城镇由于交通区位条件的变化，传统产业转型滞后，在城镇化的浪潮中迷失自我，丧失了发展的主动性，呈现发展停滞甚至衰败的景象。

四、小城镇被边缘化

大城市与小城镇之争一直都未淡出我们的视野，关于小城镇的研究文献更是浩如烟海。在中国知网上输入检索主题词"小城镇"，可以看到471万条信息。在中国期刊网上，以小城镇为主题词，以文章标题为范围，以1999~2019年为时间区间，可以检索到31679篇文章。其中在核心期刊上发表的文章有5360篇，占总数的17%；从2013年开始关于小城镇的文章数量大幅下降，学术界对小城镇的研究减少（图1-3）。同样的，在中国知网上以"乡村"为主题词进行检索，可以检索到176388篇文章，在核心期刊上发表的文章有22337篇，占到总数的13%（图1-4）。两者对比可以发展，由于近年这个阶段国家对于乡村发展的高度重视以及"乡村振兴"战略的提出，学术界对乡村方面的研究比较火热，而较少关注到作为乡村地区中心的小城镇。

各类文献多学科、多视角地阐述了对小城镇发展的理解，而且不断引入新的理论和研究方法，但主要的分歧仍集中于小城镇的地位和作用研究。多数学者早期认为小城镇是城市化的理想途径，应该"重点发展小城镇"，认为小城镇能有效组织农村生产、生活并协调城乡关系，能够有效地解决农村大量剩余劳动力，实现乡村城市化（周干峙，1988；崔功豪，1989；许学强等，1989）。另有部分学者则认为应该"限制小城镇发展"，

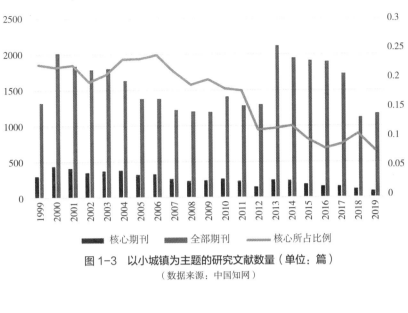

图1-3 以小城镇为主题的研究文献数量（单位：篇）

（数据来源：中国知网）

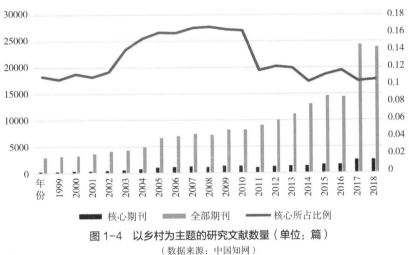

图1-4 以乡村为主题的研究文献数量（单位：篇）

（数据来源：中国知网）

作为小城镇发展动力的乡镇企业随着市场经济的逐步完善其前景不容乐观，对小城镇发展的推动力将变得有限（吴琴，2008）；小城镇不能成为我国经济和社会现代化的空间载体（邹兵，1999；赵新平，2002）。

第三节 小城镇的价值

传统城镇化模式下，对于小城镇的价值存在根深蒂固的认识误区。一种观点认为，小城镇归根结底属于城市，服务于城市，因此其产业支撑、用地形态以及发展模式均以城市为导向。另一种观点认为，小城镇在产业结构、空间景观、用地类型等方面仍然遗留了诸多的农村特点，未来这种遗留仍然难以彻底清除。上述两种观点均把小城镇的价值建立在城市、乡村发展的基础之上，因此小城镇的发展是从属性的、被动的，乃至于无法避免衰败的最终结局。本节内容基于小城镇在城镇化中的角色和现状认识，提出小城镇的价值核心在于"小"、"特色"以及"有机集中"，小城镇的存在为我们提供了一种"回归美好"的依托。

一、"小的是美好的"

《Small is Beautiful》（小的是美好的）是英国学者 E·F·舒马赫所著的经济学名著，因其切中时弊、历久弥新而给人以启发性和颠覆性的影响，被称为一本以人为本、彻悟未来的书。在大城市、大企业、大公司的趋势下，作者提倡以小巧的工作单元及善用当地人力与资源的地区性工作场所等逆向思考，省思工业社会与现代社会如何才能更幸福地快乐生产与生活。在他看来，现代社会的发展与进步日益显示出"小的是美好的"绚丽前景。中国在快速的城镇化进程中。面临的诸多挑战，促使人们重新开始思考传统的城镇化所带来的一系列问题与困境的出路——小城镇是否是另一种更美好的选择？对于这一问题，可从正反两面进行分析。

如果小城镇无法作为更美好的选择，那么主要原因是什么？答案也许有许多，但指向最集中的往往是集聚规模问题。小城镇往往人口、用地规模有限，对于优质发展要素的集聚能力较弱，甚至自身发展要素受到中心城市的吸引从而产生严重的外流。与此同时，有限的用地规模增加了实现高效率利用土地、组织产业功能和配套各类设施的成本和难度。实际上，这就是普遍存在的对于规模的追求，从而忽视了小城镇的本质价值所在。

从侧面看，如果小城镇作为一种更美好的选择，那么其优势是什么？小城镇凭借靠近大自然的优越区位，拥有较好的自然资源禀赋，可以作为慢节奏生活的承载地。同时小尺度的城镇空间更加适宜居住和管理。

二、"特色的是美好的"

对于小城镇来说，不可能凭借集聚能力、服务能力在与大中城市的发展竞争中取得成功，反倒是不少小城镇在快速城镇化的洪流中被大中城市所吞并。既然如此，小城镇可借不断演进的"都市运动"潮流，面向都市居民的产业、居住、服务等需求，营造有吸引力、有个性内涵的特色发展模式。自 2005 年以来，遍及全国以大中城市周边为重点的小城镇建设，其成功之处便在于满足了都市的郊区化居住、旅游休闲、产业功能疏散等需求，打造成为特色化的产业功能业态、文化旅游内涵以及空间景观面貌。其中，以浙江的"特色小镇"实践最为深入。

2015 年 1 月 21 日，浙江省"两会"上提出特色小镇概念，并描述为"以新理念、新机制、新载体推进产业集聚、产业创新和产业升级"。"十三五"规划纲要明确提出，要"因地制宜发展特色鲜明、产城融合、充满魅力的小城镇"。2016 年，国家住房城乡建设部、国家发展改革委、财政部三部委联合发布《关于开展特色小城镇培育工作的通知》提出，在全国范围内开展特色小城镇培育工作，到 2020 年争取培育 1000 个左右各具特色、富有活力的特色小镇。2015 年浙江省发布首批省级特色小镇创建名单，包括杭州梦想小镇等 37 个小镇；2016 年浙江省级特色小镇第二批创建名单出炉，包括宁波鄞州四明金融小镇等 42 个小镇；浙江省级特色小镇第三批共 35 个。目前杭州已经建成第一批省级特色小镇 9 个，例如位于未来科技城的梦想小镇（图 1-5），顺应"大众创业、万众创新"的时代浪潮、"互联网＋"的发展机遇，成为世界级的互联网创业高地。再如，废弃水泥厂改造而成的艺创小镇（图 1-6），是一处集文创设计、艺术展演、社群经济、时尚消费和特色旅游五位一体的新型特色小镇。

图 1-5　浙江杭州梦想小镇

图 1-6　浙江杭州艺创小镇

浙江特色小镇已摸索了很多宝贵的实践经验，但总体来讲，不同省份的经济基础、社会文化和地域资源的差异是毋庸置疑的，这也是决定不同地区城镇化道路差异的根源。浙江省位于我国东部沿海先发地区，具有良好产业基础、自然资源丰富、民间资本优渥、体制制度创新等众多优势，特色小镇的成功可以说是所有这些优势历经三十多年累积而成的成果。而其他中部、西部、东北地区很难具备这些先天与后天条件，因而这些地区的小城镇不能盲目效仿，否则就违背了因地制宜、实事求是的基本原则。

三、"有机集中是美好的"

"有机集中"区别于一般的、绝对的集中，是一种基于人与社会、自然、生态有机关系的集中。笔者早在2000年就提出了有机集中的概念和理论，2008年又结合我国当前的都市化背景对其进行了进一步的阐释。对于小城镇来说，"有机集中"的原则和目标仍然适用，且理应作为小城镇未来空间发展的核心价值。

第一，从小城镇的产业发展需求看，过于集中会导致规模不经济，而过于分散则难以达到规模经济门槛。如果说，大中城市产业集聚和发展的价值在于规模本身，那么，小城镇产业集聚和发展的价值则在于组织演进对于规模的加成。因此，小城镇的产业更加注重产业关联性和功能叠加，比如都市郊区小城镇在自有特色产业的基础上，注重旅游开发与文化产业；传统工业型小城镇则可以在环境营造、产业链打造等方面体现有针对性的集中。

第二，从城镇化推进的需求看，小城镇是重构城镇体系、优化我国城镇化空间战略格局的关键抓手，是化解城镇化问题和困局的新的战略路径。一方面，小城镇是吸纳农业人口转移，实现就地、就近城镇化的主要载体。小城镇的发展能够为大城市的人口和产业转移创造条件，进而有利于大城市优化环境，提升管理和服务，更好地承接国际产业转移，实现创新驱动和结构升级，从而更好地发挥区域辐射带动功能。另一方面，小城镇依托区域内大城市功能，结合中小城市自身特点、能力和资源禀赋进行差别化定位，促进区域经济整合，形成城市组团、联动发展的城市群效应。

以浙江为例，改革开放三十多年以来，浙江省培育并形成了诸多特色鲜明的块状经济和区域特色产业。至今，这些块状经济强镇仍然在持续推动浙江省经济前进，推进自下而上的城镇化进程。但其过度依赖劳动密集型的低端产业，资源利用率较低，对环境破坏较严重，客观上面临着转型的需要。体现有机集中特点的特色小镇为城镇化提升提供了新思路（彭震伟，张文，2017）。规划建设特色小镇不仅是顺应经济新常态，推进经济转型发展的理想选择，也是扩大有效投资、推进城乡统筹发展和传承地方文化的有效载体。

第四节　小城镇的使命

在新型城镇化、乡村振兴等新的战略背景下，小城镇面临前所未有的机遇，需要被赋予全新的历史使命。

一、助力新型城镇化

新型城镇化是对传统城镇化的反思。小城镇的发展需要与新型城镇化的推进相统一，在内涵上、模式上相互呼应，并互相支撑。

1. 小城镇的健康发展有助于城镇化质量的提升

2014 年 3 月中共中央、国务院印发《国家新型城镇化规划（2014—2020 年）》，标志着新型城镇化建设已经上升到国家发展战略。新型城镇化建设关注的重点从传统城镇化侧重数量规模增加转向注重内涵质量提升，更加关注城乡二元主体的结构性矛盾，关注农业转移人口市民化；重视城乡统筹发展，推动大中小城市和小城镇协调发展；更为注重城镇化的内涵和质量，重视城市可持续发展。

长期以来，中国城镇化两极分化现象非常严重，一方面是少数大城市人口规模持续膨胀，并衍生出一系列负面问题，另一方面是小城镇始终得不到的长足发展，甚至出现了一定程度的衰退（赵晖等，2017）。这种两极分化的城镇化发展模式大幅透支了中国城镇化发展的潜力，亦影响了城镇化整体的发展质量。当前中国正处于城镇化发展的关键阶段，在既有的城镇化模式暴露出诸多问题的背景下，亟需通过走大中小城市和小城镇协调发展的城镇化之路来实现城镇化的高质量发展。

新型城镇化要求"发展集聚效率高、辐射作用大、城镇体系优、功能互补强的城市群，使之成为支撑全国经济增长、促进区域协调发展、参与国际竞争合作的重要平台"，强调区域城市关系的重构与整合，促进城市功能的合理分工与协作。要实现城市群空间的精明增长，就必须重视小城镇在城镇体系中的健康发展。

2. 小城镇角色的发挥有助于体现以人为本的城镇化内涵

新型城镇化的核心内涵是以人为本，推进以人为核心的发展。新型城镇化要求有序推进农业转移人口市民化，推进农业转移人口享有城镇基本公共服务。未来十几年，我国将有 3 亿左右人口由农村进入城市，即每年有 2000 万人需要市民化。如此庞大数量的农业转移人口不可能完全依靠 140 多个大城市和特大城市来"吸收"和"消化"。近年来我国大城市和特大城市各种各样功能叠加，社会资源大量汇聚形成所谓的"盆地效应"，吸引了大量流动人口。由于城市规模急速膨胀，严重超过其承载力，"大城市病"问题突出，逐渐陷入"规模不经济"的困境，接纳农业转移人口的能力已明显减弱。

而数以万计的小城镇在吸纳农业转移人口方面则独具优势，主要体现在：①我国国土幅员辽阔，小城镇星罗棋布。小城镇是我国行政体系的基本单元，数量多、分布广，在各省、自治区分布比较均匀。无论在城市数量分布上，还是在影响范围上，城镇都可就近安置农村剩余劳动，对于大城市的农民工起到分流的作用，能够避免大量的农村剩余劳动力盲目涌入城市。②与大中城市相比，小城镇人口压力较小，在户籍制度改革、公共服务提供等方面可以比较低的社会成本把农业转移人口纳入公共服务体系内，使其享受到均等化的公共服务，实现真正的市民化。小城镇较低的生活成本和就业成本，对于农业转移人口具有先天的"亲和性"。总之，小城镇是新型城镇化全面、协调、可持续发展的极其重要一环。有序推进农业转移人口市民化，促进农业人口就近向小城镇转移是适应我国国情的新型城镇化发展战略，是提高城镇化质量，促进城镇化可持续发展的必然选择。

二、助推乡村振兴

国家对乡村发展的关注由来已久。从 21 世纪初，国家提出"社会主义新农村"建设开始，国家对农村地区发展越发重视。2010 年之后全国各地"美丽乡村"、"特色田园乡村"、"田园综合体"等概念层出不穷，进一步凸显了国家对乡村的关注。在总结相关政策和发展经验的基础上，党的十九大报告明确提出"农业、农村、农民问题是关系国计民生的根本性问题，必须始终把解决好'三农'问题作为全党工作的重中之重，实施乡村振兴战略"，并于 2018 年由国务院公布《中共中央　国务院关于实施乡村振兴战略的意见》。2019 年国务院又印发了《乡村振兴战略规划（2018—2022 年）》，要求全面实施乡村振兴战略。

改革开放以来，随着工业化和城镇化的不断推进，我国的城乡关系发生了翻天覆地的变化。尤其是近 20 年来，城市规模和发展水平迅速提高，其地位和作用不断凸显，农村的发展相对缓慢，农村发展空间不断被压缩，自然村的数量持续减少，城乡关系失衡的问题日趋严重，城乡矛盾逐步显现。

结合城镇化的过程分析，城乡对立矛盾的症结在于城镇体系的结构性失衡，表现为大中城市的快速扩张，甚至非理性发展，客观上挤压了乡村的发展空间，本应作为城市、乡村缓冲的小城镇，其作用和角色未发挥。实际上，21 世纪以来，小城镇的发展状况总体上也并不理想，与大中城市相比，绝大多数小城镇处于被动、依赖甚至被吞并的发展状态。为了发展，不少小城镇只能向下争夺、抢占乡村的发展资源。从这一角度，小城镇多数情况下是站在城市的立场上，也与乡村形成了对立，未能起到缓和城乡关系的作用。可见，推动乡村振兴，关键在于扭转当前城乡对立的格局，发挥小城镇的本原价值，明确小城镇作为城—乡缓冲、协调、过渡的角色定位。小城镇对乡村提供的服务是乡村发展的推动力，也是小城镇完善自身发展的基础（彭震伟，2018）。只有小城镇发展了，城市、乡村之间的互动关联通道才能畅通，城市的引领和辐射带动能力才能发挥，乡村才能真正实现振兴。

第五节　本章结论

本章分别对小城镇的角色、困境、价值和使命等四个方面展开了论述。首先，我国小城镇一直处于城乡结构的夹层之中，在我国的城镇网络体系中的位置即特殊又重要。小城镇作为城之尾、乡之首，为推进城乡社会整体发展贡献了不小的力量，但是其角色仍然面临着三重尴尬。在我国快速城镇化的进程中，小城镇表现出不同于大中城市、乡村的独有特征——城镇化的"半成品"特征，想超脱农村但又无法真正脱离农村，即"似城似乡、非城非乡"的现实困境。本书认为，传统城镇化路径对小城镇的价值还存在着根深蒂固的错误认识，小城镇的核心价值在于"回归美好"。小城镇较小的人口和用地规模、有特色的发展路径和有机的集中组织方式是一种优势，是一种更美好的选择。

我国特色的新型城镇化道路特别明确要求要有重点地发展小城镇，小城镇的使命就在于助力国家新型城镇化的发展，而如何建设吸引人的小城镇是最需要关注的问题。为了推进新型城镇化，各个方面的思想理念、制度政策均面临改革。这一切的改革都是在刺激和酝酿新的发展思路和经营模式，探索如何让小镇真正活起来，真正成为美好的天堂。

第二章
我国小城镇发展的地域模式

改革开放以来，我国社会经济持续快速发展，市场化体制逐步确立，工业化、城镇化进程不断推进。作为社会经济发展重要载体的小城镇经历了全面、快速的发展，表现出不同于大中城市的阶段特征，并且涌现多种有代表性的地域模式。本章第一节梳理了改革开放后我国小城镇发展的基本历程，第二节介绍并比较了小城镇发展的三种典型地域模式，第三节对本章内容作简要总结。

第一节　改革开放后我国小城镇发展历程

改革开放后，在乡村工业化的推动下，小城镇迎来了生长的契机。根据国家政策、经济发展阶段、城镇化特点的不同，可将小城镇的发展大致分为迅速发展、分化发展及转型发展三个阶段。

一、迅速发展阶段（1978~2000 年）

改革开放之前，小城镇的发展受到诸多制约，其中最大的制约是在政策上不允许农民进城，不允许私办工商业。1978 年开始，农村经济体制改革使农业生产得到突飞猛进的发展，从根本上改变了我国农副产品严重供不应求的局面，为小城镇的发展奠定了物质基础。1984 年国务院通过《国务院关于农民进集镇落户的通知》，要求各级人民政府积极支持有经营能力和有技术特长的农民进入集镇经营工商业，同年国务院又批准民政部对设镇标准重新进行了修订。为进一步推动小城镇发展，1995 年中央提出对 52 个国家新型小城镇进行综合改革试点。1998 年《中共中央关于农业和农村工作若干重大问题的决定》中又提出"小城镇，大战略"问题，确立了小城镇在我国城镇化过程中的重要作用。在这一背景下，城乡市场贸易逐步开放，大量农民进镇开店办厂，乡镇企业异军突起，城乡二元分割的格局被打破，乡镇企业成为推动小城镇发展的主要动力。

这一时期，农业生产水平的提高，释放出越来越多的农村人口到邻近的小城镇从事非农工作。同时，大批乡镇工业企业受益于低廉的土地成本、迅速膨胀的市场需求、重组的农民劳动力等因素，让小城镇获得了成长壮大的机会。因此小城镇呈现蓬勃发展的状态，我国小城镇数量成倍增加。从 1978 年到 2000 年，我国城镇总人口从 1.72 亿增加到 4.59 亿，城镇化水平从 17.92% 提高到 36.22%，而建制镇数量从 2173 个增加到 20312 个，年均增加 824 个，远远快于同期城镇人口规模和城镇化水平提高的速度（表 2-1）。得益于乡镇企业的发展和设镇标准的放松，通过"撤乡建镇，镇管村"改革，大量农村居民点升级为小城镇，这种类型的小城镇占到了该时期新增小城镇数量的八成以上。

1978~2000年建制镇数量及城镇总人口、城镇化水平   表2-1

年份	建制镇数量	城镇总人口（万人）	城镇化水平（%）
1978 年	2173	17245	17.92
1984 年	7186	24017	23.5
1992 年	14539	32175	27.46
1996 年	18171	37304	30.48
2000 年	20312	45906	36.22

（数据来源：《中国城市建设统计年鉴》（1986~1987 年）、《中国人口统计年鉴 2001》）

这一阶段的小城镇发展主要不是靠城市发展的外力拉动，而主要是来源于农村经济发展、乡镇企业的建立，表现出显著的内生性特点。大量乡镇企业在小城镇、农村发展壮大，吸引大量的农业剩余劳动力，大大促进了小城镇工业化水平、城镇化水平的迅速提高。

二、分化发展阶段（2000~2011 年）

2000 年我国人均 GDP 达到 1000 美元，经济发展进入一个黄金时期，同时我国城镇化水平达到 36.2%，城镇化进入快速上升的阶段。2001 年我国加入世贸组织，更加深入地参与全球化进程，我国社会经济发展迎来关键的战略机遇期。著名经济学家斯蒂格利茨将中国的城镇化作为影响全球的两件大事之一。借鉴国外其他国家和地区的发展经验，城镇化将成为这一阶段社会经济发展的主要推动因素。在此背景下，《国民经济和社会发展第十个五年计划纲要》指出，我国推进城镇化的条件已渐成熟，要不失时机地实施城镇化战略，并提出"要有重点地发展小城镇"。

这一阶段，我国城镇人口增长很快，城镇化水平飞速提高。然而，大中城市、小城镇的发展分化日益严重。从 2000 年到 2011 年，我国城镇人口从 45906 万人增加到 2011 年的 69079 万人，增加 50.5%；城镇化水平从 36.22% 提高到 51.27%，城镇建成区面积增长 76.4%，远远快于同期城镇人口的增加。但是，在轰轰烈烈的城镇化大潮中，大中城市的城镇人口、建设用地增加幅度显著快于中小城市，特别是小城镇。2011 年末，我国建制镇数量为 17100 个，甚至低于 2000 年的建制镇数量（表 2-2）。这既是特定社会经济发展、城镇化发展阶段的客观表现，也与我国城镇化政策、城市建设、土地制度等密切关联。大中城市拥有垄断性的行政资源，对土地、资金、人才等具有绝对的支配作用，小城镇的发展处于被动和弱势地位（邹军，2003）。这种发展分化的结果导致小城镇与大中城市的差距越来越大，小城镇在我国城镇体系中的作用受限，并且小城镇与大中城市发展的矛盾日渐凸显。

与此同时，不同类型小城镇的发展境况也大相径庭。进入 21 世纪，乡镇企业经历市场化、工业化洗礼，面临新的发展环境，其产业层次低、技术含量低、生产效率低的问题愈发突出。乡镇企业遭遇普遍的困境，乡镇工业化的局限性日渐明显，小城镇亟须重新找寻发展动力。总体上看，工业型小城镇与中心城市联系便捷，资源特色明显的小城镇普遍获得了更快的发展。然而，大中城市迅速发展特别是空间

2000~2011年建制镇数量及城镇总人口、城镇化水平　　　表2-2

年份	建制镇数量	城镇总人口（万人）	城镇化水平（%）
2000 年	20312	45906	36.22
2001 年	20358	48064	37.66
2002 年	20600	50212	39.09
2003 年	20226	52376	40.53
2004 年	19892	54283	41.76
2005 年	17700	56212	42.99
2006 年	17652	58288	44.34
2007 年	16700	60633	45.89
2008 年	17000	62403	46.99
2009 年	16900	64512	48.34
2010 年	16800	66978	49.95
2011 年	17100	69079	51.27

（数据来源：《中国城市建设统计年鉴》（2000~2011 年）、《中国人口统计年鉴 2011》）

扩张，也挤占了小城镇原本的生存发展空间。位于大中城市近郊区、发展基础较好的小城镇纳入中心城市的直接管辖范围内，大量的建制镇改为"街道"、"社区"，甚至直接被撤并。

三、转型提升阶段（2012年至今）

2012年以来，在我国社会经济步入新常态的背景下，小城镇发展进入新的发展阶段。中共"十八大"报告提出"科学规划城市群规模和布局，增强中小城市和小城镇产业发展、公共服务、吸纳就业、人口集聚功能，推动城乡发展一体化"。2013年，十八届三中全会又进一步提出"推进以人为核心的城镇化，推动大中小城市和小城镇协调发展、产业和城镇融合发展"。在此基础上，国家颁布《国家新型城镇化规划（2014—2020年）》，明确要"控制数量，提高质量，体现特色，有重点地发展小城镇"。2016年，国家"十三五"规划中首次提到"特色镇"，要因地制宜发展特色鲜明、产城融合、充满魅力的小城镇。由此可见，小城镇已经进入转型发展的新阶段。

首先，新型城镇化背景下，转型发展成为小城镇发展的目标要求。尽管2000年以来，快速城镇化推动了小城镇整体的进一步发展，然而由于对工业发展、发展速度和规模的追逐，小城镇的品质和发展水平并未得到相应的提升。从追求规模、速度转向对质量、结构的追求，是新常态下国家对城镇化进一步推进的基本转向要求，这也是新型城镇化的本质内涵。

其次，小城镇正在融入区域发展格局特别是城市群发展。2012年以来，缘于愈演愈烈的大城市病，国家对过去一段时间中心城市规模的快速扩张和功能的过度集聚进行了反思，对小城镇在城镇体系中的角色和作用进一步明确，尤其强调小城镇在疏解大城市中心城区功能方面的作用。据此，大城市周边的小城镇通过承接中心城市产业、人口、功能的外溢，实现了快速的发展。

最后，在以人为本的新型城镇化指引下，小城镇的建设水平和环境品质得到明显改善，小城镇特色日益彰显。新型城镇化的出发点和落脚点是人的可持续发展，通过城镇化发展切实提高人的生活质量（朗鹏飞，2016）。2013年以后，我国的小城镇在数量上变动不大，而城镇总人口则大幅上升，城镇化水平从2012年的52.57%上升到了2017年的58.52%；城镇总人口从71182万人增加到81347万人。建制镇数量基本稳定，达到17.7万个，小城镇的建设水平明显提高（表2-3）。

总的来说，从1978年以来建制镇的数量先增后减，城镇人口数量一直在上涨。这其中一方面是由于我国大城市迅速发展吸引了较多的人口，另一方面原来的建制镇也在逐渐扩大规模，容纳的人口数量也大大增加（图2-1）。

2012~2017年建制镇数量及城镇总人口、城镇化水平　　　表2-3

年份	建制镇数量	城镇总人口（万人）	城镇化水平（%）
2012 年	17200	71182	52.57
2013 年	17400	73111	53.73
2014 年	17700	74916	54.77
2015 年	17800	77116	56.10
2016 年	18100	79298	57.35
2017 年	17700	81347	58.52

（数据来源：《中国城市建设统计年鉴》（2012~2017 年）、《中国人口统计年鉴 2017》）

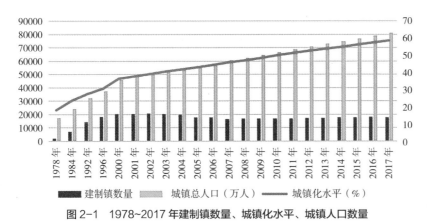

图 2-1　1978~2017 年建制镇数量、城镇化水平、城镇人口数量

第二节　我国小城镇发展的典型地域模式

在自下而上主导的小城镇发展过程中，全国各地充分发挥主观能动性，创造了中国经济发展领域的一个大亮点。由于交通区位、自然条件、历史人文、产业基础的不同，不同的地区实践形成了独特的小城镇发展模式，其中学术界讨论最多的是苏南模式、温州模式和珠江（东莞）模式。

一、苏南模式

"苏南模式"在 20 世纪 80 年代由费孝通先生率先提出，指的是以苏州、无锡、常州为代表的苏南地区通过乡镇企业的大规模兴建和发展带动地域工业化、城镇化的迅速提升，从而实现区域经济发展（费孝通，1983）。"苏南模式"的形成有其特定的时代和区域背景，在宏观社会经济发展不断转型的要求下，"苏南模式"也在不断更新调整，保持了旺盛的生命力。

1.发展背景

"苏南模式"是苏南地区具有自身特色的经济改革、城镇发展的理论与实践，是中国改革开放发展史的重要组成部分。这里的"苏南"主要包括苏州、无锡、常州三市，但广义上的"苏南"又包括南京、镇江、南通及浙北的嘉兴、湖州等（唐岳良，陆阳，2006）。一方面，这一地区自然条件优越、人口密集、物产丰富，工商手工业发展基础好，为苏南模式的兴起提供了内在的条件支

图2-2　无锡市春雷造船厂旧貌
（图片来源：https://image.baidu.com/search/detail?ct=503316480&z=0&ipn=d&word）

撑。苏南地区自古以来便称为"人间天堂"，晚清时期其经济作物种植业和家庭手工业比较发达，还有辗米、榨油、酿造、陶瓷、砖瓦等集镇加工业。20世纪30年代苏南地区是我国民族工商业的重要基地。20世纪50年代后期，当时的无锡县东亭公社春雷大队就在全国率先创办了第一个社队企业——造船厂（图2-2），这便是苏南乡镇企业的萌芽。即使在动荡的"文革"时期，社队企业也在逆境中发展：在城市工厂停产闹革命的时候，苏南社队工业因离城市较近，所受束缚较小（许多经济管理部门都去参加"文化大革命"了）而产生大批社队企业，生产各种生活急需品以供应农村和城市；同时，大量的知识青年上山下乡，给社队企业在技术、设备、管理及销售等方面的支持，推动了社队企业的科学发展。20世纪70年代，一些小型社队企业已经逐渐发展成为农机具厂，为集体制造一些农机具。

另一方面，这一地区紧邻国际化大都市上海，且交通便捷，为苏南模式的兴起提供了外在的产业市场。1949年后，上海一直是我国最大的工业城市；改革开放再次开启了上海大规模开放的窗口，使之成为我国最大的对外开放口岸，为以上海为中心的苏南地区的民族工商业的快速发展提供了有利的市场支撑。苏南地区抓住这一历史机遇，与上海联动密切，基层政府（乡、镇、村）主导新建了大量的乡镇企业，建立了一大批工商企业，大大推动了地区社会经济的发展。在全国率先展开近代工业化进程，苏南地区成为我国工商业发展最好的地区之一。

2.传统苏南模式（1978~1994年）

为区分20世纪90年代中期前后苏南模式发生的转型变化，将其分为"传统苏南模式"和"新苏南模式"两个阶段。"传统苏南模式"兴起于20世纪80年代初，至20世纪80年代末90年代初达到鼎盛，到20世纪90年代中期日益面临困境。在十多年的发展过程中，"传统苏南模式"形成了特定的产业、空间及社会组织特征。

从产业发展机制上看，"传统苏南模式"是基层的乡镇（村）政府根据市场需求，新办集体所有制性质的乡镇企业，以此推动农村工业化、农民非农化及地区城镇化。改革开放后，苏南农业生产效率的提高使得农村产生了大量的剩余劳动力。由于毗邻上海、苏州、无锡和常州等发达的大中工业城市和市场，这里的农民与产业工人有着密切联系，接受经济、技术辐射能力较强，因此为乡镇企业的发展提供了充足且有效的劳动力（范从来，2010）。与此同时，在计划经济转向市场经济的初期，当地政府直接干预企业，通过出面组织土地、资本和劳动力等生产资料，出资办企业，指派能人担任企业负责人来动员和组织生产活动，极大地减少了起步发展时期的阻力，因此苏南乡镇企业异军突起。1978年后该地区形成乡办、村办、联户、个人多形式的企业，其中以乡办、村办集体企业为主。统计显示，1987年江苏省乡办企业和村办企业数量仅占乡镇企业总量的3.65%和8.84%，但是乡办企业和村办企业就业人数分别达到乡镇企业总就业人数的44.62%和34.45%，创造的总产值之和达到乡镇企业总产值的89.5%（表2-4）。苏南大部分乡镇采取了乡办乡有、村办村有的地区性集体经济组织形式，乡（镇）办企业大多位于乡（镇）所在地的集镇，村办企业则分散在广大的农村地区。

1987年江苏省乡办、村办企业概况   表2-4

	乡办	村办
乡镇企业数量（个）	36457	88286
所占比例	3.65%	8.84%
乡镇企业就业人数（人）	4118126	3179588
所占比例	44.62%	34.45%
乡镇企业总产值（1980年不变价格，万元）	4360250	2770587
所占比例	54.64%	34.72%

（资料来源：《中国乡镇企业统计年鉴》（1978~1987年））

从空间形态和结构特征看，在乡镇企业大规模兴建发展的背景下，苏南地区小城镇空间形态和结构发生了深刻的变化。早期的乡镇企业大多依托历史上形成的小城镇已建成区，布局缺乏科学严密的规划，用地规模偏大，小城镇建设空间迅速扩大。后期随着乡镇企业不断发展，不少小城镇设置了集中的工业园区，而原有的乡镇企业用地并未相应退出，客观上再次推动了小城镇建设空间的进一步扩大。因此苏南小城镇建设粗放，建设用地呈现较为突出的蔓延特征。与此同时，小城镇内部由于普遍缺乏科学系统的规划，生产空间与生活空间相互交叉布局，乡镇企业内部生产、仓储、运输、住宿等功能布局混乱，小城镇内部空间结构急需优化调整。

　　例如 1978 年以后盛泽镇乡镇企业的快速发展导致镇区用地紧张、住宅紧张，盛泽镇内许多工厂开始迁向镇郊，建立新厂房。与此同时，各大厂（如新生、新联、新华、新民、印染等）在各自厂区附近建设职工住宅小区（新村）。至 1994 年，盛泽镇镇区形成"商业用地位于镇中心，工业用地与居住用地在商业用地向外围多圈层蔓延"的格局。此外学者杨月、朱建达（2011）以苏州为例，总结提出了苏南小城镇空间形态呈现团块蔓延状发展模式，围绕以市场构成的城镇中心向外圈层蔓延（图 2-3）。

　　从社会组织模式看，传统苏南模式仍保持着原有的内部自组织关系。在当时城乡严重分割、乡村行政边界泾渭分明的背景下，苏南大部分乡镇企业的土地、资金来源、利益分配都集中于镇域内部。在发展过程中，乡镇政府作为主力军，通过行政力量组织各类要素，并以良好的素质直接参与企业决策，成为促进乡镇企业快速发展的力量之一，形成苏南地区政企融合、官民一体的格局。集体组织在担任着当地的经济发展职能，也承担了社会组织职能，因此集体企业具有很强的社区属地性质。因此，20 世纪 90 年代之前，尽管经济快速发展、非农化进程日新月异，但其区域社会仍保持着原有的内部自组织关系。

图 2-3　盛泽镇用地圈层蔓延图

（图片来源：杨月，朱建达. 苏州小城镇空间形态演变的经济动力机制初探 [J]. 小城镇建设，2011（5）：48-51.）

3. 新苏南模式（1995 至今）

20 世纪 90 年代中期，由于市场竞争格局、全球贸易形势变化以及产业转型升级，传统苏南模式遭遇前所未有的瓶颈。一方面，乡镇企业由于自身产业层次、技术含量、产品档次、资源获取等方面的限制，其产业生命和发展动力逐步弱化，且短时间内难以在现有企业发展体制下实现自我提升；另一方面，受限于乡镇企业的产业竞争力和带动辐射能力，苏南小城镇粗放蔓延、空间形象杂乱、配套设施缺乏等问题日趋严重，小城镇发展亟须重新寻找新的发展动力。

在这一背景下，传统的苏南地区在新的时代机遇下进行了大刀阔斧的改革，形成"新苏南模式"，其特征主要表现在三个方面：①发展外向型经济，我国 20 世纪 90 年代初期开发开放浦东新区，苏南借区位临近之优势积极与浦东接轨并强占市场（外贸、外资、外经"三外"齐上），最终外资的利用促使外向型经济有了大幅度增长；②发展规模经济，随着苏南地区经济发展规模扩大，流通领域出现规模商业经济，工业上出现联合和组合企业集团专业化协作的工业规模经济；③革命性的改制转制运动，20 世纪 90 年代中后期苏南乡镇集体企业引人注目的产权制度改革即所谓"改制"，相当彻底地明晰了集体所有制企业的产权，基本上取消了乡镇政府对乡镇企业的直接支配权和经营权（周明生，2008）。

随着"新苏南模式"的推进，小城镇空间结构也发生了相应的改变。一方面，工业小城镇集中，位于农村的工业企业逐步向小城镇转移；另一方面，小城镇空间分区逐步形成，形成工业向园区集中、居住向小区集中的趋势（邵祁峰等，2011）。以常州市礼嘉镇为例，当地两个工业园区分别为位于镇区的西北、东南方向，工业用地在整个镇区中占地面积达到 40%（图 2-4）。礼嘉镇的乡镇企业也从传统雨衣制作转向高技术、高附加值的游艇制造业。

二、温州模式

温州模式是指以温州、台州为代表的浙江东南部地区通过家庭工业、专业化市场的大规模建立，促进小城镇非农产业发展，吸引非农就业人口集聚。"温州模式"的产生有其特定的自然经济背景，形成了独特的产业、空间发展特征。

1. 发展背景

与苏南相比，温州的发展劣势显而易见。温州地处浙江东南沿海，远离大中型工业城市和全国性市场，运输成本和信息成本高。并且温州地区山区占 78%，人均耕地面积只有半亩，而且土壤质量和灌溉条件差，因此农业发展水平较低。同时 20 世纪 50 年代的温州是"对台"前线，60 年代温州是"文革"火线，70 年代温州是建设短线。

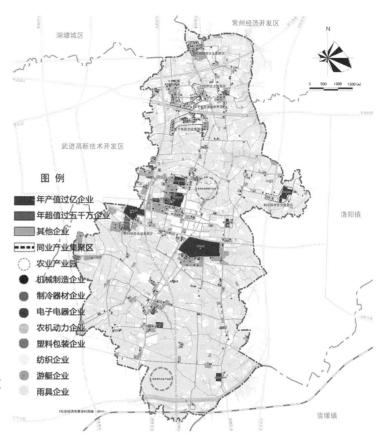

**图 2-4 礼嘉镇工业园区
位置示意图**

（图片来源：《常州市礼嘉镇
总体规划（2015—2030）》）

在这样严酷的背景与生存压力下，温州的发展其实得益于温州人血液里的"温州精神"在新时代的充分发挥。独特的地理环境、悠久的历史文化培育了温州独特的地域精神。在改革开放新的历史时期，温州人充分发挥重视商业、务实肯干的精神，不怕辛苦、勇闯天下的精神，以及争强好胜、敢为人先的精神，在没有外资介入和国家投入的贫瘠土地上，开拓出自下而上的"温州模式"。

历史上，长期以来温州远离中原地区，是帝王江山的偏僻一隅。在"重本轻末"根深蒂固的南宋时期，温州就出现了"永嘉功利学派"，其实用主义影响了世世代代生活在这里的人们，因此温州人历来重视商业，"越人善贾"由此而来。宋元时期温州作为全国的市舶机构，对外贸易频繁。温州人经常出海，磨炼了其闯荡天下的勇气。同时，自北宋起的各个时代，都有温州人因各种原因移居海外，奠定了日后温州人开拓海外市场的格局。

2. 传统温州模式（1978~1994 年）

"温州模式"大致形成于改革开放之初，在"温州模式"的影响和助力下，温州小城镇展现了独特的产业和空间特征。从产业特征上看，温州模式的经济发展主体是家庭式工厂,工业生产大多是以家庭为单位进行的。温州模式在外依靠走南闯北的十万购销人员,他们肩负采购原料和推销产品的双重重担。与苏南人民进入乡镇企业不同,温州人民走入数以十万计的家庭工厂和购销队伍。我国改革刚刚起步时,几乎所有商品都是短缺的,温州人民从被发达地区忽略的小商品需求入手,虽然商品质量低但仍有巨大的市场。此时,温州千千万万的农民自己投资创业,完全自主经营、自负盈亏,他们按照市场的需求,彼此分工协作制作各种低品质的劳动力密集产品。由于家庭生产方式的规模及专业限制,温州模式的优势产业进入门槛较低,资金投入不大,以劳动密集型产业为主,比较出名的有服装、衣帽、鞋、日用品等生产。随着这些产业的发展,家庭经营方式也越来越专业化,逐步形成了家庭生产过程的工艺分工、产品的门类分工和区域分工。依托量大面广的家庭式生产,温州人又超出产业的生产环节,按照生产要素市场化的要求组织生产与流通,建立了辐射范围广的专业市场网络,使得温州模式形成了产业上的独特形态。

从空间特征上看,温州在内依靠小而灵活的家庭工厂,在白手起家的家庭手工业作坊阶段,农民就地生产,把自己的住房变成厂房、车间。临街建筑原属于居住用地性质后来兼具商业、工业、居住,形成"前店后坊"的格局(图2-5)。这一时期产品技术含量低,生产规模小且布局分散。20世纪80年代中期以后,温州引导大量的家庭工业走向联合,积极发展股份合作制经济,实现了企业组织制度的创新。这一时期小城镇空间结构呈现店厂并存的局面,即小城镇既是生产基地又是专业市场。温州通过专业市场形成市场网络,与各地消费者建立密切的市场联系并反促工业的发展。例如,温州乐清市柳市镇商业带遍布全镇,居住与商业相互混合(图2-6)。镇中心已经成为最繁华的商业中心,之后在市场的带动下开始发展电器工业。

图2-5 温州市苍南镇前店后厂的街道格局

(图片来源:https://www.sohu.com/a/240793461_790623)

用地性质
商业带
居住商业工业混合带

图2-6 传统温州模式时期柳市镇初期居住商业工业混合的用地格局图

(图片来源:吴林芳,姚萍,聂康才.基于GIS的浙南镇村空间分析与优化研究[J].小城镇建设,2011(12):27-32.)

3. 新温州模式（1995 年至今）

进入 20 世纪 90 年代，传统温州模式的局限性逐渐显露，如分散经营的民营中小企业难以通过联合重组兼并等形式迅速扩张，家族管理制度对现代企业的不适应，专业市场和购销员包天下的时代一去不复返，以及以纺织服装为主的传统密集型产品面临更激烈的竞争等（刘国良，2006），最终问题的爆发使温州遭遇了 1995~1998 年的困难时期。之后，得到经验教训的温州人全面开启了以提高经济质量为核心的第二次创业，为"温州模式"注入了新的内涵。

与传统"低、小、散"的温州模式相比，新温州模式对工业企业进行了一系列的改革，将股份合作制继续发展为公司制、股份制，建立现代企业制度，并抓好一批重点骨干企业培育上规模、上档次的大企业，以提高产品质量、打造温州品牌并增强企业知名度，例如"正泰""德力西"被评为中国驰名商标。同时，还通过组建企业集团以寻求大中小企业的合作，截至 1999 年温州已有 190 多家企业集团。

在小城镇建设方面，由于之前位于镇中心的工业用地发展对城镇物质环境造成了破坏，也影响了城镇的正常运行。为了引导经济产生规模效应、合理安排城镇的各项功能，温州针对原有"一乡一业、一村一品"的块状经济，决定建设"温州鞋都""中国服装名城""中国电器城"等一系列特色工业园区。在上述背景下，温州小城镇内部"店厂分设"取代"店厂共存"，即生产基地集中在工业区，销售则集中于专业市场，店与厂的空间结构区位发生变化。例如温州市柳市镇镇区专业市场与 20 世纪 80 年代相比，区位变化不大，主要靠近镇中心。而工业则从原镇区中分离出来，集中于镇区外围地段的工业区（图 2-7、图 2-8）。专业市场方面，温州传统的集贸型专业市场

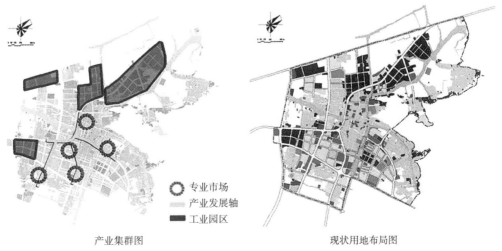

| 专业市场 |
| 产业发展轴 |
| 工业园区 |

产业集群图 　　　　　　　　　　　　　　　现状用地布局图

图 2-7　新温州模式时期的柳州镇

（图片来源：吴林芳，姚萍，聂康才 . 基于 GIS 的浙南镇村空间分析与优化研究 [J]. 小城镇建设，2011（12）：27-32.）

图 2-8 1986 年温州柳市镇电器市场
（图片来源：https://weibo.com/p/100160384161
5406958436?from=singleweibo&mod=recommand_
article&display=0&retcode= 6102）

功能弱化，表现为"多市少场"。与现代企业相对应，专业市场从原来的直接销售向代理销售或连锁专卖的转变，即产品流经经销商、分销商到零售商或直接进行连锁专卖。例如，2007 年龙港镇纽扣市场直接成交额急剧下降，摩肩接踵的热闹场面不复存在，摊位数从过去的 4000 多个锐减到 500 多个。另外，专业市场从实体空间转向以网络销售、虚拟经营等为特征的虚拟空间，从以小城镇为依托的有形市场走向更灵活的无形市场，如 2002 年桥头镇就有 10 余家企业通过互联网来开展贸易活动。

三、珠江（东莞）模式

20 世纪 90 年代初，费孝通在对珠江三角洲乡镇企业发展状况进行实地考察后，提出中国乡镇企业的"珠江模式"。与苏南模式、温州模式不同的是，珠江模式实质上是一个较为笼统的概念，它又具体包括顺德模式、东莞模式、南海模式以及中山模式等（白素霞，蒋同朋，2017）。其中，顺德以乡镇企业为主，东莞以合资企业为主，南海以外资企业为主，而中山市工业企业以国有、集体经济为主导。改革开放后，珠三角地区大量的"三来一补"、中外合资、中外合作经营，是有别于其他模式小城镇发展初期的特色之一，被誉为"世界工厂"。由于南海、顺德、中山模式在 20 世纪 80 年代与"苏南模式"并无本质差别，因此本书将重点以东莞模式为例（兼顾其他地区案例）来阐述珠江三角洲地带小城镇独特的发展模式。

1. 发展背景

改革开放后，东莞的起步发展有着天时、地利、人和的优越条件。20 世纪 80 年代，经济全球化引发新一轮的全球资源、市场、人才、技术的重新组合和配置。香港的经济发展也面临着劳动力成本高、生产用地紧张的局面，而内地改革开放、鼓励外资的政策与落后的发展所伴随的土地和劳动力富足，使得香港的劳动力密集型产业对内地具有极大的扩散力。同时，广东是全国重点侨乡，众多海外华侨和港澳同胞在看到祖国的光明前景后，怀着建设家乡的心愿积极参与到珠江三角洲地区的发展中来，成为海外华人直接投资的先驱者。而东莞的地理位置决定了其近水楼台先得月，是除深圳特区外首先接收香港经济辐射的地区。

在上述背景下，东莞借船出海实现突击。东莞曾是一个传统的农业县，工业基础比较薄弱，基本上属于"四无"，即一无资金，二无设备，三无科技人才，四无经营管理经验。1978 年，我国第一家来料加工企业——太平手袋厂在东莞市虎门镇正式成立，从此掀开了东莞利用外资的序幕。东莞引进大批"三来一补"（来料加工、来件装配、来样加工、贸易补偿）和"三资"企业，与香港形成"前店后厂"的合作模式。在发展相对落后的东莞，这种方式不需要投入启动资金，只需要提供劳动力和土地；产品也有外商包销，不需要承担市场风险，由此形成中国特色发展模式之东莞模式。

2. 传统东莞模式（1978~1994 年）

在独特的区位及产业发展环境下，传统东莞模式在 20 世纪 80 年代逐步成型，大批小城镇迅速参与、融入产业对外贸易的链条中，形成了独特的产业和空间特征。

一方面，传统东莞模式的发展动力主要源于外资特别是港资，大批外资企业在全球产业转移、贸易格局转变的背景下落户于该区域小城镇，打破了小城镇原有的发展格局和模式，表现出"两头在外，快进快出"的产业发展特征。始于 20 世纪 70 年代末、盛于 80 年代中期的香港资本和传统产业的进入从根本上改变了东莞长期以来以农业为主的产业结构，开启了东莞工业化的进程。在工业化的初期，东莞引进的多为纺织、服装等劳动力密集型企业，以加工贸易和外向型经济为特征，推动农村工业化的进程。据统计，1978~1993 年的 15 年时间里，东莞共引进"三来一补"企业 1100 家，税收收入高达 15 亿美元。东莞经济的飞速进步、人口的大量涌入促使建设用地需求迅速增大。为了更好地改善投资环境，加大引进外资的力度，东莞从 20 世纪 80 年代中期开始兴建标准化厂房。例如，最早期"三来一补"企业云集在东莞厚街镇，其中位于东风一路的皮具厂最鼎盛时期有 1600 名工人（图 2-9）。

工厂外景　　　　　　　　　　　　　　　　车间内景

图 2-9　1984 年东莞厚街镇皮具加工厂

（图片来源：http://www.jinciwei.cn/d404396.html）

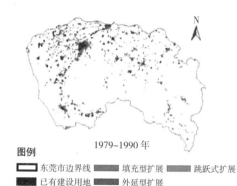

1979~1990 年

图例

▢ 东莞市边界线　■ 填充型扩展　■ 跳跃式扩展
■ 已有建设用地　■ 外延型扩展

图 2-10　传统东莞模式小城镇用地扩展方式

（图片来源：程兰，魏建兵，庞海燕. 城镇建设用地扩
展类型的空间识别及其意义 [J]. 生态学杂志，2009，28
（12）：2593-2599.）

图 2-11　20 世纪 90 年代的东莞市厚街镇

（图片来源：http://news.timedg.com/2018-11/07/20739537.shtml）

　　另一方面，由于产业发展的外来性、对外贸易形势的多变性，传统东莞模式下的小城镇发展表现出时快时慢的特点，形成"镇镇办厂、村村冒烟"的空间发展格局。由于该地区城镇普遍发展基础弱，从传统农业县快速走向工业化时很多地方从零开始，小城镇建设用地多是从无到有，而这一时期"三来一补"企业总体规模较小，工业用地没有形成规模，因此呈点状布局。发展初期，东莞的土地管理权集中在管理区（村）一级，在注重引资、缺乏规划的情况下，多元投资主体自发驱动形成分散型工业用地。1978 年，东莞城镇总建设用地面积仅有 $34.46km^2$，到 1990 年已有 $200km^2$。其中，点状分散式发展占城镇全部扩展用地的 70%，并且镇区范围内工业用地分散、混乱（图 2-10、图 2-11）。

3. 新东莞模式（1995 至今）

　　20 世纪 90 年代初期开始，传统东莞模式在内外部环境的激发下经历了全面提升的过程，至 2000 年左右取得初步成效，开启了新一轮快速发展的进程，"新东莞模式"基本成型。与"传统东莞模式"相比，"新东莞模式"的"新"主要体现在三个方面：

　　（1）外资来源多元化，增强了产业发展应对市场贸易竞争的能力。为了增加外源型经济的发展后劲，东莞在巩固香港资金来源的同时，把招商引资的着眼点逐步转移到欧美、日本、韩国以及我国台湾等工业发达的国家和地区。

　　（2）着力提升产业制造水平和配套水平，提升东莞的产业竞争力和综合实力。为凸显东莞产业的品牌效应和发展重点，东莞确立了"现代制造业名城"的发展目标，许多国际大企业以及港台上市公司纷纷落户东莞，以 IT 产业为代表的现代制造业和高新技术产业迅猛发展，民营经济在与外资企业的协作配套中逐步成长。至 2000 年已

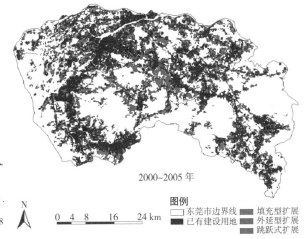

**图 2-12　新东莞模式小城镇扩
张方式分析图**

（图片来源：程兰，魏建兵，庞海燕．
城镇建设用地扩展类型的空间识别
及其意义 [J]. 生态学杂志，2009，28
（12）：2593-2599．）

2000~2005 年

图例
☐ 东莞市边界线　■ 填充型扩展
■ 已有建设用地　■ 外延型扩展
　　　　　　　　■ 跳跃式扩展

0　4　8　　16　　24 km

经成为全球最大的电脑周边产品生产基地、全国最大的出口产品加工制造基地和全国
主要的创汇基地。

（3）重视工业用地集约化发展，小城镇发展水平显著提高。城镇规模迅速扩大，
许多建制镇已经接近或超过普通地级市发展水平，小城镇空间结构由分散发展转向外
延式扩展与填充式扩展并行（图 2-12）。在小城镇内部，城镇空间有了明显的功能分区。
随着工业集约化的提高，集约工业园区成为在空间上对抗产业分散的主要方式，城镇
内部空间从无序分散到适度聚集（梁励韵，刘晖，2014）。以东莞市石龙镇为例，其
将电子信息产业作为本镇的主导产业，以高技术产业发展产业集群、吸引高技术人才
聚集。在这样的产业体系支撑下，石龙镇的空间格局展现出较好的功能分区。东部综
合生活区毗连新城工业区，西部生活区与东江对岸物流园区相望，南部综合功能区与
高新产业园区组合。三大片区的生活与产业功能在空间上形成较强的匹配关系，从而
构成石龙镇三大片区空间发展的有机生长格局。

四、三种模式的对比分析

改革开放以来，位于城镇体系金字塔低端的中国小城镇在没有国家扶持的情况下
开始自下而上的发展进程，在此背景下发育形成的苏南模式、温州模式与珠江（东莞）
模式在产业支撑、发展机制等方面互不相同，不同模式下的小城镇发展动力、空间特
征均表现出显著的特点。在发展的初期阶段，三种模式下小城镇发展的特征差别较为
明显（表 2-5），其差别的本质与核心体现在苏南模式以集体经济为主，温州模式以民
营经济为主，而珠江（东莞）模式以外向型经济为主。此外，在不同的发展背景下，
不同模式小城镇内部空间结构也各具特点。工业化的初期阶段，苏南小城镇工业用地

三种模式发展初期特征与空间拓展方式对比　　　　　　　表2-5

	苏南模式	温州模式	珠江模式
模式特征	乡镇集体企业为主； 地区政府主导乡镇企业发展； 俗称"离土不离乡"	家庭小工业和专业市场为主； 民间资本自发发展；俗称"小商品，大市场"	以"三来一补"为主的外向型经济； 俗称"两头在外"
空间扩展特点	工业与居住交互，城镇圈层扩张	工业与市场并存，城镇蔓延扩展	工业用地点状布局，城镇分散扩张

的扩张带动居住空间的增长，城镇围绕中心呈现工业、居住相伴相随的圈层扩展模式；温州小城镇则以专业市场为典型特征，城镇围绕中心呈现厂店共存的扩张模式；东莞小城镇是以外资为主的多元投资主体自发驱动下成长起来的，相比于其他两种模式，东莞用地的点状分散特征更为明显。

随着原始积累的完成，苏南模式的集体所有制、温州模式过于分散的个体私营、珠江模式过度依赖外资等都阻碍了小城镇的可持续发展，因此原有的模式都在新的背景下不断改进和完善（表2-6）。不同模式的小城镇改进和完善的过程也是不断趋同的过程，其共同之处表现在：通过明晰的产权、规范的竞争建立共同的企业制度；通过产业集聚、产业结构优化升级不断打造小城镇的特色竞争优势；通过协调外资、民资的发展，提高发展的稳定性。与此同时，小城镇空间结构的趋同性也越来越明显。其中，功能分区尤其是产业集聚与工业园区建设是不同模式小城镇的共同之处，且工业园区多位于小城镇外围交通区位比较优越的地方。苏南小城镇工业向园区集中，居住向小区集中；温州小城镇生产基地向外集聚到工业区，专业市场则相对集中于镇中心，但数量与规模不断减少；东莞小城镇由分散发展转向外延式扩展与填充式扩展并行，集约工业园区成为在空间上对抗产业分散的主要方式，城镇内部空间从无序分散到适度聚集。

三种模式的局限以及模式改进　　　　　　　　　表2-6

	苏南模式	温州模式	珠江模式
局限	"模糊产权"问题的显现； 利益和权力条块分割； 低水平的重复建设和过度竞争	松散合作和分散经营阻碍企业扩张； 家族式经营管理对企业成长的不适应性； 专业市场和购销员包打天下时代消逝	资源约束矛盾尖锐； 外向度过高，受国际经济环境影响明显； 加工贸易下游企业竞争激烈，企业利润下降
改进	发展外向型经济； 乡镇政府逐渐淡出企业发展； 推进产权制度改革，明晰企业产权制度	股份合作制企业； 提高民营企业质量和规模； 建立现代企业制度	鼓励民营经济发展； 引导技术密集型工业发展

（资料来源：刘国良.苏南模式与温州模式、珠江模式的比较[J].浙江经济，2006（18）：36-37.）

第三节 本章结论

本章回顾了改革开放以后我国小城镇的发展历程，以及在此过程中形成的典型模式——苏南模式、温州模式以及珠江（东莞）模式。首先，改革开放40年来，我国小城镇数量成倍增加，小城镇经济实力显著增强，城镇面貌和建设水平显著提高。根据国家政策、经济发展阶段、城镇化特点的不同，可将我国小城镇的发展大致分为迅速发展、分化发展、转型发展三个阶段。1978~2000年是小城镇迅速发展阶段，这一时期小城镇数量成倍增加，乡镇企业异军突起，工农业、城乡二元分割的格局被打破，小城镇呈现蓬勃发展的状态。2000~2011年是小城镇分化发展阶段，这一阶段城镇人口迅速增加，城镇化水平飞速提高。然而，大中城市、小城镇的发展分化日益严重，并且不同类型小城镇的发展境况大相径庭。工业型城镇的发展相对较慢，而与中心城市联系便捷、资源特色明显的小城镇普遍获得了更快的发展。2012年至今是小城镇发展的转型提升阶段，随着经济社会步入新常态，小城镇发展融入区域发展格局，特别是城市群发展。此外在以人为本的新型城镇化指引下，小城镇的建设水平和环境品质得到明显改善，小城镇特色日益彰显。

由于不同的资源条件、交通区位、文化背景，改革开放后我国沿海发达地区小城镇形成了三种典型的发展模式。第一，苏南模式，具体又可划分为传统苏南模式和新苏南模式。传统苏南模式在乡镇企业大规模兴建发展的背景下，苏南地区小城镇空间形态和结构发生了深刻的变化。而传统苏南模式在新的时代机遇下进行了大刀阔斧的改革，在外展外向型经济、发展规模经济、革命性的改制转制运动共同推动下，形成"新苏南模式"。第二，温州模式。以温州、台州为代表的浙江东南部地区通过家庭工业、专业化市场的大规模建立，促进小城镇非农产业发展，吸引非农就业人口集聚。传统温州模式以家庭式工厂和家族管理制度为特点，新温州模式则对工业企业进行了一系列的改革，将股份合作制继续发展为公司制、股份制，建立现代企业制度。第三，珠江（东莞）模式。珠江模式实质上是一个较为笼统的概念，它又具体包括顺德模式、东莞模式、南海模式以及中山模式等。其中，传统东莞模式的发展动力主要源于外资特别是港资，发展表现出时快时慢的特点，形成"镇镇办厂、村村冒烟"的空间发展格局。而"新东莞模式"的"新"主要体现在外资来源多元化，产业制造水平和配套水平提升，以及产业综合实力提升三方面。

第三章
发达国家小城镇的典型模式

当前，西方发达国家的城镇化进程已经走到了成熟时期，对其小城镇发展历程总结，可以为我国小城镇的未来发展提供经验借鉴。本章第一节回顾了英、美、日、韩等发达国家小城镇的典型模式，重点关注上述国家在不同的时代背景下，小城镇的建设目标、规划理念以及政策导向；第二节总结发达国家小城镇的建设与管理经验，以期对我国小城镇的规划建设提供借鉴。

第一节　发达国家小城镇发展的历程

一、新镇运动下的英国小城镇

1. 乡村据点的小城镇

英国是世界上最早开始城镇化的国家，到目前已有近 300 年的城镇化史。作为工业革命的发源地，在英国城镇化起步阶段，小城镇的发展具有典型性。18 世纪中期到 19 世纪初，在工业化初始阶段，英国通过"圈地运动"剥夺农民的财产和农场，迫使大量劳动力进入城市工厂，主要进入纺织业领域。纺织业的工厂化生产通常是从手工业工场演化而来，比较适合在小镇甚至较大的村庄生存和发展。因此，工业革命带动了乡村工业的迅速发展，形成了小城镇发展的自组织能力。一大批工业村庄重点发展某项或某几项专门的手工业，同时对周围地区乡村初级产品进行加工，发展乡村工业。因此，工业化初期英国城镇化水平不断上升，小城镇数量（尤其农村小城镇）迅速增加。

在此阶段，随着小城镇数量增加、人口增长，小城镇的地理分布也发生了较大变化。在农业社会，农业发展条件好、农业基础较好的地区，小城镇发展更好。因此，工业革命前许多繁荣的小城镇主要集中在传统的农业地区。然而，工业革命很快促进了经济格局的变动、小城镇自身的快速发展和交通运输的巨大变革，小城镇布局与重心也发生了很大的变化。在大城市郊区、运河沿线、重要的运输通道、能源产地附近，那些原先无足轻重的小城镇迅速成长起来，尤其是带有专业性工业的小镇开始崭露头角；而位于传统农业区的小镇则陷于衰落的境地。此外，19 世纪末开始，英国许多小城镇建设依托于大学的建设，形成了众多举世闻名的英国大学镇（College Town），例如剑桥大学所在的剑桥镇、牛津大学所在的牛津镇。经过几十年，甚至几百年的发展，如今大学与城市已经融为一体，形成了"水乳交融"的紧密关系。

案例：英国拉夫堡镇（Loughborough）

拉夫堡镇位于英格兰中东部，莱斯特郡，是英国一个典型的大学镇，这里坐落着世界顶级体育名校——拉夫堡大学（Loughborough University），在 2016 年奥运会上它为英国贡献了首块金牌，以及共 42 块奖牌。拉夫堡镇总人口约 6 万人，其中学生（以大学生为主）占了一半，大学与小城镇发展相依相伴、相辅相成（图 3-1、图 3-2）。拉夫堡大学可以追溯到 20 世纪初的拉夫堡学院，其 1966 年升级为大学。大学校园位于小镇的西南侧，离镇区步行 10 分钟。拉夫堡镇没有独一无二的自然风光、特色产业或历史遗迹，大学即是这座小城镇生生不息的最大动力。大学生不仅对小城镇零售业、住房租赁、交通出行影响突出，刺激了当地经济发展，扩大了城镇形态，而且对提升当地社会结构、文化氛围、地区声誉作用显著。甚至，小城镇的生活节奏都是"学生化"的——白天安静（学生上课），夜晚热闹（学生热爱夜生活）；学期之中小城镇中心活力很强，寒暑假学生离开后，小城镇明显变得冷清。每年一批老生毕业离去，又一批新生到来，因此拉夫堡镇始终永葆青春。

北校门　　　　　　　　　　　校园橄榄球比赛

图 3-1　拉夫堡大学

拉夫堡中心镇区不大，保留着小型集镇的魅力。镇中心拥有众多娱乐场所，包括电影院、剧院、酒吧、夜总会。大学建设影响了小城镇的社会经济结构。街道两侧有各类餐馆、琳琅满目的商店，不乏品牌店，大学生是这些场所的常客。小城镇中心商业区完全是步行道，车行从外围绕过。镇中心每周四和周六有露天集市，主要销售特色农产品、食物、工艺品和衣服等，兼具生活感和艺术气息（图3-2）。除英国传统节日之外，拉夫堡镇每年定期举办运河节、嘉年华等节庆活动，另外拉夫堡大学的运动会、音乐会、学生社团活动、校园开放日等各类活动很多，使小城镇形成丰富多彩的文化生活氛围。广袤的乡村地区，给大学提供了充足的土地。总之，作为大学镇，拉夫堡规模较小，自然风光优美，生活设施齐全，生活成本较低，安静宜人又不失活力。对学生而言，这里远离大城市的喧嚣，可以保持读书的清心寡欲；没有大城市的快节奏，适合沉浸在知识的海洋里。

图3-2 拉夫堡镇露天集市

但是，不容忽视的是：大学生数量急速增长虽然刺激了小城镇中心再开发，但是也抬高了房价和租金；虽然带动了零售业发展，增强了小城镇活力，但是也对普通住户造成噪声干扰，破坏了社区环境，挤占了停车位等公共空间。因此如何趋利避害地应对大学和大学生问题，营造更加和谐的大学与城镇关系（town-gown relationship），是拉夫堡镇发展最核心的问题之一。

当下，国内上海、杭州、南京等大城市的高校纷纷进入异地办学的新阶段，分校或新校区主要分布在郊区大学城（镇）上。例如，江苏第二师范大学新校区建于南京市近郊溧水区石湫镇、南京师范大学中北学院位于丹阳市河阳镇等。大学的植入为这些小城镇带来新的发展动力，带动了土地开发、设施建设，商业服务业兴起，给小城镇带来人气和活力，促进了乡村城镇化。未来，如何进一步促进大学和小城镇一体化发展，更高质量、品质化发展，则是规划最重要的课题之一。

2. 大城市郊区的新镇（New Town）

19 世纪末霍华德提出"田园城市"理论，试图针对英国工业革命后大城市人口过分膨胀引发的"城市病"现象，提出应对策略。20 世纪 40 年代，英国城市人口疏散，以及第二次世界大战后退役军人对住房的需求直接推动了大规模的"新镇运动"。按照新镇规划建设的目的、功能特点、布局模式等，二战后英国的新镇（New Town）建设可以划分为三个阶段。

第一阶段是单一居住功能的小城镇。1946~1950 年战后恢复期，大量退役士兵回乡，住房大量短缺，住宅建设和城镇空间扩展的需求十分迫切。为此，政府在伦敦等大城市周围规划建设了 14 座新城，作为承接人口生活居住的载体。新镇一方面为回乡的退役士兵提供了急需的住宅；另一方面，新镇也接纳了大量本应居住生活在伦敦等大城市的新增人口，缓解了大城市病。这一时期新镇人口规模和用地规模较小，强调城乡结合，建筑密度较低。新镇内部以住宅为中心组织城镇其他功能，功能分区明显。住宅布局应用了美国的邻里单位理论，道路网一般由环路和放射状道路主要连接新城中心，环路连接邻里中心，邻里内采用人车分行的雷德朋模式（翟健，2015）。然而，随着新镇人口增加和不断发展，这些新镇越来越暴露出就业岗位缺乏、配套设施缺乏且运营困难、城镇活力不足等问题，例如英国哈罗新镇（图 3-3）。

1960~1966 年，这一时期战后的住房问题基本解决，因此第二代新镇建设不再把住房问题作为首要需求，而是希望以新镇建设刺激郊区发展，从而形成地区新的经济增长点。在规划建设模式上，第二代新城规划人口规模普遍更大，用地布局更加紧凑，淡化了邻里单元的居住空间模式，更注重城镇活力、环境景观的营造，并且通过用地的混合强化了居住生活配套和生产就业岗位供给，例如英国利文斯顿、斯蒂文奇新镇（图 3-4）。

图 3-3 英国哈罗新镇平面示意图

（图片来源：吴志强，李德华．城市规划原理 [M]．中国建筑工业出版社，2010.）

图 3-4 英国斯蒂文奇新镇平面示意图

（图片来源：张捷．当前我国新城规划建设的若干讨论——形势分析和概念新解 [J]．城市规划，2003，27（5）：71–75.）

从 1967 年开始到 20 世纪 70 年代末，英国政府规划新建了若干"第三代新镇"。从选址上，"第三代新城"多是在原有小城镇的基础上进一步拓展形成，强调对现有小城镇规模的增加、对现有功能的完善。因此第三代新镇规模更大，功能的综合性更高，独立性也更强。此外，这一时期出现了一些极具创意性的规划方案，例如伦康新城的"8"字形交通组织系统；密尔顿凯恩斯开发了一个高速公路网络，连接着与世隔绝的邻市，使中心看起来像一个边缘城市但实际上居民非常喜爱（Alexander A.，2009）（图 3-5）。

进入 20 世纪 70 年代中期以后，郊区化、逆城镇化现象越来越明显，中心区衰败导致大都市吸引力下降、竞争力变弱，英国城镇化重点转向中心区重振和老城、旧城更新，大规模的新镇建设基本结束。1978 年工党政府通过的《内城法》把城市建设的重心转向旧城的内城更新，正式标志着新镇运动的结束（王承慧，2011）。三代新镇运动建设的小城镇虽差异较大，却构成英国城镇体系中重要的组成部分（表 3-1）。当前英国的城镇化进入成熟时期，社会物质文明与精神文明高度发达，使得人们越来越追求生活品质，其中居住环境品质是重要的组成部分，因而小城镇作为特殊的空间载体越来越受到重视。目前在英国几乎每个中心城市附近都有几个甚至十几个大小不等的小城镇，尤其是伦敦周边星罗棋布的小城镇和伦敦市区交相辉映，组成了大伦敦都市区（图 3-6）。

图 3-5　密尔顿凯恩斯战略规划（1989 年）

（图片来源：Frederic J.O.，Arnold Whittick. New Towns：Their Origins，Achievement and Progress[M]，
Great Britain：Leonard Hill，1977.）

英国三代新城建设概况 表3-1

	第一代新城	第二代新城	第三代新城
建设时间	1946~1955 年	1956~1966 年	1967~1976 年
资金来源	政府低息贷款	政府 + 市场	市场为主
建设方式	新建	新建	依托老镇建新城或合并后成片开发
功能	卧城	居住 + 部分就业	自我平衡
规划人口	2.5 万 ~6 万	8 万 ~10 万	15 万 ~40 万
伦敦新城距离	近：34~56km	中：57~79km	远：80~129km

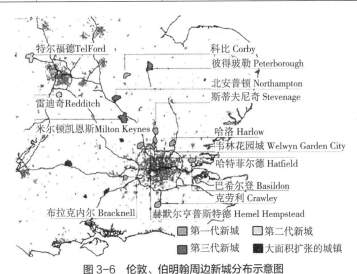

图 3-6 伦敦、伯明翰周边新城分布示意图

（图片来源：Frederic J.O., Arnold Whittick. New Towns: Their Origins, Achievement and Progress[M], Great Britain: Leonard Hill, 1977.）

二、郊区化背景下的美国小城镇

美国人口普查局（United States Census Bureau）定义的小城镇人口为 2.5 万 ~10 万之间。符合这个标准的美国小城镇有 1023 座，主要包括两种类型：小城市（Small City）和小镇（Little Town）（关成贺，2017）。美国的城镇化始于工业革命，在 20 世纪中期基本完成。工业革命使小城镇发展与美国的城镇化有着密不可分的联系。美国的城镇化起步较早，19 世纪末以纽约为中心并沿大西洋扩散发展；到 20 世纪初以芝加哥为中心，形成了中西部重工业区；20 世纪 20 年代以后，以洛杉矶为中心的"西部阳光带"城市地区迅速发展起来，而此时小城镇成为了城市与农村之间的传递环节、城市功能必不可少的扩大器。

美国的郊区化助力小城镇的成长。一方面，第二次世界大战后，美国社会财富的高度扩张推动了白领阶层人口数量的膨胀。相比于拥挤的内城，他们更加向往郊区的独户住房与宁静、安逸的生活。而此时，汽车高度普及，深入乡村腹地的高速公路网快速发展，这使得郊区居住成为可能。小城镇被看作介于大中城市和乡村之间能够满足中产阶级高生活质量需求的理想居住地。另一方面，在科技革命的影响下，美国的产业结构开始转变，服务经济对城市的空间结构产生了重大影响。基础服务业日益向心集中的同时，一些消费服务业、小企业和大企业的分部离心分散。事实上，20 世纪 80 年代后，很多以前总部设在大城市中心区的大公司都把办公设施迁入远郊的小城镇。这些因素使得城市产业发展以大城市为中心向四周辐射发展，产业郊区化也成为可能。伴随着郊区更富裕的人口流向乡村和小城镇，20 世纪 70 年代美国郊区及小城镇人口超过了中心城市人口，使得人口分布的重心由大城市转移到了郊区以及小城镇地区。在之后几十年发展起来的大都会、城市圈和城市带，不是大城市的无限扩张，而是大批小城镇的集合。总体来看，战后初期与 20 世纪 50~60 年代是美国历史上郊区化浪潮最为波澜壮阔的时期，郊区化促进了大城市近郊区小城镇的发展；而开始于 20 世纪 70 年代的逆城镇化则进一步促进远郊小城镇的发展（表 3–2）。

美国不同阶段城市规划关注重点　　　　　　　　表3–2

时期	阶段	主要政策	城市特点和问题	城市规划关注的重点
工业化前阶段	移植期	移植性城市规划	城市规模小，空间结构简单	构建街道系统，营造公共空间，突出市中心
工业化大发展阶段	萌芽期	反城市自由放任	市镇会议决定城镇事务，城市人口剧增，城市服务跟不上	建设铁路和公路，划分街区
资本主义发展阶段	形成期	城市卫生和美化	卫生状况恶化，贫富差距扩大	城市美化，市政工程
郊区化与大都市区阶段	成熟期	综合性城市规划	城市人口郊区化，中心城区衰落，就业不足	改善穷人居住环境，社会规划，区域协调规划

（资料来源：张颖，王振坡，杨楠.美国小城镇规划、建设与管理的经验思考及启示[J].城市，2016（7））

　　在高度市场化的美国，小城镇主要靠社会经济发展推动。居民、政府与企业是美国小城镇产生和发展的三大核心力量。

　　首先，美国小城镇是人口聚集到一定程度而产生的，是居民自主选择的产物。美国各州以及地方政府的高度自治使得美国小城镇的成立相对自然，而不是政府行为。当社区居民不少于 500 户、社区范围内多数居民同意之后，居民即可申请成立小城镇。另外，小城镇是具有居民自治管理特色的独立法定社区单元，与所在县、市平等，他们之间没有领导与被领导的关系（郭长文，1998）。小城镇议员及镇长不受公务员制度保障，通常是民选的兼职人员。小城镇是所有居民共同建立起来的家园，同时远离政治斗争与领导个人意志，这也是居民积极参与小城镇规划、为家园的建设献策献计的原因之一。在自由放任的城镇化进程中，从农村社区过渡到城市社区既关乎治理机制，更应重视居民社区意识的复兴。值得一提的是美国"诺伍德小镇"经验：诺伍德镇的网络治理采用了"镇代表会议（民主决策）+ 镇经理（有效执行）"的管理体制，兼顾了民主和效率两大要素。社区私人和公共物品的提供则充分运用市场、政府和非营利组织三大机制（朱传一，1994）（图3-7）。

图 3-7　诺伍德小镇现状照片

（图片来源：https: //simages7.juwaistatic.com/auto/720x490/store-x/l-
dbed8ef79d6d6f04a69351fa2be51d69-907ea6580780e3d2372f1a80b5315a28. ）

其次，联邦政府与镇政府各负其责，为小城镇提供内外公共服务。联邦政府负责投资建设连接城镇间的高速公路，而镇政府的职能主要是为辖区内居民提供公共服务、城镇规划管理和创造良好的居住与投资环境。小城镇具有独立的财政体系，财政收入主要来源于房地产税，主要用于公共服务领域。因此发展投资与居住环境才能维护小城镇公共服务的收支平衡。同时，总体规划对小城镇的作用十分突出，也很受政府重视。美国要求每个地方都要有自己的详细发展规划，规划必须通过专家的论证和市民的审议，一经通过确定便具有法律效力。而规划的科学性、长远性、综合性则为小城镇的后续发展提供了保障（彭翀，等，2016）。

最后，企业既是小城镇的支撑与基础，又为小城镇提供多样化的社会保障。产业是城镇发展的基础，只有有了充足的就业机会才会吸引他人前来工作，才有可能将就业人群转化为小镇居民。在美国，许多小城镇都是围绕企业发展起来的，作为利益双方，小城镇赋予企业家更大的发展空间，而企业的发展反过来也会促进小城镇的发展，两者互促发展并形成良性循环。大量高科技的公司、企业、大学以及政府办公设施迁入郊区小城镇，小城镇就业岗位的科技含量大大提高，吸引了大量白领在小城镇就业，进而促进了小城镇整体水平的提高。例如波音公司的郊区化促进了西雅图市林顿镇的兴起与繁荣。同时，市场还负责小城镇内的交通、水电、通信等生活配套设施的建设资金，以及市镇居民的社会保障和社会福利，如妇女、老人、儿童等问题（政府管理、企业运营），高度的市场化在优化服务的同时提高了效率。

回顾美国小城镇的发展历程，其发展的总体特征有三点：首先，受政策引导影响。政府对美国小城镇发展的政策引导尤为重要，联邦政府通过住房及城市发展部为开发商提供贷款，支持新城镇发展。其次，受交通发展影响呈多中心发展模式。1870年联邦政府统一铁路技术参数，制定了优惠政策，铁路建设迅速扩张。铁路网络的形成促进了西部的崛起，新的小城镇不断形成。最后，受大都市区划影响，在空间布局上形成城镇体系。纽约、华盛顿等大城市周围的小城镇多为卫星城，和大城市相互作用形成大都市区（张颖，2016）。而相对处于偏远地带的小城镇则依托自身自然资源优势，发展形成特色小城镇，例如陶斯镇。

案例：美国新墨西哥州陶斯镇（Taos）——山中滑雪小镇

陶斯镇位于美国西部新墨西哥州，建于16世纪，是早期西班牙人殖民地，也是美国原住民的遗留小镇，当前依然保留着原住民的风俗传统。低矮的民居建筑由黄泥垒砌，土坯结构，具有质朴的大地颜色、粗犷的土著风格。至今，具有一千多年历史的印第安人村仍然有上千个原住民在此生活，保留着烤制面包的炉灶等，给外来游客一种强烈的文化撞击感。正因为这里保存完好的古老印第安人建筑群，以及神秘又充满魅力的土著部落文化，1992年陶斯镇被联合国教科文组织列入《世界遗产名录》，也曾经被评为"世界上最美的十大山间小镇"（图3-8）。

当地的旅游业发展并没有局限于历史遗存的参观，而是努力拓展新资源，寻找地区发展的新动力。因为其坐落在桑格·德·克里斯托山脉、基督圣雪山，冬季滑雪及夏季登山、骑行、徒步等体育运动兴盛起来，成为当地旅游业的一大亮点，因此使之成为世界级滑雪胜地（图3-9）。此外，热气球飞行，举办会议、婚礼及团体游览等新兴项目和每年数万人次的游客给这个古老的小镇带来现代文明。旅游业发展带动了小城镇上酒店以及山脚下度假村建设，刺激了当地零售、餐饮及休闲娱乐业，带动了沿街老旧建筑的外立面更新以及机场、停车场建设，使得这个小镇具有勃勃生机。总之，陶斯镇作为新墨西哥州西南部的灵魂地带，清新的空气和神秘的灯光吸引着游客到来，体验丰富的精神传统、精美的艺术、独特的美食、欣欣向荣的音乐场景，当然还有原始的自然美景。

图 3-8　陶斯镇旅游地图
（图片来源：https://theblakeresidences.skitaos.com/resort-vision）

滑雪场

滑雪度假区

图 3-9　陶斯镇滑雪设施
（图片来源：余思奇摄）

　　陶斯滑雪场像是隐蔽山中的"世外桃源"，一段路程不近的盘山公路后，缆车、雪道、游客中心才悉数出现在你的眼帘。让人不禁感慨，在这么一个偏远的小镇上，竟还存在如此设施优良、硬件完备的滑雪圣地。从缆车中转站到游客中心，再到雪场，每个节点上的工作人员都态度热情洋溢，服务贴心专业。与之交谈，他们都会自豪地说："我就生长在陶斯，不知道对其他人是怎样的，但是对我来说陶斯就是最好的滑雪小镇。"而对于一个游客，就是陶斯得天独厚的地形条件、别具韵味的文化风情、完善优良的配套设施和专业细致的软服务，使这个平凡的小镇成为著名滑雪胜地。

我国云南省香格里拉州建塘镇等、新疆维吾尔族自治区亚尔镇、河北省张家口市太舞滑雪小镇等远离大城市，处于生态环境敏感区，既具有独特的少数民族文化遗存，又具备独一无二的山水资源，旅游业是这一类小城镇发展的最佳选择。通过本地的独特资源吸引外来人口，完善水、电、通信等基础设施配套，优化文化场馆、商业街等公共设施内涵，提升餐饮、休闲、住宿等服务业水平，以及开发新旅游项目，是促进本地旅游业发展的根本路径，也是保护和振兴这类小镇的唯一路径。

三、都市圈导向下的日本小城镇

日本国土面积狭小，人口众多，资源匮乏，城镇化发展的空间支撑和资源支撑条件较为严峻，因此走的是以都市圈为中心的城镇化路径。在这一背景下，小城镇的发展大致经历了两个阶段。第一阶段从第二次世界大战后到 20 世纪 80 年代中期，这一阶段全国人口快速向以东京为首的大都市圈集中，推动大都市竞争力的提高，然而环境、交通、就业等城市问题也越来越突出。第二阶段自 20 世纪 80 年代后期开始，这一阶段为缓解人口和经济过分集中带来的各种问题，小城镇的发展开始受到前所未有的重视。在相关政策的支持下，小城镇尤其是大都市周边的小城镇迅速发展起来，小城镇吸引力和竞争力显著增强。

总结起来，二战后日本小城镇的发展得益于以下三方面的做法：

（1）日本小城镇的发展注重融入大都市的发展框架中，通常位于大都市周边，首先被纳入都市发展框架的小城镇得到了更快的发展。

（2）日本政府在小城镇发展中起到了主导作用。一方面，日本在 20 世纪 60~70 年代进入城镇化成熟时期（1970 年城镇化率 72.1%），政府也开始通过立法与规划介入小城镇的发展（表 3-3）。政府每隔 10 年左右针对新的情况制定或修改一次立法，这些立法或规划目标明确，措施具体，并且法律职责划分具体明确，具有鼓励和限制的双重功能。此外日本的规划体系具有很强的统筹理念划和能力，各个层面规划相互牵制、相得益彰（杨书臣，2006）。同时，从 20 世纪 70 年代开始，日本通过政府扩大公共资源投资主导城镇建设的发展，政府投资提升了日本村镇的公共服务设施（如学校、医院、图书馆）及基础设施（公路、道路、水路、港口、机场、工业用地）。

（3）为适应都市发展对小城镇的功能需求，日本小城镇建设中十分注重运用地方资源，创建特色城镇。例如 20 世纪 80 年代初，大分县发起了"一村一品"运动，倡导每个村庄都生产一个以上特色产品，以振兴地方经济。这里的"产品"不单指农产品，也包括特产、文化产业和旅游产业等（李清泽，2006）（图 3-10）。在全球化的背景下，

日本促进小城镇发展的相关法律与规划　　　　　　　　表3-3

年份	立法或规划	宗旨或内容
1961	《农业基本法》	促进农业发展
1961	《新市町村建设促进法》	促进町村建设
1965	《关于市镇村合并特例的法律》	村镇合并
1971	《向农村地区引入工业促进法》	发展农村工业企业
1971	《新事业创新促进法》	促进小城镇产业发展
……	……	……

（资料来源：根据蓝庆新，张秋阳.日本城镇化发展经验对我国的启示[J].城市，2013（8）：34-37.杨书臣.日本小城镇的发展及政府的宏观调控[J].现代日本经济，2002（6）.整理）

日本强调并保护当地特色产品，尤其是农产品、文化和旅游产品，此外重视保护农民的收益，对农产品实行限产和价格保护。事实上日本农民从事农业的收入并不比其他行业差，从而较少了城乡差别，间接缓解了大城市的人口压力，同时也促进了国家一、二、三产业的协调发展。当前，日本东京都以外的很多小城镇都面临着人口外流、活力下降的问题，因此地方政府制定了一系列应对人口减少的规划措施，包括利用公共住房使人们从郊区向中心区迁移、减少和利用空置房策略、紧凑型中心区规划等，试图实现小城镇的"精明收缩"（卢峰，杨丽婧，2018）。日本小城镇发展取得成效的主要经验是：大城市的带动、相关法律条文的制定以及重视地方特色资源的利用和特色城镇的建设。这些积极适应人口收缩的理念和做法对我国欠发达地区的小城镇具有借鉴意义。

案例：日本"一村一品"大分县

1979年日本正面临第二次能源危机的冲击，并处于信息化、城镇化、老龄化等趋势日益明显，国内经济由高速转向稳定增长阶段的转换时期。如何振兴地区产业，解决人口从小城镇外流的现象是个大问题。根据日本经济形势和大分县县情，在深入调查研究的基础上，大分县展开了"一村一品"运动。所谓一村一品，就是在一定区域范围内，以村为基本单位，按照国内外市场需求，充分发挥本地资源优势，通过大力推进规模化、标准化、品牌化和市场化建设，使一个村（或几个村）拥有一个（或几个）市场潜力大、区域特色明显、附加值高的主导产品和产业。

大分县是"一村一品"运动的发源地，它位于日本南段，九州东北部，临山傍海，面积6337km²，人口115万。境内可住地仅占27.9%，森林面积71%，超过日本全国平均数（67%）及九州平均数（64%），平原耕地较少，是典型的农业县。这里气候温和，自然灾害较少，复杂的地理环境孕育出了丰富的特产品，有著名的日田杉、丰后牛、香菇加工。另外，这里观光资源非常丰富，多温泉，温泉数量和涌出泉量居日本第一位（图3-10）。

乡村地区　　　　　　　　　　　　　　城镇建成区

图3-10　日本大分县

（图片来源：http://www.cicitour.com/articlexq/1500.html）

"一村一品"运动开始时，着眼于农业特色产品。随着运动的深入开展，"一村一品"运动逐渐扩展到第二、第三产业，从经济范围扩展到思想文化领域，成为社会经济发展的综合战略。20世纪90年代，大分县已经开发了272项特色产品，分布于县内58个市、町、村，产值超过1000亿日元，其中1亿日元以上的产品有124种（中国赴日本大分县"一村一品运动"考察团，1992）。因此"一村一品"运动不仅使农民收入得到了大幅提升，城乡差别基本消失，人口外流现象基本停止，甚至原来在城里工作的知识分子也被吸引重回家乡。据相关资料显示，大分县"一村一品"运动已在日本许多地区推广开来，甚至被引入一些亚洲、欧洲国家和地区，对经济发展起到了一定的促进作用。

大分县的"一村一品"运动与我国乡镇企业有诸多共同之处，对我国小城镇走特色化发展之路也有借鉴意义。特别是政府的引导与推进"一村一品"运动的基本思路、管理行为及手段运用的成功经验更应着重研究和吸取。

四、新村运动下的韩国小城镇

20世纪60年代初是韩国经济起飞阶段，借助外国的资金、技术与市场，韩国大搞资本密集型工业，并于70年代跻身新型工业国家行列。但此时，韩国的农村生产与发展条件非常落后：地方和村级道路不便、水电不通，80%农舍是茅草屋，农业发展十分滞后以至春荒饿死人的现象时有发生。1970年韩国城镇化率达50.2%，但国家资本积累仍有限，工业部门仍需要大量财政支持，因此政府毅然决定发起"新村运动"。

"新村运动"原本是韩国政府为解决农村问题的国家战略措施，持续二十年对农村发展的支持也同时促进了小城镇的发展。在这过程中，韩国政府行政自治部把该项"运动"引入小城镇领域，意图将小城镇培育成为周围农村地区的生活、文化、流通的中心地区。"新村运动"从 20 世纪 70 年代初期持续到 21 世纪初，历经三十余年，大致可分为三个阶段（金钟范，2004）。这三个阶段各有明确的实施目标、措施、财政支持、城镇试点数量以及相关法律（表 3–4）。

韩国"新村运动"的阶段特征 　　　　　　　　　　表3–4

阶段	第一阶段 （1972～1976年）	第二阶段 （1977～1989年）	第三阶段 （1990～2001年）
目标	改善基础环境	培育小城镇自主生产能力	打造当地经济、文化、行政综合性中心地
措施	集中治理道路、河川、不良建筑、广告牌、停车场、道边、水沟、窄胡同、电网等	街道、市场等基础环境的整治；"小城镇职能化"事业；"农村定住生活圈"事业	街道整治、居住环境整治、市场流通设施整治等；"农村定住生活圈"事业
每个城镇获得的财政支持	0.1 亿韩元	1.65 亿韩元	12.4 亿韩元
实际获得支持的城镇数量	397 个	844 个	606 个
相关法律	《国土建设综合计划法》（1963）、《地方工业开发法》（1970）	《农村收入来源发展法》（1983）、《岛屿开发促进法》（1986）、《边远地区开发促进法》（1988）	《农渔村整治法》（1994）、《农渔村住宅改良促进法》（1995）、《地方小城镇培育支援法》（2001）

（资料来源：金钟范. 韩国小城镇发展政策实践与启示 [J]. 中国农村经济，2004（3）：74–78. ）

至 20 世纪 90 年代中期，韩国便进入人口高度城镇化时期。经历了近三十年的发展，韩国部分小城镇已发展成为城市，同时小城镇数量也不断增加，成为非农人口的重要空间载体。除了农村基础环境改善，新村运动同时也是一项提升农民文明素质的思想教育、物质文明建设与伦理精神教育互动的农村现代化建设运动（申东润，2010）。在小城镇不断转变为城市的情况下，镇人口基本保持在总人口的 7.8%~12.1% 的范围。当然，由于政策的实施性与问题的广泛性，韩国城乡之间在收入、教育、社区发展上仍有差距。但是，作为少数在城市高速发展时期就关注城乡统筹并付诸实践的发达国家之一，其"新村运动"与小城镇培养计划对其他国家仍具有很强的借鉴与启发意义。主要经验可以总结为：（1）立法先行，对促进小城镇发展的这种非可作为突出政绩且需时长久的基础性事业来说意义重大；（2）中央财政支援，尤其是相对落后地区的小城镇往往发展基础薄弱，在其发展初期阶段，必须得到相当规模的启动资金。（3）综合发展，综合利用分散于各个部门的涉及小城镇发展的相关政策以及围绕发展主题和主要事业，综合安排经济、基础设施、生活环境、文化等诸方面事业（金钟范，2004）。

案例：韩国农业小城镇忠清南道洪城郡洪东面（Hong Dong-myeon）

目前，韩国农民人均年收入已达约1万美元，2017年农业增加值300亿美元，在全球排名第21名。韩国的农村地区曾是世界最贫穷的地区，数千年的农耕文明形成了牢固的传统农业经济体系，也产生了强烈的小农经济意识、封闭守旧、排斥变革等落后思想。1970年起，韩国政府开始发起"新村运动"，旨在改变农村落后面貌、农业发展滞后状况，试图实现工业反哺农业、工农业双赢的互动。除了村庄基础设施建设、农业科技之推广外，最重要的就是对农民进行知识、技术与思想教育。其中，最值得称赞的是农村共同体。韩国农村有各种各样的共同体，例如帮助建造木屋的"梦想小屋木结构营造公司"、帮助遭遇情感困境女性的"HESED"共同体、致力于韩国农村可持续发展和乡村教育的"蒲公英共同体"等。这些共同体大多通过倡导自力更生、团结合作、勤勉向上的价值观，来帮助乡村地区各种群体实现发展。从某种程度上说，共同体是韩国农村高度组织化的象征，它们使得农民有尊严、有组织、有力量，能够在工业化、城镇化、全球化高歌猛进的时代，致力乡村振兴和乡村现代化，缩小城乡发展差距，发扬本土文化。

韩国的面、邑相当于中国乡镇一级的行政单位，但是规模可能没有村庄大。洪东面位于忠清南道的西部，近海不靠海，位于偏远的乡村地区，面积不到 $10km^2$，人口仅3500余人。这里以水稻种植和畜牧业为主，有机农业近半，是韩国有机农业比例最高的地区（图3-11）。这里在农村地区建立学校，例如埔尔木学校，建立起完善的教育系统，包括幼教、基础教育、大学专科和职业教育，旨在通过知识、文化和技术的传播，培养新时代的农民。目前洪东面除了政府层面组织设立学校、图书馆之外，村民还自发组建了农业合作社、集会等各种村民组织，村民自主学习意识和动力很强。农民和团体合作办学，学校推动农村发展，如今学校与社区已经成为"互帮互助的有机体"。

如今，全洪城郡已有归农人（从城市搬回农村定居的人）900余户，其中洪东面有25人。原因在于韩国乡村已基本实现城乡公共服务设施均等化，道路交通发达，

图3-11 韩国忠清南道的有机水稻种植田

（图片来源：http：//www.tuniu.com/guide/
d-zhongqingnandao-43811/tupian/）

图3-12 忠清南道的乡村

（图片来源：https：//www.quanjing.com/
category/123051/2105.html）

教育资源充足，生活服务设施俱全，自然环境优美，农村房屋的基本生活条件较好，保留传统农村自给自足的生活方式（图3-12）。另外，政府还出台多项补贴政策以吸引城市人口回流，包括技能培训、创业资金补贴等，提供土地流转、住房等信息。这些归农人主要是70岁以上的男性，这批受过较好教育，具有一定经济实力的老年人选择退休后返回乡村，实现"归园田居"的梦想。

我国从2005年开启新农村建设，2017年提出乡村振兴战略。作为近邻，我国各级政府代表团多次访问、考察韩国乡村，学习其"新村运动"的经验。在浙江、江苏等沿海发达地区，开始了多轮"新农村建设"活动，强化小城镇的特色化发展，发展现代化农业，缩小城乡公共服务水平差距。近年来，越来越多的城市退休老年人选择"上山下乡"模式——在大城市郊区自然环境好的乡村地区，购买或租赁农民房屋，开始田园生活。但是，目前这种养老模式也遭遇诸如基础配套设施不足、医疗服务缺乏、文化娱乐空白等方面的瓶颈制约，所以大部分老年人在乡村生活一段时间后，不得不再次选择返城。因此，我国乡村振兴客观需要继续完成三大重任：加强农村基础设施建设，加强医疗服务水平建设，以及加强农村文化建设。只有当城乡公共服务水平真正实现均等化之后，乡村才能真正吸引越来越多的"归乡人"。

五、均质化理念下的德国小城镇

德国是个有着悠久城邦史的国家，德国城镇化的过程中农村人口首先向农村附近的小城镇流动，而不是过分向大城市集中。因此，德国小城镇也得到了充分的发展，并没有出现像英国那样大城市人口过分集中的现象。第二次世界大战后，德国的城镇化率达到了70%，进入城镇化成熟时期。与其他发达国家相比，德国小城镇分布均匀，11个大都市圈遍布全国，大中小城镇星罗棋布、有机融合。因此德国城镇化呈现大城

图 3-13　德国巴伐利亚州阿莎芬堡小镇

市、中城市与小城镇并行发展的宝塔形：以少数大都市为全国城市的龙头，处于塔顶；以适量的中等城市为骨干，形成区域经济、文化和交通的中心，处于塔中；数量众多的小城镇遍布全国各地，处于塔底，构成了基础，不少小城镇是产业集群的所在地。经过不断的建设发展，德国小城镇历史底蕴深厚，产业特色鲜明，文化氛围浓郁，充满独特魅力，对国家人居品质的提升起到了很好的支撑作用，充分体现了人本理念与人文情怀、区域平等。例如，巴伐利亚州的美因河畔的阿莎芬堡小镇（Aschaffenburg），人口仅 7 万人，但拥有机械制造、纺织、酿酒等产业特色产业，镇上有多处中世纪城堡和教堂古迹，居民环境品质高（图 3-13）。

1. 追求公平与平等的发展观

德国的人口分布均衡首先得益于其所追求公平与平等的发展观。德国联邦宪法第106 条规定，德国应追求区域的平衡发展和共同富裕。就是基于这样的价值观，德国小城镇的基础设施条件（通信、电力、供水等）几乎与大都市等同，医疗、教育等也与大城市没有明显差异。也正是由于追求平等，德国宪法规定选举、工作、迁徙、就学等公民权利一律平等，城乡之间社会保障体系也差异不大。同样地，德国的规划也充分考虑民意，每个公民都有平等的权利表达自己对城镇建设的意见。德国政府也认为规划的科学性是建立在公众参与的过程之上的，因此鼓励公民积极参与。

德国小城镇全面发展起始于 20 世纪 90 年代初期。两德统一后，地区经济发展水平不对称使大量人口西迁，为了弥合地区发展差距、追求公平与平等，德国实施一系列计划，促进小城镇的发展，如著名的"农村经济发展行动联盟"计划。从 1991 年以来，德国数百个小城镇借助这一项目，推出各种各样的发展项目，改善基础建设、地域管理，发展旅游业以及地方特色产品等。

2. 追求人文与品质的价值观

德国城镇化进程深受该国社会文化和思想意识的影响，其自然崇拜和"德意志森林意识"对于保护小城镇的自然环境起着重要作用。小城镇建设时优先考虑环境保护，坚决杜绝以牺牲环境为代价来发展经济。在德国的建设法典中，环境保护制约着建设的全过程。因此，小城镇拥有大城市无法比拟的自然环境优势，有大量浓荫密布的传统园林，这种优势持续吸引着特定人群回归小城镇，定居小城镇。另一方面，德国很多小城镇仍然保持着浓厚的人文氛围，即使曾在二战时期遭到破坏，仍到处可见古建筑。小城镇建设同样优先考虑历史文化保护，在基本保留原有城镇格局、空间形态和建筑风格的基础上，再进行合理的功能划分、建筑改造与再利用，使之符合现代生活的需要。

德国小城镇的宜居程度往往高于大城市。高品质的教育和健康服务、环境状况，充满吸引力的城镇市貌和文化设施，通往自然和休闲设施的便利程度，都使得小城镇无论对于德国家庭，还是公司企业，都是不二的选择（丁声俊，2012）。同时，密集的高速公路网络、高速铁路网络以及区域机场，都使小城镇前往欧洲甚至世界其他地点方便快捷。

此外，德国小城镇的发展依托协作的产业集群、便捷的区域交通和宜居的空间品质，在促进区域就业平衡中发挥了重要作用（秦梦迪，2018）。其中，依附型小城镇承担了大城市的部分产业转移，在一定程度上缓解了大城市的就业压力。网络型小城镇形成了分工协作的产业集群，对中年人口有较为显著的吸引力。独立型小城镇依托资源形成特色产业，例如著名的巴登巴登（Baden Baden）温泉小镇，就是乡村地区的就业中心。

案例：德国巴登巴登小镇（Baden Baden）——温泉小镇

德语里"巴登"（Baden）是沐浴或游泳的意思，德国小镇巴登巴登就是一个因温泉、浴室而举世闻名的旅游度假小镇。它位于德国黑森林西北部的边缘，奥斯河谷中，小城镇沿着山谷蜿蜒伸展，背靠青山，面向河流，自然景观多姿。早在18世纪末，巴登巴登就因温泉而获得了君王贵族、文人墨客、艺术家的青睐，成为"欧洲的夏都"。现在小镇保留大量古老的历史建筑，包括辉煌的城堡、浴池、别墅、广场、宫殿和园林，而且这些建筑景观多出自著名建筑师之手，人工建筑与自然环境浑然一体，景色秀美。巴登巴登小镇的"拳头景点"包括众多浴室遗址、赌场和赛马会三部分。除此之外，随着来自世界各地的游客不断增多，所以镇上出现了越来越多世界一流的酒店、餐厅、服装店，还有玩具博物馆、艺术厅、礼品商店、画廊等。即使在这个远离大城市的森林小镇，也能感受到高度的国际化氛围、极高的艺术氛围和生活品质（图3-14）。

餐厅   历史建筑

图3-14 德国巴登巴登小镇

　　我国也有很多类似巴登巴登的历史古镇，例如著名的江南四大古镇（周庄镇、同里镇、西塘镇、乌镇）。从唐宋开始，这些古镇因水运交通发达而商业贸易兴盛；明清时期更加成为国家经济、社会与文化的重镇，人文荟萃，形成了灿烂的历史文化积淀。当代，这些古镇依然保留大量精美的古建筑、历史街区、非物质文化遗产以及自然风光，延续着"小桥、流水、人家"式独特的空间景象。与巴登巴登类似，这些古镇也通过系统的总体规划或旅游规划，开辟旅游游览路线，开发旅游特色产品，从而大力发展旅游业，吸引了国内外大批游客。进入新时期，这些古镇新建了一批旅游商业街、酒店、宾馆、美食街、博物馆、艺术馆等，使得古镇焕发新生。然而，借鉴巴登巴登小镇的成功经验，我国的历史古镇还需要坚持旅游开发与自然环境保护相协调，坚持传统文化继承与新兴文化创新相结合，增强古镇魅力和吸引力，满足游客的多样化需求。

六、从衰落到重生的澳洲小城镇

　　澳大利亚的小城镇管理与发展既受历史悠久的欧洲模式影响，又有殖民地国家快速兴起的自身特色。近些年来随着以都市为基地的大型工业转向小型、合作型和自我雇佣，农村小城镇不断兴旺发达。澳大利亚国家劳工研究所所长布兰迪教授认为，人口3万~5万人的小城镇是"后工业化革命"（post-industrail revolution）中最理想的城市规模（安晓力，1988）。澳大利亚具有层级清晰、分工合理、责任明确的政府管理体制，小城镇的发展离不开政府的有效管理。首先，政府运用收购和市场买卖方式，获取小城镇扩张的土地。政府一般不干预私人投资商与私人土地所有者之间的土地交易活动，私人企业投资用地一般由投资商与私人土地所有者进行谈判。第二，澳大利亚政府非常重视利益相关群体，即社区居民的参与。通常围绕战略规划的制定，按照公开、透明的原则，专门召集社区居民开圆桌会，提出法定的和一般的政策建议，尽可能做到详尽、具体。在规划前期、中期和后期不断征询社区意见，居民广泛参与，在制定规划过程中，让居民充分发表意见。第三，建立城镇间联盟机制，遏制各地政府招商引资中的恶性竞争。各地优惠政策基本一致，只能在有限的范围内，根据城市特色，调整优惠政策。同时，政府招商引资的主要精力投入到基础设施、劳动力、土地、信息服务等投资环境的改善方面，经济发展战略规划的权威性高、可操作性强，利于私营房地产商和产业发展商放心投资，因此规划实施效果非常显著（蓝海涛，2005）。

其次，针对内陆偏远衰落的小乡村社区的人口流失、商业萧条，针对传统上依靠采矿业、渔业和传统农业的小城镇和社区，政府选用特色开发的道路，推动衰落小城镇走向复苏。

虽地理位置相近，但新西兰的小城镇发展与澳大利亚略有不同，新西兰是一个议会制国家，其政府的行政区划也分三级：中央政府、地区政府和地方政府。为了适应城镇化发展的需要，依托计算机网络、通信和交通技术的迅猛发展，新西兰政府于1989年开始对大区议会和管区议会政府进行了大刀阔斧的改革，及时调整了各地的行政区划，加强对小城镇的管理。过去长时间内新西兰政府对于小城镇主要采取自由放任的发展态度。随着其人口向大城市积聚，一些小城镇开始衰落，部分居民房屋已经破败。最近几年，当地政府开始注意到这种萧条现象，于是又重新开发那些衰落的小城镇，着重发展旅游业，例如皇后镇。

案例：新西兰皇后镇——《魔戒》迷心中的圣地

皇后镇是一个被南阿尔卑斯山包围，四季分明、依山傍水的美丽小镇。皇后镇夏季有蓝天艳阳，秋季有缤纷落叶，冬天有大片覆着白雪的山岭，而春天又是百花盛开的景象。从皇后镇到山顶，则是一片绿油油的色彩，地势险峻，景色美丽（图3-15）。皇后镇之名源于殖民者认为此处风景秀丽应属女王所有，由此得名皇后镇。

尽管皇后镇风景如画，但这并不是最初人们来到这里的原因。早期人们来到这里完全是因为当地出产的黄金和宝石，一些淘金者纷纷聚集于此地"碰运气"，后来一些商贩也来到这里经商。随着人口慢慢增多，小镇也就形成了。2005年，皇后镇奇特的自然风光和地形，使之成为好莱坞著名奇幻电影《魔戒》的重要外景拍摄地。随后，大批来自世界各地的游客蜂拥而至，像淘金一般渐渐发掘这里的美景，使"皇后"的尊容更多地被世人所认识。因此皇后镇可谓是因淘金而成镇，因美景而成名。除了美景外，新西兰人大胆探索的精神使得皇后镇也成为极限运动爱好者的聚集地、新西兰的"探险之都"。

图3-15 新西兰皇后镇

（图片来源：http：//www.tuniu.com/guide/d-huanghouzhen-784252/tupian/2/）

第二节 发达国家小城镇发展与管理经验

一、强调政策指导

强调政策指引是发达国家小城镇建设与管理的成功经验之一。英国小城镇着眼于解决大城市病，属于"自上而下"进行建设。为促进农村与农业的发展，政府采取了一系列措施扶持小城镇的发展，并且通过立法和规划参与小城镇建设（表3-5）。而日本则聚焦于振兴原有小城镇，特别是农村地区小城镇，注重乡村和农业的发展。1946年出台的《新镇法》中将建立不同规模等级的新镇作为中央政府的一项长期城市开发政策，以推动了中心城市附近小城镇的建设。并通过开展一系列计划来促进已有小城镇的复兴，努力实现国土均衡开发。从20世纪70年代开始，日本通过政府扩大公共资源投资主导城镇建设的发展。政府投资提升了日本村镇的公共服务设施（如学校、医院、图书馆）及基础设施（公路、道路、水路、港口、机场、工业用地）。20世纪80年中后期，日本全国范围内村镇的基础设施水平已经和城市基本持平，同时，按产业政策实施的政府投资公共资本还为地方小城镇资本积累提供了重要来源，对各地小城镇发展起了引导的作用。

促进英国小城镇发展的相关法律与规划 表3-5

年份	立法或规划	宗旨或内容
1944	《大伦敦规划》	分散城市功能
1946	《新镇法》	政府开发新城的政策要点
1947	《城乡规划法》	土地开发的权力收归国有
1952	《新城开发法》	完善土地征用机制
……	……	……

（资料来源：根据李明超. 英国新城开发的回顾与分析 [J]. 管理学刊，2009，22（5）：8-11. 整理）

二、强调分类管理

强调分类管理是发达国家小城镇建设与管理成功经验之二。从城乡关系的视角看，小城镇分为都市边缘区小城镇、郊区小城镇和乡村地带小城镇。其中，前两种小城镇与城市的关系更为密切，而乡村小城镇与广大农村地区联系更为密切（表3-6）。从发展的角度看，乡村地带小城镇历史最为久远。在悠久的历史长河中，乡村地带的小城镇一直担负着附近农村地区的中心服务职能（包括政治、经济与文化）。但是，相比于城市地区，农村地区在很大程度上是"弱势地区"，而乡村地带小城镇的兴衰是与农业发展的优劣紧密关联的。因此乡村地带的小城镇也由于与城市联系较弱，农业产

城乡关系视角下小城镇类型划分以及特点分析 表3-6

	都市边缘区小城镇	郊区小城镇	乡村地带小城镇
位置	都市边缘区	大都市和乡村地区的中间地带	农村地带
离市中心的距离	近	中（几个小时路程）	远
产业类型	第三产业为主（住宅、生活服务）	独立的特色产业和支柱行业（旅游、制造等）	农副产品加工、储运等与当地农业密切相关的产业
特点	地价、房价相对较低，交通极度发达，环境宜人，生活舒适	交通发达，位于都市的经济辐射范围内，扮演某一分工角色	是乡村地带的经济活动中心，面积较大，自成工业体系
举例	大中城市近郊的小城镇	城市群之间的众多小城镇	广大农村地区众多小城镇

业的相对劣势而发展相对受限。因此根据城乡关系的不同，发达国家政府往往对三类小城镇采取不同的政府指引。前两种小城镇更加注重与城市的交通联系、人口通勤流动、资源共享以及功能协作，而后一种则更加强调其综合职能的完善，农业产业化水平提升，特色产业发展，提高其经济、社会和文化吸引力。

三、强调公共参与

强调公共参与是发达国家小城镇建设与管理成功经验之三。国外小城镇高效的管理体制和反馈机制，尤其是规划修编过程中规划委员会对市民的意见采纳形成了一套完整的跟踪和反馈机制。相对而言，我国在小城镇规划编制中的实践还比较欠缺。规划中公众参与的实施现状，在借鉴国外有效经验的同时，需要针对性地实现转化与创新（彭翀，2016），尤其是针对我国各地区差异较大的信息化程度、人民教育水平等现状。在中西部地区，小城镇在通信、科技等方面均相对较弱，规划人员可以尝试针对性地选择适合当地的公众参与模式（刘杨，2009）。

四、强调特色发展

特色化发展是发达国家小城镇建设与管理成功经验之四。挖掘当地资源，培育优势产业，传承地方文化，进而形成地方品牌产品和独特魅力，从而实现小城镇产业经济发展，以及地方社会文化兴盛。小城镇特色化发展无论是基于本地资源，还是基于外在需求和投资，都要因地制宜地确定特色产业和发展方向。内生型小城镇往往借助于地区自然环境和历史文化的优势，在保护的基础上开发旅游业，实现自然资源和文化资源的独特价值。外生型小城镇往往通过引入或承接外来资本、外来企业或科技、艺术资源流入，通过植入特色而活化地方经济。总之，无论是内生还是外生，小城镇特色化发展都需要创新理念，突破常规，强调专业化生产。

第三节　本章结论

本章重点对英国、美国、日本、韩国、德国、澳大利亚等发达国家进行了系统的梳理，总结了不同国家小城镇发展的特点、模式以及城镇规划的角色。英国的小城镇发展较早，发端于当时工业革命推动下的快速城镇化，尤其是以伦敦为代表的新镇规划建设对小城镇的发展起到了显著的引导和促进作用。美国的小城镇则与20世纪初的机动化、郊区化进程紧密互动，尤其是郊区化的快速推进使大都市周边大量的小城镇得益于郊区住宅、产业等项目的建设而快速发展。日本全国的产业、人口高度集中在东京、横滨、名古屋等核心都市圈地区，该区域内部分小城镇借助交通、环境等特定优势获得了发展的机遇，成为都市圈城镇、产业协作体系中的一环。类似地，韩国人口、产业等向首尔、釜山等少数城市集中的过程中，大量小城镇遭遇了人口流失、产业转移、建筑老化等问题。为此，韩国政府从 20 世纪 70 年代开始实施新村运动，出台了一系列的相关政策，有力地促进了小城镇的发展。德国区域发展与城乡发展比较均衡，城镇化进程相对平稳，小城镇保持了独立、持续、特色化的自我发展状态，国家和区域政府也通过立法等手段保障小城镇的发展机会。澳洲的小城镇发展经历了从衰落到重生的发展过程，为支持和促进小城镇的发展，国家政府制定了针对性强的政策，并注重公众意见的征集和吸收，使得小城镇的发展与区域发展目标、社区改进方向和居民需求较好地结合在一起。

通过对主要发达国家小城镇发展历程的回顾，从三个方面总结了小城镇建设与管理的经验。一是自下而上与自上而下结合，上述发达国家小城镇的发展既需要自下而上地体现市场以及小城镇自我发展能力的发挥，也需要国家、地区政府及相关政策的支持。二是小城镇发展条件千差万别，未来的发展潜力、方向也将大相径庭，因此，上述国家小城镇发展都注重对于小城镇发展条件的分析，强调进行分类管理，尊重小城镇的发展个性。三是强调公众参与，作为城镇体系中的基层单元，小城镇的发展与居民的日常生活息息相关，小城镇发展目标、建设、规划、管理须收集并听取公众意见和需求。四是强调特色发展，从发展理念和建设方式、管理制度上都强调创新，无论是内生小城镇，还是外生型小城镇都应厘清自身的独特资源，走专业化发展之路。

第四章
小城镇的空间形态模式

改革开放 40 年，我国小城镇经历了一个低起点、快速度的发展过程。但是，如今小城镇发展愈发缓慢，面临着诸多挑战，其中之一是如何实现高效的土地综合开发利用，从而避免建设用地的无序蔓延。本章旨在分析我国小城镇的用地形态，归纳、总结我国现有小城镇的用地形态模式。本章第一节分析了小城镇形态的构成要素，概述了我国小城镇形态的区域差异；第二节分析了小城镇空间用地形态的分类，总结了我国东部小城镇土地利用形态的四种典型类型；第三节对本章进行了简要总结。

第一节　小城镇形态的构成

一、用地形态

小城镇作为一个空间系统，其形成是人类活动与自然活动在特定地理环境和社会背景下相互作用的结果。小城镇形态是小城镇空间结构的外在表现，是小城镇各种功能活动在地域上的呈现，也是社会、经济、文化发展在物质载体上的成果。它由两部分组成，包括物质空间形态和社会空间形态。其中，物质空间形态即地表覆盖形态（或土地利用形态），如空间聚落的分布形态、城镇肌理等（陈前虎，2001）。社会空间形态则是由抽象的社会要素构成，在社会结构、生活方式、风俗习惯、宗教信仰等方面都有自己的发展轨迹。物质空间形态与社会空间形态相互影响，相互作用，每个小镇都有自己独一无二的形态。

1.地表覆盖形态

土地覆盖是自然环境人造建筑覆盖表面的各种元素的组合，包括表面植被、土壤、湖泊、沼泽和湿地以及各种建筑物。它具有特定的时间和空间属性，其形状和状态可以在各种空间和时间尺度上变化。随着遥感技术的发展，地表覆盖与土地利用具有相似的意义，但研究角度不同。土地表盖以土地的自然属性为重点，土地利用以土地的社会属性为重点，对地表覆盖（包括已利用和未利用）进行分类。学者们多通过对小城镇的地表覆盖和土地利用两方面进行研究，分析小城镇用地形态的社会和自然属性的特征（陈晓玲等，2008）。小城镇地表覆盖形态研究主要从人造地表、水体、森林、草地等分类的覆盖面积、分布特征及其变化来基本判定其用地形态。

2. 土地利用类型

土地利用类型是反映土地利用性质和分布规律的基本区域单位 . 它是指在生产、建设用地的转化利用过程中，人类形成的各种土地利用类型，可以分为林地、草地、耕地、建设用地等，每种用地具有不同的利用方向和特点。土地利用类型是自然、社会、经济和技术因素综合作用的产物，具有一定的空间分布规律。同一种土地利用类型具有相似的特征，但不是不变的，经济条件改善、科技水平提高、自然灾害和人为灾害等都会动态地影响土地利用类型变化。区域土地利用分类反映了土地的经济特征，表现出不同的土地利用模式。通过对土地利用类型的划分和研究，可以了解区域现状各类土地的数量和分布，评价土地质量和开发潜力，分析土地利用结构的合理性，揭示土地利用存在的问题，从而为合理利用土地资源、调整土地利用方式提供依据。

二、小城镇形态研究方法

"形态"一词源于希腊语的 Morphe（形）和 Logos（逻辑），意指形式的构成逻辑。因此形态研究主要探讨实体的表现形式（"形"）及其内在机制（"态"）（段炼，刘玉龙，2006）。分析城市形态的方法可以被称为城镇形态学，在英文文献中以 urban morphology、urban form 或 urban landscape 表达。我国城市用地形态的研究方法来源于传统的几何形态分析，如地理学提出的各种土地利用模式，城市规划学、建筑学构建了分散或集中的理想城市模型等，目前已经形成一些成熟的城市用地形态研究方法，如对于基地的分析方法、城市公共意象的研究方法、"图—底"关系分析、空间注记分析等。20 世纪随着系统论的建立、数学与物理方法的引入，城市用地形态研究从简单的几何形态描述阶段，进入量化分析阶段。21 世纪，分形理论、计算机技术的应用以及相关学科理论的发展和引入，使城市用地形态的理论构建及研究方法又有了新进展。其中，分形理论的引入及城市分形特征的发现，为城市形态研究提供了根本依据，极大加深了人们对城市用地形态以及空间演化过程的认识，为城市规划设计、政策分析提供了新方法。

学者詹庆明结合 GIS 技术，综合分形理论和空间句法，对不断演变的城市空间形态进行定量分析和对比研究以及实例论证。他通过计算不同时期城市建设用地分维数，对城市空间外部形态特征和拓展方式进行分析；利用空间句法解构城市空间网络，分析其内部结构的演进规律（詹庆明，2010）。此外，3S 技术（RS、GIS、GPS）等计算机科学新技术可对城市用地形态演变、用地空间扩展及用地测度进行量化分析，为整体把握城市用地形态的演化规律提供了技术支撑（马晓冬，朱传耿，2008）。学者马荣华、陈雯等以 Landsat TM/ETM 卫星遥感影像为数据源，以 GIS 为分析手段，通过扩展面积、强度指数、分维数指数以及相关用地类型的土地资源分布重心坐标，详细分析了常熟市建设用地（城区、城镇以及独立工业用地）的时空特征，揭示了我国苏南经济发达地区城镇建设用地的扩展规律，分析了引起城镇建设用地扩张的驱动力（马荣华，陈雯，2004）。马晓冬、朱传耿等基于苏州地区 1984~2005 年间 6 个时相卫星遥感数据，从城镇实体地域扩展的视角，运用关联分维数、全局和局部空间关联指数、空间变差函数等方法构建了空间关联测度模型，分析了苏州地区城镇扩展的周期性、城镇建设用地的分维特征、城镇扩展的"热点区"空间分布及演化，以及城镇化空间梯度的形态演化（马晓冬，朱传耿，2008）。车前进、段学军等基于长江三角洲地区多时相卫星遥感影像数据，以城镇用地扩展空间分异与关联特征为切入点，利用间隙度指数、分形维数、扩展强度指数、扩展速度指数和空间关联模型，定量揭示了区域城镇空间扩展特征的多样性、空间组织异质性和"热点区"格局演化（车前进，段学军，2011）。

1. 评价指标选择

本研究聚焦于宏观尺度上小城镇轮廓形态的演变过程，从"量"和"质"两方面进行研究。首先，"量"是指小城镇用地的增量方面，对小城镇的扩展强度、扩展方位、扩展动因进行研究；与之对应的主要指标为扩展强度、扩展象限方位、轴线引导强度。其中，扩展象限方位受到政策和发展目标的影响较为明显，可以结合政策、总体规划进行分析；在数据分析方面则着重从城镇用地扩展强度、轴线引导强度分析小城镇的发展量变。

其次，"质"是指小城镇扩张的质量，对包括小城镇发展是否有序而紧凑，是否和周边城镇取得较好的联系，以及小城镇新增各类用地的融合程度等评价。通常，学者们利用景观生态学中的"斑块—廊道—基质"模型，基于其较为完整的指标体系，对城市形态结构进行研究。在小城镇扩张质量的研究中，多选取斑块个数、斑块密度、斑块形状指数等进行评价（杨双姝玛等，2019）。

综上所述，本章从小城镇外部轮廓形态、内部用地形态两个方面进行分析，分为 4 个一类指标、6 个二类指标（表 4-1）。并依据指标数据将二类指标形态特征分为极速发展型和缓慢发展型、串联发展型和圈层发展型、紧凑发展型和松散发展型、跳跃发展型和粘连发展型、破碎发展型和块状发展型。在这样的分类基础上，再将各具特色的小城镇形态特征进行一定的组合和合并，总体上分为 4 类基本类型。

小城镇形态特征分类表   表4-1

小城镇形态特征	一类指标	二类指标	指标解释	形态特征分类结果
小城镇外部轮廓形态	小城镇总体发展速度	扩张强度	衡量小城镇的扩张速度	急速型—缓慢型
		轴线引导系数	衡量小城镇的扩张方向、动因	串联型—圈层型
	小城镇外部联系	扩展象限方位	衡量小城镇扩张与周围环境、规划目标、周边小城镇等的关系	
	小城镇总体发展质量	景观形状指数	衡量小城镇轮廓的不规则性	紧凑型—松散型
小城镇内部用地形态	小城镇内部发展质量	不同土地利用斑块平均最邻近距离	衡量小城镇内部件不同性质用地的联系程度	跳跃型—粘连型
		不同土地利用斑块密度	衡量小城镇内部件不同性质用地的融合程度	破碎型—块状型

2. 指标计算及数据获取

城镇空间扩展强度和轴线引导强度计算。

（1）城镇扩展强度计算公式如下。

$$R = \frac{Ab - Aa}{Aa} \times \frac{1}{T}$$

式中：R 为城镇扩展强度，Aa 为研究初期建成区面积，Ab 为研究末期建成区面积，T 为研究的时间间隔。根据已有研究经验，通常空间扩展强度指数的划分标准为：高速扩展型 >10%；快速扩展型 7%~10%；中速扩展型 5%~7%；低速扩展型 0~5%（娄晓峰，2018）。

（2）轴线引导强度计算

$$L = \frac{C1}{C2}$$

式中：$C1$ 结果表示沿交通干道新增的建设用地面积，$C2$ 结果表示总的新增建设用地面积。L 为轴线引导指数，表示为沿干道新增的用地面积与总新增的用地面积的比值。

以江苏省张家港市锦丰镇为例，首先通过目视解译的方法，观察 1990~2018 年不同时期小城镇的历史图像，判定小城镇的边界范围。1990~2018 年锦丰镇区面积增长到原有面积的 4.6 倍（图 4-1）。锦丰镇建设用地总面积的增长率为 12.8%，超过 10%，据此可判断锦丰镇的空间扩张为极速增长型。其次，选取锦丰镇东西向、南北向两条干道路的延伸方向，将沿道路两侧且垂直道路距离 500m 以内的新增用地面积划为轴线延伸面积。据此计算出锦丰镇 1990~2010 年轴线增加用地面积为 289hm²，轴线引导系数为 8.6%。

图 4-1　锦丰镇 1990~2018 年用地扩张变化图

（3）景观生态学指数的计算

首先下载高分辨率卫星影像数据，利用 ArcGIS10.4 进行监督分类，识别工业用地、水体、农田、居住用地四种基本类型，并进行栅格数据矢量化计算，再将每个建设用地斑块转化为矢量多边形。其次，选取斑块密度、景观形状指数、平均最近邻距离三个景观生态学指标，进行分析（表 4-2）。斑块密度反映了单位面积上的建设用地斑块数量，用斑块总数量除以斑块总面积可以获得；其值越高，表示建设用地斑块越破碎。斑块形状指数表示建设用地斑块形状的规则程度，也用于表示扩张面积的紧凑程度。斑块越接近于正方形,则表示斑块形状越规则。建设用地边界越长，斑块越不规则。平均最近邻距离是指斑块到另一个不同类别的斑块的距离，表示用地的混杂程度。

景观生态指数选取表　　　　　　　　　　　　　　表4-2

指数名称	指数公式	取值范围	指数含义
斑块密度（PD）（个 /km²）	$PD = N/A$	PD>0	反映了单位面积上的建设用地斑块数量，其值越高，建设用地斑块越破碎
景观形状指数（LSI）	$LSI = 0.25E / \sqrt{A}$	$LSI \geq 1$	用来衡量建设用地形状的规则程度，E 为建设用地斑块总边长。LSI 值越高，建设用地形状越趋向不规则
平均最近邻距离（ENN_MN）（m）	$ENN\_MN = \dfrac{\sum_1^m \sum_1^n h_{ij}}{N}$	ENN_MN>0	反映了不同建设用地斑块之间的平均最短欧式距离。h_{ij} 为区域内每一个建设用地斑块与其最近邻体的距离，N 为具有邻体的建设用地斑块总数

（资料来源：根据 Fragstats 4.2 用户手册修改）

卫星影像图   监督分类结果图

图4-2 巴城镇用地斑块数字化截取图

以江苏省昆山市巴城镇南部的工业片区为例。如图4-2，左图遥感影像中的工业建筑斑块、水体农田、道路及硬质地面、树木覆盖通过监督分类数字化形成右图，工业建筑的表面被识别为右图中的黄色斑块；硬质地面被识别为浅绿色斑块；农田、水系被识别为紫色斑块；树木覆盖被识别为浅蓝色斑块。将监督分类数据转化为矢量多边形数据后，以每个多边形代表每一个用地斑块，在ArcGIS属性表中进行统计操作进行景观生态学指标计算。

第二节 小城镇用地演变形态的分类

根据第二节的研究方法，我们选取了山东、江苏、广东等省份的11个小城镇进行研究，发现小城镇的用地演变形态划可分为圈层粘连、逐渐破碎与逐渐块状、块状拼贴、珠状串联四大基本形态模式。

一、类型一：圈层粘连

1.缓慢圈层粘连型：山东省宁阳县堽城镇

小城镇发展的初期，用地形态往往呈现出缓慢圈层粘连的特征，建设用地扩张处于自发性的缓慢粘连状态，尚没有明显的城镇主导发展功能和方向。我国很多小城镇都是由于交通、物品流通职能而成长起来，它们所处的地理位置交通便捷，因此小城镇扩张多以穿境而过的道路为依托，建设用地规模小、功能单一、形态简单。当前，这类小城镇仍然广泛存在于经济发展落后地区。

过境交通干道对小城镇早期经济发展具有推动作用——借助过境干道，小城镇实现了农村产品的集散以及人与物的流通；并且过境交通缩短了城乡距离，促进了小城镇与周边城市的联系。此外，过境道路节省了小城镇在发展初期基础设施建设的费用。但是，随着经济社会的发展，依托过境干道发展起来的小城镇越来越集结于某一道路段，建设用地呈现出团块状，或沿着干道两侧持续蔓延，而纵深不足。这不仅对干道交通造成干扰，而且过多交叉口为小城镇的日常活动增加交通隐患，长此以往对小城镇沿路的商业、景观造成负面影响。

以山东省宁阳县堽城镇为例，由于经济发展动力较弱，因此其小城镇空间形态呈现出依托原333省道缓慢蔓延状态。穿境而过的原333省道将堽城镇为划分东西两侧，分别为居住功能和生产功能的用地，在道路东侧呈现小规模的团块状特征（图4-3）。

2. 急速圈层粘连型：江苏省张家港市杨舍镇

急剧圈层粘连型的用地演变特征多见于县（市）域城关镇，以及因为获得重大发展契机而快速成长的小城镇。通常，城关镇位于县域的中心，产业和人口集聚较快，土地开发规模较大，城镇化动力较强，因此建设用地扩张呈现出急速圈层黏连状态。例如张家港市杨舍镇，作为市政府所在地，其用地规模由1995年的35km²，扩展为2004年底的152.83km²。整个镇区由张家港疏港高速（S82）环绕，由内环路和二环路贯通，形成类似于中等城市圈层发展的形态模式，并且形态演变表现明显（图4-4）。

图例

—— 省道

- - - 2013年省道改道

░ 1999年原有用地范围

▢ 1999~2011年年新增用地

▩ 2011~2018年年新增用地

▨ 乡村居民点

图4-3 山东省堽城镇15m分辨率用地覆盖与卫星叠合图

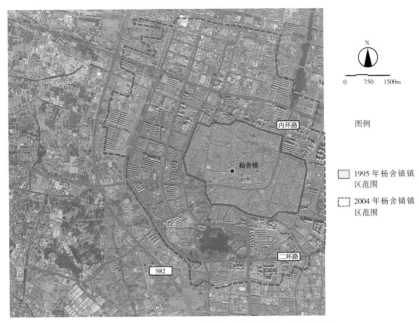

图例

1995 年杨舍镇镇
区范围

2004 年杨舍镇镇
区范围

图 4-4　杨舍镇 15m 分辨率用地覆盖与卫星叠合图

对于总体规模不大、功能复杂程度较低的小城镇而言，圈层粘连型用地形态仍是一种相对高效用地模式，它使小城镇各个地区都能够获得相对均等的发展机会，城镇中心的地位突出，可以有效减轻从城镇中心穿越的交通压力，又便于加强城镇各区域之间的联系。但是，小城镇一旦发展为中等城市，建设用地继续圈层蔓延则可能导致类似大城市的"摊大饼"问题。

二、类型二：逐渐破碎与逐渐块状

逐渐破碎的用地形态可以理解为小城镇从初步形成发展为相对独立的功能组团的过程，也是逐渐块状的一个过渡阶段，但其表现形式与逐渐块状既有联系，又存在一定差别。从形态上看，这两种模式都呈现出相对分散的特征，但分散的用地在数量、大小上存在差别。通常，从单个建设用地地块规模越小，未能形成某一主体功能的小城镇空间形态则为"逐渐破碎"；单个建设用地规模越大，用地地块数量较少，并且建设用地已经形成了主导功能，则为"逐渐块状"。小城镇用地呈现逐渐破碎和块状形态特征，主要有地理要素阻隔和生产组织要求两大原因。此外，当小城镇建设用地以块状形态快速拓展时，也称为"急速块状"方式。

1. 地理要素阻隔导致的用地破碎

当小城镇镇区受到山谷、丘陵或密布水网等地形限制时，小城镇发展方向则受到限制，新增用地的选择相对局促，建设用地随地形而分散，这种情况在浙江省西部的丘陵地区以及苏南水网密布地区都比较常见。例如，浙江省高楼镇由于地处山区丘陵地带，空间拓展受到限制，城镇可建设用地相对受到限制。依据《瑞安市高楼镇总体规划（2011—2020 年）》，镇域面积为 275.7km^2，适宜建区的总面积约为 7.33km^2，仅占镇域面积的 2.66%（图 4-5）。

图例

■ 1995 年
原有用地范围

□ 1995~2005 年
年新增用地

■ 2005~2018 年
年新增用地

用地覆盖图   监督分类结果图

图 4-5   浙江省高楼镇 15m 分辨率用地覆盖与监督分类图

2. 生产组织要求形成用地破碎

以广东省中山市小榄镇为例，由于多年自组织发展，城乡建设无序，道路缺乏系统性。现状乡村居民点数量多、规模小、占地多，城乡地区用地呈现逐渐破碎、布局分散的"乡村发展包围工业团块"局面。2002 年小榄镇总体规划将乡村居民点进行整合重组，调整原有工业布局，全面改变村办工业和私有企业分散的局面，建设成组成团、集约、产业集群化的工业园区，形成集中的城镇型主城区和相对分散的小组团相结合的总体布局。在规划引导下，小榄镇镇区逐渐从相对破碎的用地形态向逐渐块状的模式发展（图 4-6）。

3. 新功能急速催生的块状用地

急速块状的用地形态通常表现为一些新增"功能块"——选择距小城镇镇区有一定距离、具有生长优势的地区，集中发展某一功能的地块。以下为几种典型的情况。

①化工、冶金工业区等要求与小城镇保持一定的安全距离，因而布置在远离小城镇的独立地块，显示出急速、块状、跳跃的空间形态特征（图 4-7、图 4-8）。例如，张家港市大新镇，境内有长江岸线 8km^2，南接张家港市区，处于沿江工业带核心位置，

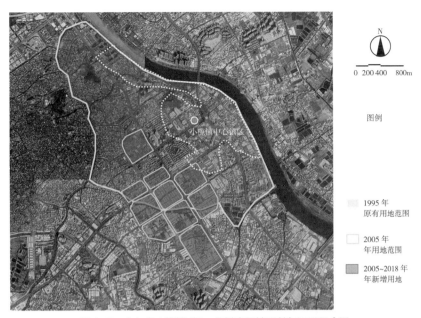

图 4-6　广东省小榄镇 15m 分辨率用地覆盖与卫星叠合图

图 4-7　张家港市大新镇 15m 分辨率用地覆盖与卫星叠合图

东西两侧紧邻扬子江国际冶金工业园、扬子江国际化学工业园及张家港保税区。早期小城镇建设用地主要集中在大新横套以南地区，以老镇区为核心向西和向南扩展，布局生活居住和服务设施用地。随着沿江产业的发展和沿江岸线的开发，陆续在远离原有老镇区的长江沿岸形成了包括重型装备、化工、五金为主的工业区。

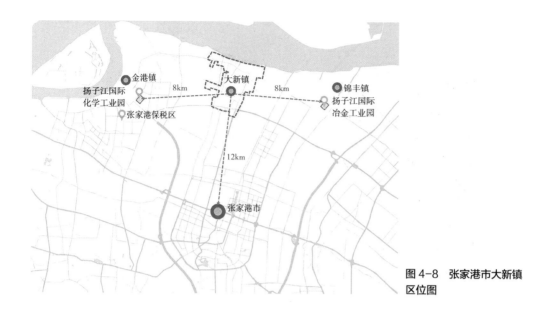

图 4-8 张家港市大新镇区位图

②对于区位有特殊需求的重大投资项目，会导致小城镇用地呈现急速块状发展的特征。这种方式在苏南和温州模式地区都比较普遍，小城镇的产业集聚以块状经济为特色、以各类园区为载体。例如，温岭市泽国镇，位于台州金三角腹地，是温岭市域副中心城镇。从区域经济格局来看，泽国镇处于台温经济带的中部，接受温州和台州双向辐射和拉动，在促进周边地区经济渗透融合、优势互补和多边交流中起到"东西逢源、南北策应"的纽带作用。20世纪90年代，经济建设的快速发展促进了泽国镇规模不断扩大，工业集聚区和中心镇区大面积向外扩展。其中，工业用地扩张和布局对小城镇空间形态影响十分突出，已占城镇总建设用地面积的22%。近年工业用地开始集聚化和集约化发展，工业用地布局以镇区东西两侧为主，镇区北部少量布局，镇区东以水仓工业区为主，镇区西以丹崖工业区为主，牧屿工业用地环镇而建。2006年泽国镇将机电工业园区和空压机工业园区从原规划的1500亩和2000亩调整到7500亩，试图进一步强化规模集聚效应，因此呈现出急速块状的空间形态（图4-9）。

③大城市边缘地区小城镇用地向大城市边缘块状趋近，多以居住、工业和公共设施用地混合。例如，苏州木渎镇东与苏州市西南郊相邻，南与吴中区横泾、越溪两镇交界，西与胥口、藏书两镇相接，北与枫桥镇和苏州国家高新技术开发区相连。由于距离苏州城西仅5km，受到苏州城区尤其是高新区的辐射较为明显。因而木渎镇2000年投建金枫科技工业园，两个工业园总面积13km²，一些大型的郊区工厂落址于此（图4-10）。另外，苏州地铁1号线建成以后，木渎镇房地产开发愈加明显，并且依托天平山风景区、金山公园等优质的开放空间，新建了泉景花园等大面积居住社区。因此其工业、居住、公共设施建设呈现出从逐渐破碎向逐渐块状的演变特征。

用地覆盖图　　　　　　　　　　　　　监督分类结果图

图 4-9　温岭市泽国镇 15m 分辨率用地覆盖与监督分类图

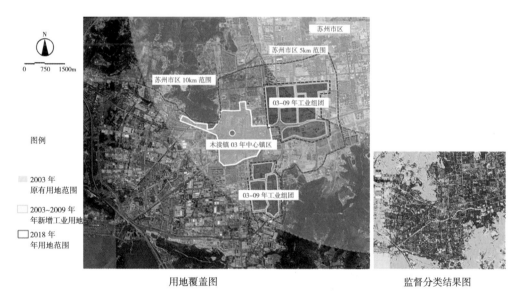

用地覆盖图　　　　　　　　　　　　　监督分类结果图

图 4-10　苏州市木渎镇 15m 分辨率用地覆盖与监督分类图

　　④旅游度假型小城镇由于大型旅游项目开发而形成急速块状用地形态。通常，此类小城镇常依托自然或成规模的历史村落等旅游资源发展。例如，昆山市巴城镇位于玉峰山西北、阳澄湖东，湖河密布，碧水蓝天，物产丰富。1994 年巴城镇被江苏省人民政府批准为省级旅游度假区，2002 年度假区的规划面积从 7.5km² 扩大至 36.15km²。二十多年度假区不断建设开发，旅游配套设施不断完善，形成了众多集餐饮、住宿、娱乐功能于一体的度假村群，总占地超过了 1800 亩。巴城镇的用地形态即呈现出逐渐破碎与逐渐块状相互镶嵌的特征（图 4-11）。

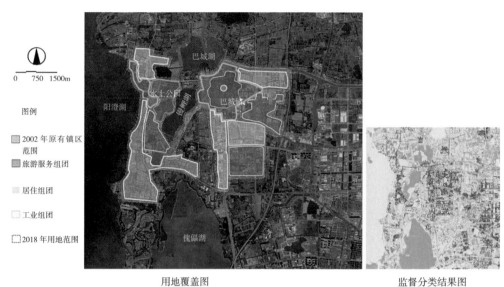

用地覆盖图　　　　　　　　　　　　　　监督分类结果图

图 4-11　昆山市巴城镇 15m 分辨率用地覆盖与监督分类图

　　⑤物流园区建设使得小城镇形成急速块状的用地形态。物流园区要求交通通达性好，通常设置在靠近高速公路出入口、铁路出入口、港口码头附近。例如，张家港市锦丰镇北毗长江，20 世纪 90 年代以后张家港市沿江开发战略的实施，小镇建设不再局限于镇区周围，空间形态呈现跳跃式发展。锦丰镇开始以"飞地"（隶属于本行政区管辖，但不与中心镇区毗连）的形式占据沿江地块，充分利用港口资源设立沿江开发区（图 4-12）。此后，沿江开发区成为锦丰镇城镇建设的重点，小镇中心区也逐渐向沿江地区推移。

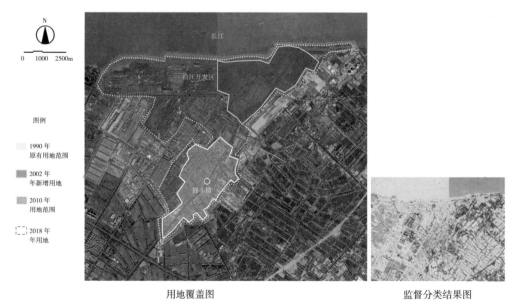

用地覆盖图　　　　　　　　　　　　　　监督分类结果图

图 4-12　张家港市锦丰镇 15m 分辨率用地覆盖与监督分类图

三、类型三：块状拼贴

小城镇用地形态呈现块状拼贴的特征主要表现为用地组团式发展，形成这种用地形态的主要原因有"古镇新镇双核""城镇功能多样化"以及乡镇撤并。

1. "古镇新镇双核"形成的用地块状拼贴

通常为了实现对历史古镇的保护，规划明确新建设用地必须选择在老镇区之外，重新建设新功能组团，新镇区用地多以工业生产和社区居住为主。例如苏州市吴江区同里镇，古镇沿同里湖西岸而建，镇内家家临水，户户通舟。1982年江苏省将同里镇作为文物保护单位古镇，1995年被列为江苏省首批历史文化名镇。随着全镇经济社会的发展，20世纪90年代末在同里镇区迎燕东路（即松汾线）的西南侧新建了零散的工业厂房和居住社区。目前同里镇建设用地分为三大片，即中部古镇区、东部同里新区、西部和西南部同里产业园区，三块城镇集中建设区呈现出块状拼贴的用地形态（图4-13）。

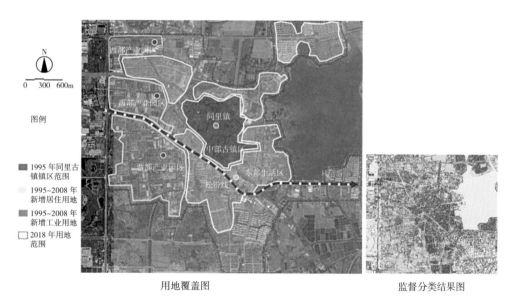

用地覆盖图   监督分类结果图

图4-13 苏州市吴江区同里镇15m分辨率用地覆盖与监督分类图

2. 功能多样化形成的用地块状拼贴

21世纪，苏南模式和温州模式发展起来的小城镇逐渐完善原有工业区的配套，原本单一的工业园区逐步成为集生产、居住、娱乐等为一体的综合功能区。例如，温州市的龙港镇依托镇区内五大工业园区，包括示范工业区、城东工业区、小包装工业园区、新雅工业园区和仪邦工业园区，通过生活服务设施与生产服务设施的配套、升级，形成产业用地、教育用地、居住、娱乐等设施用地的相互拼贴，形成多功能的城镇组团，实现产业和城镇生活的良性互动（图4-14）。

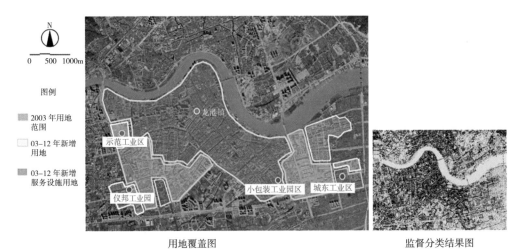

图 4-14 温州市龙港镇 15m 分辨率用地覆盖与监督分类图

3. 乡镇撤并形成的用地拼贴

通过行政区划调整，原有若干镇和乡被合并成一个新镇辖区，通过功能重组、空间整合和优化发展而形成若干组团。例如，常熟市于 2003 年进行了大规模的乡镇撤并，原古里镇、淼泉镇和白茆镇合并而建立新的古里镇。经过近十年的发展和建设，古里镇三个片区分别在原有镇区基础上组建，形成了块状拼贴的用地形态（图 4-15）。《常熟市古里镇总体规划（2006—2020）》对古里镇的三个片区进行了职能定位：古里中心镇区为常熟主城区东南分片中心，其主要职能包括面向镇管理、生产、服务、集散和创新职能；白茆社区重点向西拓展，形成以工业和相应居住、公共服务设施配套为主的综合片区；淼泉社区控制发展规模，以整合现状为主，形成居住为主的小型社区，

图 4-15 常熟市古里镇 30m 分辨率用地覆盖与监督分类图

从而形成了古里镇块状拼贴的用地形态。每个功能片区承担镇区内相对独立的职能，同时又通过道路、水系等轴线连接，实现片区内空间资源与产业资源有效衔接、公共资源共享和利用、生活生产活动的便捷。因此总体而言，块状拼贴的用地形态使得小城镇各功能片区既能保持相互联系，又能相互独立，是未来小城镇迈向专业化、特色化和高效化的主要用地形态之一。

四、类型四：珠状串联

小城镇用地形态呈现珠状串接的特征，主要表现为小城镇各类地块之间由一条明显的轴线连接，形成珠状串接用地形态的原因主要有两种，包括随交通轴线延展和随地形延展。

1.随交通轴线延展形成珠状串联

在欠发达地区或工业化速度较慢的阶段，过境交通对小城镇发展的拉动力很大，其"追路"发展较为明显（邓春凤，2008）。例如，早期吴江区震泽镇依托京杭大运河的漕运功能和318国道的陆运功能，震泽镇区用地沿着两条交通轴线延展开来，形成了珠状串联的空间形态（图4-16）。这两条交通轴线贯穿了震泽镇北、中、南部的三大主要功能区，北部以冶金、金属制造、纺织等主导的工业园为主，夹杂少量的居住用地，中部集结了镇区主要的居住社区和社会公共设施，南部运河尾端主要集中了以机械、化工等为主要产业的大船港工业园。

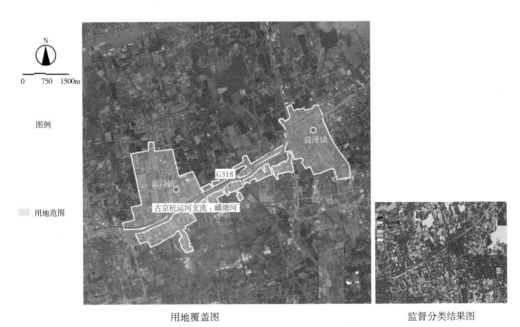

用地覆盖图　　　　　　　　　　　　　　　　监督分类结果图

图4-16　苏州市吴江区震泽镇15m分辨率用地覆盖与监督分类图

2. 随地形延展形成的用地珠状串联

在我国山地地区和水乡地区，由于水系、山体等地理形态，小城镇早期建设用地拓展受到限制，建设用地多随自然地形而延伸，各片区通过道路、水系联系，形成珠状串联的用地形态。与逐渐块状和块状拼贴这两种用地形态不同，虽然珠状串联的小城镇各片区相互分离，但每个片区的功能是更趋向于融为一体，而不是前两种情况能够相对独立成组团。例如，早期苏州市吴江区七都镇镇区建设用地主要沿着太湖南岸延展，自北而南纵深 8.4km，形成"傍湖而居"的和谐人居形态（图 4-17）。又例如，张家港市金港镇早期城镇建设用地也沿着河岸线延伸，形成了珠状串联的空间形态（图 4-18）。

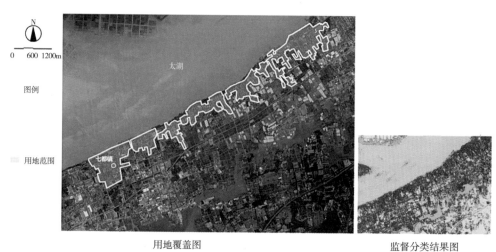

图 4-17　苏州市吴江区七都镇 15m 分辨率用地覆盖与监督分类图

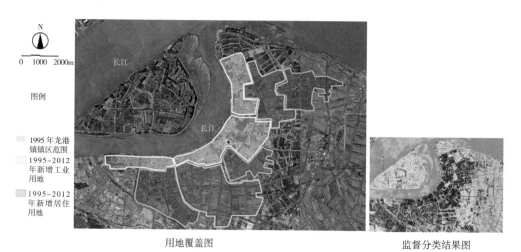

图 4-18　张家港市金港镇 15m 分辨率用地覆盖与监督分类图

第三节　小城镇各类用地形态的演变

由于结构功能相对简单，小城镇内部用地形态研究多集中于变化较为明显的工业用地和商业用地。

一、工业用地：点、线、面

总体而言，小城镇工业用地形态呈现（散）点、线、面的演变过程（图4-19）。改革开放前，小城镇镇区内多为小型传统工业企业，并且呈零星点状分布。工业发展之初，为了依托城镇已有的基础设施，工业用地优先选择房前屋后或镇区内的闲置用地，形成沿路线性布局的趋势（陈前虎，2000）。例如20世纪80、90年代之交，浙江小城镇的主要道路上集聚了"三合一"家庭作坊。随着工业用地向小城镇集中，城镇内各类用地功能混杂、分区不明。进入21世纪，小城镇原始积累基本完成后，工业发展走向更高阶段，工业用地相对集中于空间开阔的城镇边缘，形成工业园区。园区的建设改善了生产经营条件、促进了经济结构调整，提高了小城镇的专业化竞争力。

二、商业用地：点、轴、多中心

商业用地随着小城镇的发展呈现从点状向轴状、再向多中心分布的演变过程（图4-20）。在小城镇发展初期，城镇商业中心位于城镇中心或是城镇交通条件好的区位；发展中期，由于"马路经济"的利益吸引力，连接镇区内各区域与商业中心的主干道发展往往成为商业轴线；当小城镇规模进一步扩大，现有的商业中心不足以满足小城镇较大规模的需求，在远离原有商业中心的地方，新的商业中心逐渐形成，并呈现中心地理论分布趋势。

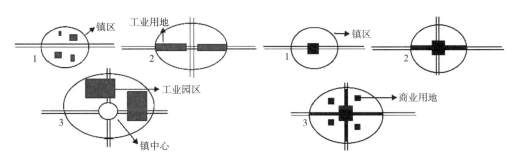

图4-19　**小城镇工业形态演变结构示意图**

（资料来源：林晓群，朱喜钢，孙洁，陈蛟.从"广度研究"走向"深度研究"——中国小城镇空间结构研究的转型与升级[J].人文地理，2017，32（3）：86-92.）

图4-20　**小城镇商业形态演变结构示意图**

（资料来源：林晓群，朱喜钢，孙洁，陈蛟.从"广度研究"走向"深度研究"——中国小城镇空间结构研究的转型与升级[J].人文地理，2017，32（3）：86-92.）

第四节 本章结论

小城镇空间形态随着经济社会的发展，从简单到复杂，从单一向综合演化。通过研究，本章将小城镇用地形态划分为缓慢圈层粘连、逐渐破碎和块状、块状拼贴、珠状串接四种基本类型（表4-3）。

每个阶段小城镇用地形态的特征各异，受到自身地理环境、地形条件的影响，并且与其经济、社会、交通发展水平相对应。从发展阶段角度来看，处于发展初级阶段的小城镇，其用地形态类型大多为缓慢圈层粘连或逐渐破碎和块状。而处于发展中后期，或在经济社会快速发展时期，小城镇用地扩张速度越快，形态演变越明显，用地拼贴痕迹越强。最后，发展相对成熟的小城镇，其用地形态类型大多为块状拼贴、珠状串联或急速圈层粘连状态。

此外，小城镇用地形态还有可能受到区划调整、撤乡并镇等行政力量的干预，表现出短时期内突兀的用地扩张停止或用地形态扩张加速。小城镇内部空间形态演变也受到不同发展阶段的宏观政策、发展主体、增长动力、城乡规划以及环境保护政策等多方面制度的影响，并且不同阶段形成的空间形态叠加在一起，因而更加复杂。

小城镇空间形态特征汇总表　　　　　　　表4-3

	扩张强度	轴线引导系数	扩展象限方位	斑块景观形状指数	斑块平均最邻近距离	平均斑块破碎度	小城镇类型
堽城镇	缓慢型	圈层型	四周	紧凑型	粘连型	无明显特征	缓慢圈层粘连
杨舍镇	急速型	圈层型	四周	紧凑型	粘连型	无明显特征	急速圈层粘连
高楼镇	缓慢型	混合	不明显	松散型	不明显	破碎型	逐渐块状
小榄镇	缓慢型	混合	四周	松散型	粘连型	块状型	逐渐块状
木渎镇	缓慢型	混合	东、东南	无明显特征	粘连型	块状型	逐渐块状
泽国镇	急速型	混合	南、北	紧凑型	跳跃型	块状型	急速块状跳跃
大新镇	急速型	混合	北	紧凑型	粘连型	块状型	急速块状拼贴
古里镇	缓慢型	—	南	紧凑型	粘连型	块状型	缓慢块状拼贴
巴城镇	急速型	混合	西、南、北	紧凑型	混合	混合	逐渐破碎和逐渐块状混合
龙港镇	急速型	串联型	西南、西	紧凑型	粘连	块状	块状拼贴
锦丰镇	急速型	混合	北	松散型	跳跃	块状	急速块状跳跃
同里镇	急速型	圈层型	四周	无明显特征	粘连型	块状型	块状拼贴
七都镇	缓慢型	串联型	东、西	松散型	粘连	破碎型	珠状串联
震泽镇	缓慢型	串联型	东、西	松散型	粘连型	无明显特征	珠状串联
金港镇	急速型	串联型	东、南	紧凑型	粘连型	块状型	块状串联

第五章
小城镇的功能模式

功能是小城镇价值的根本体现，功能越丰富，功能结构越合理，小城镇可持续发展的活力越强。梳理小城镇的功能类型，明确小城镇的功能定位，突显小城镇的功能特色，总结小城镇功能提升的路径十分必要。本章包括五节内容：第一节分析了我国小城镇普遍存在的功能问题，并深入剖析产生这些问题的根源；第二节重新定义了小城镇功能的内涵，梳理了小城镇功能的基本类型；第三节详细阐述了8种不同功能类型小城镇的演变过程、发展趋势以及面临的问题；第四节总结了近年小城镇功能转型与提升的主要路径；第五节对本章内容进行了总结。

第一节　小城镇功能的现状与问题

一、小城镇普遍面临的功能问题

我国小城镇普遍存在功能单一、服务功能严重不足的问题，导致其对人口和产业的吸引力弱，因而城镇化动力不足，在大城市的虹吸作用下越来越衰落。首先，在小城镇建设过程中，通常主要关注工业产业功能的发展，而忽视了小城镇的居住功能、生活服务功能以及生产服务功能，导致城乡居民日常生活的住房、教育、医疗、养老等需求难以得到满足。其次，绝大多数小城镇仅具备最基本的医疗卫生、义务教育、集市商业等公共服务功能，距离城市公共服务设施的数量、质量还有较大差距。小城镇基础设施建设仍然滞后，供水普及率、燃气普及率、污水垃圾处理率、广电覆盖率等指标远低于城市水平。此外，除了沿海地区少数经济发达的小城镇之外，绝大多数普通小城镇文化、体育、娱乐、休闲等公共设施还相对缺乏，不能满足农业转移人口就地城镇化的需求，小城镇居民的生活服务与生产服务需求仍然依赖于其临近的大中城市。

1. 功能定位不明

很多小城镇在规划编制时容易盲目跟风，落入规划"套路"的陷阱中，导致"千镇一面"。小城镇的功能定位不明，归根结底在于对小城镇自身特色资源、发展潜力认知不足。传统大而全的经济发展思路，要求小城镇发展必须综合化，但是实际上又难以真正形成综合化。此外，对于小城镇来说，其综合性必然比不上城市，但是其地域特色却是小城镇最具价值的宝藏。科学的城乡规划应充分挖掘小镇的发展资源，细化梳理小城镇的产业特色，帮助其明确自身功能定位，彰显地方特色。

2. 功能特色不显

与城市发展相同的是，规模等级曾经一度成为小城镇在区域中地位的首要评判标准。很多镇选择了大而全的发展模式，以期在区域竞争中获得一席之地。随着后工业化时代到来，生产力水平不断提升，尤其是人们生活水平提高，对服务业、旅游业的需求增加，产业的多样化、特色化和高端化趋势明显。因此未来评判一个小城镇发展水平高低的首要标准已不再是规模、等级，而是小城镇功能的多样化、特色化和功能的强大。相比城市而言，特色功能对于小城镇的意义更为重要。

3. 居住功能薄弱

绝大多数小城镇的住房是建设在农村集体土地之上的。由于农村集体土地存在天然的制度缺陷，无法进入市场化流通环节，使得这些住房普遍存在"先天不足"。首先，村镇宅基地作为福利无偿获得，所有权归集体所有且没有更多地理区位的选择，面积均分，住房自建（赵之枫，2003）。由于产权的不清晰，市场不能介入，就无法形成良性循环的住房更新方式与住房链，进而导致了小城镇住房质量低、翻修频繁，居住环境得不到根本改善。其次，城镇化进程中，农村、小城镇地区人口大量外流，现有住宅空间供给与现实需求错位，导致村镇的自建住宅利用率很低，大量村镇住房空置，土地撂荒。此外，不同于城市，农村、小城镇房屋并不具备完全产权，不能进入市场流通，因而失去了资产价值提升的可能性。

4. 服务功能不足

目前我国小城镇公共产品整体供给水平不足，与城市公共产品有很大差距，而且地区间供给水平也不平衡。现行体制下，绝大多数小城镇的财力薄弱，致使其无力提供充足的公共产品，并且小城镇公共产品建设在获取社会资本方面也受到极大地限制。因此绝大多数小城镇政府只能勉强保证基本的义务教育、行政管理、贫困救济等，基础设施建设欠账严重，高质量公共服务严重不足。此外，政府更倾向于有形的硬件基础设施建设，而对教育资源、科技成果、信息等"软件"公共产品与服务建设周期长、产出慢且难以评价绩效的公共服务设施，只能排在基础设施建设之后。同时，基础设施建设上存在严重的重建轻管或只建不管的倾向，加之软性公共产品的缺失，更是严重降低了小城镇的空间品质。

二、小城镇功能困境的原因剖析

1. 行政等级低

我国古代，"镇"最早是作为军事聚集地而存在的。到了宋朝，镇才由军事聚集地转变成了人口集聚区，即真正意义上的"集镇"。宋代以后，镇才被赋予了行政职能。1954 年颁布的《中华人民共和国宪法》以国家根本大法的形式，明确了"镇"为国家基层行政区域单位。不同于传统集镇，行政确定的小城镇具有更强的行政意义，具备行政管理职能，同时受到上层行政管理单位的管控。我国行政等级体系中，小城镇（非城关镇）位于县、区之下，受到县、区的监管。城镇体系是一个国家或一个地区一系列规模不等、职能各异、相互联系、相互制约的小城镇和城市的有机整体（图 5-1、表 5-1）。从城镇体系等级来看，小城镇处于最低层（邹兵，2003；王志强，2007）。长期以来由于集中精力发展大城市，追求所谓全球性城市，其他小城镇的发展被忽视了。

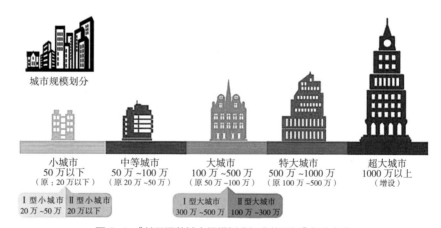

图 5-1 《关于调整城市规模划分标准的通知》部分内容

（图片来源：http://hb.sina.com.cn/news/n/2014-11-21/detail-icczmvun0131612.shtml，2014-11-21））

小城镇规划规模分级（人） 表 5-1

规划人口规模分级	镇区	村庄
特大型	>50000	>1000
大型	30001~50000	601~1000
中型	10001~30000	201~600
小型	<10000	<200

2. 建设标准低

首先，城镇体系规划是为了合理组织城镇体系内各小城镇之间、小城镇与中心市镇之间以及城镇体系与其外部环境之间的各种经济、社会等方面的相互联系，从而达到一定地域范围内整体效益的最大化。从城镇体系规划的体系来看，小城镇规划也处于低等级规模。其次，传统区域规划实践中确实存在着等级化误区，对于低等级的小城镇投入甚少。在总体利益最大化的思想下，区域内的优势资源总是优先投向规模等级较高的城市，而小城镇却无法获得建设投入，导致其丧失发展机遇（顾朝林，2015；邹兵，2003；王景新，2010）。由于区域整体发展对于小城镇这一层级重视不足，造成了小镇发展外在动力匮乏。第三，我国现行的小城镇规划标准制定较早，越来越难以适应新时期小城镇规划建设的需要。例如，我国《城市用地分类与规划建设用地标准》（GB 50137—2011）中规定不同规划建设用地的比例，其中公共管理与公共服务用地占城市建设用地的比例为5.0%~8.0%，包括行政办公、文化设施、教育科研等二级建设用地类型。然而，《镇规划标准（GB 50188—2007）》中对小城镇公共设施用地内容，只给出了一个笼统的用地比例（12%~20%），缺少细节要求。因此小城镇各类公共服务功能并没有得到足够重视，进而公共服务设施的建设被忽视。总之，规划建设层面不重视，导致很多小城镇仍处于简单程式化发展状态。

例如，苏州市盛泽镇总面积150km^2，建成面积已达到45.98km^2，全镇户籍人口13.3万，而外来人口超过30万，已达到小城市的规模标准。盛泽镇现状产业功能（工业）占据绝对比重，而城镇住房、公共服务、道路交通等功能严重缺乏，远不能满足超过40万人口的生产生活需求。

3. 财权事权不匹配

一直以来，小城镇是我国最基层的行政单元，在资源分配上处于不利位置。在现行分税制下，中央向地方分权，地方政府虽然拥有一定的财权，却承担着很大的社会责任。这种"权小职大、职权倒挂"或"小马拉大车"的矛盾，使得小城镇的发展一直受到限制（邹兵，2003；王志强，2007；顾朝林，2015）。财政权力微弱导致小城镇自身没有能力进行基础设施建设、城镇管理，加上小城镇缺乏有效资金筹措及投入机制等问题，小城镇建设利用社会资本的能力、经验不够，因而建设品质无法提升，难以实现更高的发展。事实上，小城镇强烈的地方发展诉求，正在倒逼现行行政体制的改革。沿海发达地区"镇级市""直管镇""重点镇"等诸多地方性改革正在进行着，试图突破体制制度问题（龙微琳，张京祥，陈浩，2012）。

第二节 小城镇功能的重新定义

一、小城镇功能的导向

首先，人居环境科学理论强调了人居环境作为人类聚居生活的地方，其建设的目标是要满足"人类聚居"的需要。任何一个小城镇，有人口聚集才有活力。因此未来小城镇对于功能选择应该坚持人的需求导向，只有功能满足人全面发展需要，小城镇才具有发展潜力。其次，经验表明，具有特色的小城镇能够吸引更多的外部关注和投入，往往开辟了差异化的发展道路，相比其他小城镇更具竞争力和长久的生命力。因此特色化导向应该成为小城镇功能定位的重要导向。

二、小城镇功能的基本分类

目前国内对于建制镇功能的研究比较少，并没有统一的分类体系，根据不同的分类标准有不同的分类结果。成义军等（1995）按照小城镇功能定位，将其划分为4种类型：工业开发型、商贸旅游型、传统集镇型、城郊型（田明，张小林，1999；石忆邵，2002）。亦有研究根据产业、地理、功能等，把小城镇分为10类：农业型、工业型、商贸型、旅游型、边界型、城郊型、工矿依托型、交通枢纽型、移民型、综合型；或分为农业服务型、工业发展型、商贸流通型和旅游发展型（赵鹏军，白羽，2017）。显然，这些分类方式已经不能适应当前小城镇发展现状，也无法有效引导小城镇科学发展。本书基于"三生理念"（生产、生活、生态），将小城镇的主导功能分为生活、生产和生态三大类；进而根据产业类型的不同，将生产类的小城镇进一步细分为5类，故总共分为7种特色类型。这种分类方式一方面结合小城镇现状发展特点和水平，另一方面根据各自产业特色、发展要求和更高目标，引导小城镇科学发展（表5-2）。

（1）生活功能：居住聚落型

居住聚落型小城镇，以居住为主要功能。这类小城镇主要满足居民的生活服务需求，重点发展居住服务相关配套，吸引人们在此集中居住和生活。

（2）生产功能：农业产业型

农业产业型镇，一般有较好的农业生产基础，并形成产业化、规模化效应。这类小城镇一般拥有较大规模和一定数量的农业产业园区，且具有特色农产品以及相关农产品加工、物流、商贸产业。农产品相关产业产值占小城镇经济总产值的一半及以上。农业产业型小城镇广泛集中于山东省、河南省。

（3）生产功能：工业集聚型

工业集聚型镇，顾名思义，工业构成了小城镇经济的主体，是小城镇发展的主要支撑力量。这种类型小城镇一般具有一定数量的乡镇企业、一定规模的工业园区，吸纳了大批农村劳动力。

（4）生产功能：旅游休闲型

旅游休闲型镇，以旅游为主导产业，依托自然或人文景观进行资源开发利用，并以提供旅游服务功能为主。这类小城镇往往临近名山、名水、名城或具有特殊的地形地貌景观、悠久历史价值、特殊人文价值，并且一般具有便利的交通、成熟的旅游服务产业以及旅游相关特色产品等。

（5）生产功能：商贸商业型

商贸商业型镇，以发展商业贸易为主要功能。这类小城镇一般拥有优越的区位条件和便利的交通，形成一定规模的贸易集散市场，物流产业发展相对完善。受基础设施要素的影响，这类小城镇多集中于我国东部沿海地区。

（6）生产功能：交通枢纽型

交通枢纽型镇，即一定区域内的交通枢纽承载着更大范围内的交通集散功能。交通条件便利是这类镇最大的特色，凭借这样的优势，其与运输业相关的产业功能相对比较发达。

（7）生态功能：生态保护型

生态保护型镇，处于区域生态保护区范围内，具有生态保护和涵养功能的小城镇。这类镇拥有良好的生态环境，同时承载了生态保护的职责。

小城镇功能分类表 表5-2

主要功能	分类	定义
生活功能	居住聚落型	以居住为主要功能，主要满足居民的生活服务需求，重点发展居住服务相关配套；居住功能占70%以上
生产功能	农业产业型	较好的农业基础，并形成产业化规模效应；拥有较大规模的农业生产园区和农产品产业链，农产品产值占城镇总产值的一半以上
	工矿集聚型	工业产业构成了经济主体，一般具有一定规模的工矿企业
	旅游休闲型	以旅游为主导产业，依托自然或人文景观进行资源开发利用，并以提供旅游服务功能为主
	商贸商业型	以发展商业贸易为其主要产业
	交通枢纽型	一定区域内的交通枢纽，承载着更大范围内的交通集散功能，并凭借交通优势，发展相关产业
生态功能	生态保护型	临近大型生态保护区，具有生态保护和涵养功能，拥有良好的生态环境，同时承载了生态保护的职责
其他特殊功能	军事防卫型	特殊军事驻地，一般为边防性小镇

此外，还有小城镇具有特殊的功能，例如边境地区军事防卫型小城镇，由于这类小城镇数量极少，并且区位、管理相对特殊，因此不作重点讨论。

第三节 小城镇功能的内涵特征

本节重点分析 8 种不同类型小城镇的功能特征、发展历程，总结发展经验，以及可能面临的发展困境，并对它们未来发展的可能性提出了初步的展望。由于同样类型的小城镇在不同地区、不同阶段的功能选择都可能不同，因而主要讨论普遍性功能结构特征。

一、居住聚落型

通常居住聚落型小城镇的建成区超过一半建设用地是居住用地，其余是一定面积的生活服务用地，形成了"居住 + 服务"的基本功能组成。除了居住功能外，还有少量工业产业功能，满足一部分居民的生产工作需求。由于小城镇产业基础薄弱，无法形成具有一定规模和竞争力的产业集群，因而这种产业水平较弱的小城镇只能称为居住聚落型小城镇。

居住聚落型小城镇的前身一般是乡村。传统乡村居住空间往往是零散分布的，总体上呈现出"小集中，大分散"的空间特征。平原地区受道路或河流的影响，居住空间常表现为"一"或"非"字形。然而在小城镇发育过程中，居住功能逐渐在小城镇聚集，形成一定城乡区域内的居住聚落。城镇化进程中，居住功能实现了空间重组，传统居住模式和空间分布逐渐发生变革。新发展背景下，居住功能在镇区的聚集也成为地方政府推动城镇化的重要手段。引导乡村居住向小城镇聚集，不仅可以实现人口城镇化，还有利于乡村空间的整合。

通常，居住聚落型小城镇没有特色产业型城镇的竞争力，也没有欧美地区居住聚落小城镇的独特吸引力，因而大部分居住聚落型小城镇只能被作为一般性小城镇。这种一般镇实现发展主要有两个基本方向：一是通过改善生态环境，完善生活服务设施，提升居住生活品质，从而实现居住功能本身的完善；二是寻求其他特色产业功能的发展，从而集聚劳动力和人口，增强小城镇经济发展动力。

二、农业产业型

农业产业型不是指有农业的小城镇，而是指以农业及农产品加工业为主导产业的小城镇。对于农业产业型小城镇来说，农业生产已经进入规模化、科技化、品牌化、信息化的现代农业阶段。农业生产的效益直接地体现在农业生产的衍生产业功能。农产品加工、销售等是农业产业功能的纵向延伸，同时也是这类小城镇产业功能的丰富化、集群化。

山东省作为我国农业大省之一，有很多农业产业型小城镇。进入 21 世纪，这些小城镇通过土地流转，转变农业产业经营方式，由传统的农业耕作转变为农业产业经营。农业产业由传统家庭为单位的经营方式，转变为企业、家庭、个人的共同经营模式。当前现代农业科技示范园、家庭农场、农业合作社是农业生产的载体。例如，山东省宁阳县蒋集镇是一个典型的农业产业镇，花生和生姜是该镇最具有特色的农产品，相关的加工、销售产业也相对成熟。全镇各类花生、生姜加工厂达百余处，已经形成了品牌，花生、生姜制品畅销省内外，镇驻地花生专业批发市场是鲁西南最大的花生专业批发市场，年交易量超过 5000 万公斤。

三、工矿集聚型

工业集聚型的镇，尤其是较为成功的工业集聚镇，一般都有着较长的工业发展历史和一定的工业基础；而"后发后进"形成的工业小城镇相对较少。改革开放初期，大量乡镇工业起步，成为后来很多经济发达的工业小城镇的雏形。早期乡镇企业规模较小，多是单纯的作坊式生产，随机分散布置于村庄内部，形成点状零散布局的格局。直至 20 世纪 90 年代初，发展较好的工业镇小作坊规模不断扩大，逐渐发展成为小"斑块"。工业发展到一定规模后，工业从业人口数量增多，相应的公共服务、居住等其他功能也逐渐增加、完善。

从工业集聚镇的演变来看，工业用地的规模化、集聚化是整个发展历程的主线。工业产业的适当集聚，有利于小镇产业经营的规模化和工业生产的高效化，为小城镇提供源源不断的发展动力。专业化生产，特别是相关专业化门类的集聚，使得生产更为优质而高效。一些具有专业化产业集群的小城镇往往优先发展成为工业镇中的成功者，例如被誉为"中国刃具第一镇"的安徽省博望镇（图 5-2）。

图 5-2 "中国刃具之乡"——马鞍山市博望镇
（图片来源：http://www.sohu.com/a/121191907_238224）

发展到成熟期的工业集聚镇，虽然其工业产业发展好，产业经济实力强，产业规模更大，但是其空间功能结构仍需改善。例如，苏州盛泽镇的扩张不仅包括居住、公共服务等功能用地的向外扩张，还包括原有功能片区的完善。其工业产业功能处于绝对主导的发展态势，而其他功能的发展明显滞后于工业，出现了一定程度的功能结构失衡的现象。

四、旅游休闲型

原生物质旅游资源的开发是旅游休闲型小城镇的主要类型，依托小镇具备的物质资源，例如古镇、古村落等历史遗迹，自然生态风貌等开发建设，并带动全镇发展。而物质旅游资源的开发过程一般都伴随着旅游资源开发、旅游衍生产业功能的丰富及旅游服务功能的完善过程，即旅游功能与服务功能的共同发展。例如，昆山市周庄凭借得天独厚的水乡古镇旅游资源，大力发展旅游业，并成功打造了"中国第一水乡"的旅游文化品牌，开创了江南水乡古镇游的先河，是旅游型小镇的典型代表。

2000 年之前周庄的旅游发展主要依靠核心景区，重点打造其水乡古镇特色旅游功能，而其他功能总体上处于无序发展的状态。然而，这种以古镇为主打的单一发展模式也使得周庄发展遭遇瓶颈：旅游产品单一，特色和吸引力逐渐丧失；游客数量超过旅游环境容量，使得旅游环境质量下降等。因而在 2000 年之后，周庄转变发展模式，不断丰富旅游功能。2000~2012 年，周庄在其他地区分散打造了更多类型的旅游产品，旅游项目开始由核心地区转向北部发展，先后建立了现代农业与生态休闲示范区、太师淀休闲度假区，加入了生态、休闲、文化、体验的旅游类型，丰富周庄的旅游功能。而在这一过程中，也不乏其他产业功能的兴起与发展，例如古镇东部富贵园休闲度假配套设施以及东北部文化创意产业园。同时，面对游客数量的激增，周庄的旅游服务功能也在不断完善，相关公共管理与公共服务、交通设施等功能也在持续发展。可见，像周庄这样依托物质旅游资源发展起来的镇，其功能发展一般是以旅游功能为触媒，逐渐丰富形成多种"旅游 +"产业的复合功能模式（图 5-3）。

纵观国内旅游休闲型小城镇，其都在不同程度上面临着选择工业还是旅游的摇摆。对于地方政府来说，引进工业项目的实际风险比旅游小，而发展旅游需要长期的投入和长效的推动机制，产生的效益却无法立竿见影。于是，地方政府面临这样的矛盾时往往选择工业作为主导产业，而忽视了对于旅游资源的保护与开发。此外，旅游资源往往面临着过度开发与谨慎保护的选择。从国内旅游休闲型小城镇的发展模式来看，商业化是旅游发展的重要推动力。商业化带来旅游产品销售、游客食住行服务链甚至是度假区房地产的开发。在旅游功能的带动下，小城镇实现了商业、服务业等功能的

图 5-3　周庄全域旅游地图

（图片来源：http://www.zhouzhuang.net/index.php?c=article&a=type&tid=169）

发展和完善，并且相互促进。尤其是在公共设施配置上，需要满足不同服务对象对公共服务设施的多层次要求（耿虹等，2013）。但是，旅游景区过度商业化开发往往忽略了文化内涵的营造，导致旅游资源本身丧失意义，最终可能致使旅游小城镇无法持续发展（赵小芸，2009）。

随着我国经济持续快速发展，国内旅游市场需求旺盛，我国正在进入全民旅游时代，各地纷纷掀起旅游开发热潮。然而，我国旅游产品整体开发质量不高，并且相互模仿严重，最终导致旅游产品同质化竞争激烈。因此，更加细致、深入的旅游功能定位不仅需要衡量自身资源条件，还需要审视自身的区位条件、市场状况、旅游承载和服务能力等。特色才是吸引游客的根本动力，只有特色化的旅游资源，才能持续地发展下去。

五、商贸商业型

传统商贸商业小城镇一般具有悠久的商贸历史，往往由传统乡镇市场发展而来，并逐渐发展为"全镇皆市"的盛况。传统乡镇市场源起于小型自发式市场，并凭借丰富的商品资源和便利的基础设施条件，扩展市场范围，增大市场容量，逐渐发展为大型的、更具专业性的乡镇市场。其中，一部分具有远见的小城镇为了获取更大的商贸效益，在发展商贸功能的同时，大大提高主导产品的本地化生产份额，形成产销一体化的发展路径，即"商贸功能 + 工业集聚功能"的稳定发展模式。例如，温州市永嘉县桥头镇被誉为中国"纽扣之都"，拥有雄厚的市场基础，在全国纽扣市场中具有垄断地位。《温州市市域城镇体系规划（2013）》将桥头镇被定位为商贸型重点镇。历史上的桥头地少人多，手工业发达，素有经商传统，相传有"桥头生意郎，挑担走四方"的说法。改革开放初期，桥头镇以个体摊位为主，纽扣生意开始兴起。1983年桥头镇建立了纽扣专业市场，成为全国闻名的纽扣交易中心（图5-4）。随后，桥头镇的纽扣生产规模逐渐扩大，由初期的纽扣贩卖逐步转变为创办家庭纽扣厂，并迅速发展成上规模的纽扣企业。截至2004年底桥头镇纽扣企业已达560家，从业人数达8535人，年产值达13.84亿元，直接出口额1.5亿元。

"互联网 +"时代下，传统商贸运作模式受到冲击，新的商贸流通方式正在兴起。电子商务的发展大大扩展了商贸镇的市场空间，为小城镇开拓了产品营销的途径，同时也提供了乡镇营销自我的平台，形成了具有品牌效应的新型商业商贸型小城镇。近十年全国已经涌现出数百个著名的淘宝镇。随着电子商务的出现和发展，营销方式不断变革和创新，桥头镇40%的业务是通过网上销售、电话订货完成的，市场前景更为广阔。

图5-4 浙江桥头镇：中国纽扣城
（图片来源：http://zjrb.zjol.com.cn/html/2008-12/26/content_4291027.htm）

六、交通枢纽型

优越的交通条件提供了人流、物流、资金流的传输通道，其中城市作为区域发展极核，更容易吸引人流、资金流等优势资源，而物流比较容易在小镇聚集和传递。通常，交通枢纽型小城镇较多会选择发展物流产业。例如，常州市奔牛镇拥有得天独厚的交通条件和区位优势，京杭大运河穿镇而过，拥有省内最大的内河港口奔牛港，并且陆路有沪宁高速、在建的常泰高速，而且铁路有沪宁线奔牛火车站，沪宁城际铁路在奔牛也有站，此外空运有奔牛机场。依托奔牛港，奔牛镇优先发展物流中心，主要从事港口和铁路装卸、仓储、配送、加工、货代等业务模式，同时还开展了木材交易市场、汽车修理等附属产业。2011 年奔牛港物流中心规划提出了"物流 + 市场""物流 + 金融"的发展模式，新物流中心规划面积 2.44 平方公里，建设多式联运、专业仓储、专业市场、公路货运、仓储配送、企业基地、码头预留、综合服务和生活配套等九大功能区（图 5-5）。新奔牛港物流中心规划年限为 2011~2020 年，总投资 16 亿元，旨在将奔牛港区建成全国交通运输行业首批重点联系物流园区，旨在打造常州"物流金三角"。

近年来，许多交通枢纽型小城镇不满足于自身交通优势，通过吸引资本、技术、人才等资源在地方聚集，建设科技产业园，实现地方经济的转型提升。以空港枢纽镇为例，国内大部分空港镇的发展规划都离不开空港战略和空港经济，发展多元的产业功能和相关生产性服务业。不同于其他交通枢纽，空港是一个双面性的交通

图 5-5　奔牛港物流中心发展规划

（图片来源：http://jtj.changzhou.gov.cn/html/jtj/2016/QEFHHEOH_1026/124564.html）

条件——空港交通确实可以为小城镇提供更大的交通优势，但空港枢纽需要占据较大面积，有净空要求，还会产生一定范围的噪音干扰。这些负面效应会导致空港镇不宜居，限制城镇的发展，例如南京市禄口镇。因此国内空港镇的发展经验告诫我们需要正确看待空港这一交通条件。

七、生态保护型

生态是生态保护型镇各种发展模式的共同主题。除了生态涵养功能，一切冠以"生态＋"的发展路径，例如生态旅游、生态农业、生态社区、生态能源技术等，都可能成为生态保护镇的首选。传统发展观念指导下，很多小城镇受到政策和责任重压，只能选择少发展甚至不发展，最终导致发展乏力，人口外流。习主席曾说："我们既要绿水青山，也要金山银山。宁要绿水青山，不要金山银山，而且绿水青山就是金山银山。"生态资源不应成为小城镇发展的限制力，而应该将其视为一种发展资本，实现保护式发展的新型发展路径。例如，陈家镇是上海市"三城七镇"中的一镇，自然资源丰富，生态条件极佳。镇东部沿海为东滩自然保护区，核心区的鸟类保护区是国家级自然保护区，全镇拥有广袤的 300 平方公里湿地（图 5-6）。一直以来陈家镇的发展都遵循"生态兴镇"原则，重点发展生态旅游，并完善旅游相关配套服务功能。这种精明发展模式是保护式的发展方式，即在保护生态的基础上，利用生态资源开拓适宜的经济增长点。

八、复合型城镇

事实上，很多发展较为成熟的小城镇都是复合型的城镇，可能具有两种甚至两种以上类型小城镇的功能特征。这些复合型城镇的功能组成较为复杂，发展模式也各有

图 5-6 上海市崇明岛陈家镇西沙湿地
（图片来源：http://www.gxdms.com/a/1/2/1652.html）

不同，难以总结出普遍性的路径规律。因此，本次研究主要梳理了复合型城镇的多种可能性（表5-3）。

小城镇功能类型复合 表5-3

	居住聚落型	农业产业型	工矿集聚型	旅游休闲型	商贸商业型	交通枢纽型	生态保护型
居住聚落型		○	●	○		○	
农业产业型	○		●	○	○	●	○
工矿集聚型	●	●		●			●
旅游休闲型	○	○	●		●	○	○
商贸商业型	○	○	○	●		○	●
交通枢纽型	○	●	○	○	○		○
生态保护型	○	○	●	○	●	●	

注：○表示两种类型可兼容于一个城镇；●表示两种类型不太可能兼容于一个城镇。

第四节　小城镇功能的转型与提升

新时代、新机遇下，一些小城镇突破一般发展路径，异军突起，成功转型。这些小城镇为何能够脱颖而出？发展演进的历程是怎样的？成功的案例又给了我们什么样的启示？

一、路径一：由单一走向综合

一直以来，德国都坚持均衡的城镇体系，宜居宜业的小城镇成为城镇体系的重要构成。德国均衡城镇化模式的形成取决于它的历史渊源、法律约束、组织体制、经济基础及其一系列的体制、机制创新。学者石忆邵认为，中国可以借鉴德国的经验但不可能完全照搬德国的模式，针对中国小城镇发展的现实困境，应重点实施"去等级化"和"去中心化"的两大制度改革（石忆邵，2015）。长三角地区一部分镇由于各方面发展条件相对优越，发展情况较好，人口总量、用地规模不断扩张，甚至达到了城市的发展规模。无论从经济发展水平，还是人口总量来看，这类小城镇都具有绝对的竞争力。但是传统小城镇单一的发展模式使得这类小城镇服务水平却远不及城市，规模等级与服务功能不匹配。目前小城镇体制改革的主要实践模式有三种，即行政区划调整，"镇级市"改革以及融入大都市区。下文将结合博望镇、龙港镇、浏河镇三个案例，进行具体分析。

1. 行政区划调整

博望镇位于马鞍山市博望区最东部，距马鞍山中心市区、当涂县城均约 30 千米，北部、东部、南部分别与南京市江宁区、溧水区、高淳区接壤，距南京主城区约 60 千米。博望镇镇域总面积约 133 平方千米，总人口近 10 万，其中城镇常住人口 3 万人（2012 年底）。博望镇具有良好的工业基础，是我国著名的刃具之乡和刃模具产业集群专业镇，素有"刃具之乡"的美誉。2012 年博望镇共有工业企业 800 多家，工业总产值 109.2 亿元，吸纳劳动力 1.3 万余人。博望镇城镇居民人均可支配收入 2.09 万元，与安徽省平均水平相当；农民人均纯收入 1.25 万元，远高于安徽省人均 7161 元的平均水平，说明博望镇农民的经济收入处于省内较高水平，城乡居民的收入差距相对较小。2010 年之后博望镇发展规模不断壮大，成为区域增长极。

为了加快实现马鞍山对接南京溧水县城、禄口空港新城，接受南京都市圈辐射，2011 年安徽省马鞍山市撤镇设区，将博望镇与丹阳镇、新市镇合并，成立博望区，区政府驻地博望镇（图 5-7）。由镇升区提升了博望镇的行政等级、管理主体和职能定位，使其自主管理权力与集聚资源能力得到强化，短期内本地产业经济、城镇建设及公共管理的升级明显，因而增强了农民就地转移意愿，加快了就地转移速度（孙洁，朱喜钢，郭紫雨，2017）。

2. 强镇扩权改革

江苏省和浙江省有很多小城镇的发展规模已经远远超过其他地区的大城市。地方政府需要建设、管理和维护较大规模的城镇，却没有足够的财权，使得小城镇空有"理想抱负"，却没有足够的行政能力支撑。例如，2008 年温州市龙港镇当地本地人口约 28 万，外来人口 10 多万，建成区规模已经接近中等城市，小城镇原有的管理能力

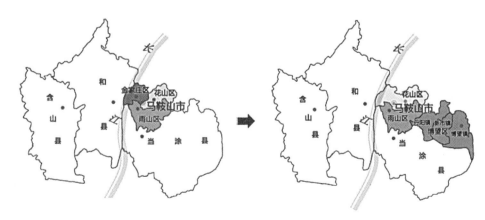

图 5-7 马鞍山博望区行政区划调整

（图片来源：孙洁、朱喜钢，郭紫雨.由镇升区作用下的就地城镇化效应思辨——
以马鞍山市博望镇为例 [J].现代城市研究，2018（6）.）

已经难以应对（图5-8）。浙江温州的"镇级市"试点就是一项走在全国前列的改革之举，旨在将一些经济实力较强的小城镇由镇级政府承担起县级管理的能力，推动小城镇向城市转型（表5-4）。2009年，温州的乐清市柳市镇、永嘉县瓯北镇、苍南县龙港镇等27个小城镇作为试点镇，率先启动市级强镇扩权改革试点工作。温州"镇级市"试点方案扩大了小城镇的土地使用权、财政支配权、行政审批权和事务管理权，实质上是一种"强镇扩权"的试验。在新的发展背景下，政府对城镇的行政干预能力正逐渐减弱，而市场的助推作用在不断增强。较大规模的小城镇的发展实际要求其突破自身行政限制，以不低于城市的标准来建设（王景新，2010；顾朝林，2015）。

研究认为强镇扩权对小城镇发展环境具有显著的积极影响，一方面可以提高政府公共服务能力，促进服务型政府转变，提高政府独立管理公共事务的能力，增强城镇

图5-8 中国第一个镇级市：浙江省龙港镇
（图片来源：http://www.cnqjc.com/qt-front/dataNews/detail/62338）

浙江省小城市培育试点镇名单　　　　　　　　　　　　表5-4

	首批	第二批	第三批
杭州	瓜沥镇、分水镇、塘栖镇、新登镇	千岛湖镇、乾潭镇	临浦镇、瓶窑镇、场口镇
宁波	石浦镇、周巷镇、溪口镇、泗门镇	慈城镇、西店镇	集士港镇、观海卫镇、西周镇
温州	龙港镇、塘下镇、柳市镇、鳌江镇	罗阳镇、大峃镇	虹桥镇、马屿镇、桥头镇
湖州	织里镇、新市镇	无	泗安镇、梅溪镇
嘉兴	崇福镇、江泾镇、姚庄镇	长安镇	凤桥镇、西塘镇、新塍镇
绍兴	钱清镇、店口镇	崧厦镇	枫桥镇、甘霖镇
金华	横店镇、佛堂镇	古山镇	孝顺镇、桐琴镇、磐安县县城
台州	泽国镇、杜桥镇、楚门镇	金清镇	大溪镇、平桥镇
衢州	贺村镇	开化县县城	航埠镇、湖镇镇
舟山	六横镇	金塘镇	衢山镇
丽水	壶镇镇	云和县县城、庆元县县城、景宁畲族自治县县城	温溪镇、遂昌县县城

发展的自主性和活力；另一方面也可以增加小城镇发展建设资金，促进城镇硬件环境建设。但是强镇扩权不是一劳永逸，在实际操作中也会制约县域一体化发展；在一定程度上加剧土地财政，抬高城镇地价和房价；此外发展空间的制约会影响小城镇主动性扩权的实施效果；县级政府利益缺失会成为实际操作中的障碍（龙微琳，张京祥，陈浩，2012）。

3. 融入大都市区

随着城市的扩张，部分城郊小城镇逐渐被纳入城区辐射范围之内，由独立的小城镇发展成为城市的组成部分。随着城市的郊区化带来生产、居住、休闲的郊区化，这些功能入驻城郊镇，可能使得原有空间结构出现颠覆性的变化。随着长三角全球城市区域正在形成，大都市郊区小城镇将迎来新的发展机遇和独特优势（陈白磊，齐同军，2009；罗震东，何鹤鸣，2013；冯晶，2014）。例如，在城市住房需求或郊区化房产收益的推动下，重点建设居住功能和相关配套服务，将原小城镇建设成"卧城"；或是转变产业发展模式，依托小镇原有产业基础建设城市开发区；又或者充分利用乡镇资源，发展近郊游、农业园等。总体来看，新城模式和特色小城镇模式是小城镇融入都市区的两种主要模式。大城市郊区化扩张已经成为我国的一个普遍趋势，大都市郊区的小城镇正面临着巨大的转型机遇期，发展路径也有多种可能。例如，上海都市圈范围内的太仓市浏河镇等，近年来通过承接都市圈核心区人口外溢、产业外迁，获得了较快的发展（图5-9）。

值得注意的是，小城镇融入大城市发展的过程中，也面临着行政区划、管理等各项问题，阻碍其快速发展。小城镇在规划、交通、政策等方面主动对接大城市，协调统一是其加快融入大城市的主要途径。

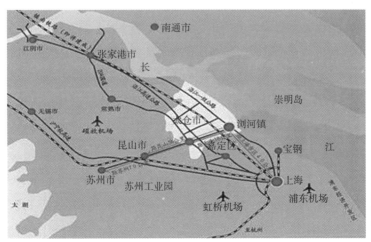

图 5-9 上海大都市圈——太仓市浏河镇

（图片来源：http://www.tuxi.com.cn/viewb-154199611708372-1541996117083721987.html）

二、路径二：由传统走向创新

新时代、新科技背景下，传统发展理念和发展模式受到冲击，小城镇的发展环境发生质的改变，并由此产生了一些新理念、新现象和新路径。尤其是当前起源于浙江省的特色小镇实践，打破等级化的城镇体系惯例，将小城镇打造为专业化集聚经济的重要功能节点，包括依托于传统产业集群的基础，脱胎于繁荣的创意文化和创新创业新经济，以及诞生在大都市外围的乡村旅游等（武前波，徐伟，2018）。总之，新时期，越来越多的小城镇积极融入全球生产与消费网络，逐渐从传统走向创新。

1. 互联网催生的淘宝镇

"互联网+"是在互联网基础上发展的新业态，简单来说就是"互联网+各个传统行业"，利用信息通信技术以及互联网平台，让互联网与传统行业进行深度融合，创造新的发展生态。"互联网+"的核心在于"联"，它改变了传统产业集群的联系方式，突破了传统不利区位的限制，使得供给、生产、销售各方之间的联系更为紧密。当前"互联网+"已经改造、影响了多个行业，如电子商务、互联网金融等，其中最为突出的就是新电商时代的"淘宝镇"现象。

阿里研究院对"淘宝村"的定义是：大量网商聚集在某个村落，以淘宝为主要交易平台，以淘宝电商生态系统为依托，形成规模和协同效应的网络商业群聚现象。一个镇、乡或街道出现的淘宝村大于或等于3个，即为"淘宝镇"。据统计，2018年全国已经有淘宝村3202个，淘宝镇363个，以淘宝村、淘宝镇为代表的农村电子商务正在深刻改变中国乡镇的面貌。

"淘宝村""淘宝镇"是在网商经济利益驱动下由于集聚效应而产生的，并且这样的集聚改变着传统农村地区发展模式，使得农村、小城镇成为新型经营场所。淘宝镇的诞生离不开多个基本条件。首先是电子商务为淘宝镇的发展提供了契机，淘宝电商相比传统零售商有更大的市场优势。从近几年的统计数据看，网购交易规模正在迅速增长，尤其是网购服装市场扩张明显。可以说，以淘宝为代表的电子商务正不断侵占传统零售业市场。广阔的市场是淘宝镇（村）生长的优渥土壤。而从淘宝镇（村）在全国的分布来看，主要也是分布在浙江、广东、福建、江苏等沿海地区经济活力强、电子商务能力强的县市（马海涛，李强，刘静玉等，2017）。其次，便利的运输通道、产业基础、基础设施等也是淘宝镇的必备条件。从国内排名前十的淘宝村的区位情况来看，一般都有非常好的运输条件，常见的包括临近区域性交通要道，以及临近较大规模货运中心两种情况（罗震东，何鹤鸣，2017；马海涛，李强，刘静玉等，2017；千庆兰，陈颖彪，刘素娴等，2017）。

2018年全国部分省市区淘宝村、淘宝镇数量统计　　　　表 5-5

省级行政区	淘宝村数量（个）	淘宝镇数量（个）	省级行政区	淘宝村数量（个）	淘宝镇数量（个）
浙江	1172	128	安徽	8	0
广东	614	74	四川	5	0
江苏	452	50	湖南	4	0
山东	367	48	吉林	4	0
福建	233	29	重庆	3	0
河北	229	27	山西	2	0
河南	50	3	广西	1	0
江西	12	0	贵州	1	0
北京	11	1	宁夏	1	0
天津	11	2	陕西	1	0
湖北	10	0	新疆	1	0
辽宁	9	1	云南	1	0

（数据来源：阿里研究院，《2018年中国淘宝村研究报告》）

　　"淘宝村"形成之初，早期的几家网店选择条件合适的位置入驻，以点状分布。随后更多网店聚集到这些地区，形成带状的网店专业街。由于网店数量和规模的扩大，各类相关服务需求也不断增长，形成了以网店一条街为中心的服务点集聚区。各服务点之间的联系不断加强，最终形成以淘宝网店为核心，集合产业上下游的整体块状区域（图 5-10）。例如，义乌市青岩刘村为例，初始的网店是围绕着村中心配套较多的地方自主形成，随着广告设计、餐饮旅店、物流交通等需求的集聚增长，这些配套产业链逐步围绕其产生，进而形成了某一类或某几类的带状街面，而现在电子商务店铺几乎遍布全村。在"互联网+"的背景下，小城镇具有一定的集聚能力，又有相对较低的集聚成本，因而更适宜发展专业化的产业集群（罗震东，何鹤鸣，2017）。

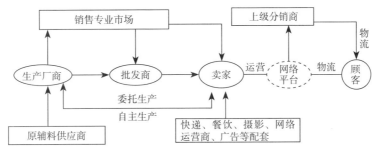

图 5-10　广州市新塘镇淘宝产业链构成

（图片来源：千庆兰、陈颖彪、刘素娴等. 淘宝镇的发展特征与形成机制解析——
基于广州新塘镇的实证研究 [J]. 地理学报，2017（7）：1040-1048.）

2. 健康需求催生的康养镇

当前医疗不再只是一种服务功能，而是一种朝阳产业，满足了人们对于健康生活理念的追求。医疗产业不仅包括专业化的医疗服务，还包括了医疗技术、医疗管理等完整的医疗健康产业链，还包括了养生、康体、休闲等健康相关产业。一方面，小镇拥有的自然生态环境和基本服务配套功能为医疗产业的发展提供了适宜的土壤。另一方面，我国进入老龄化社会以来，呈现出老年人口基数大、增速快、高龄化、失能化、空巢化趋势明显的态势，再加上我国未富先老的国情和家庭小型化的结构叠加在一起，养老问题异常严峻。面对老龄化社会，位于大城市周边的小城镇应该充分利用其优越的交通区位，发展养老、养生、健康等特色服务业是一个与时俱进的选择。

例如，成都国际医学城位于成都西部的温江区永宁镇，是目前国内最先在小城镇重点打造的医疗产业项目，总体建设还处于初期阶段（图 5-11）。近五年来，永宁镇的建设重点主要投放在医疗产业，已有很多知名企业入驻永宁，包括台湾美兆健康管理中心（世界三大体检中心之一）、四川省八一康复中心（全省首个拥有直升机停机坪的康复中心）、成都阜外心血管医院（亚洲最大的心血管病专科医院）、成都博奥独立医学实验室（中国十大生物芯片企业）、ICT 肿瘤诊疗中心（美国最大的放射管理机构）等。永宁镇按照"布局合理、功能完善，设施一流、环境优美，适宜医疗、康复养生、产业发展"的原则，构建医疗服务区、康复养生区、商务配套园区三个区域共同支撑医学城项目发展产业集群。从发展定位来看，永宁镇医疗城更注重特色专科的带动发展作用，未来专业化医疗产业也可能成为小城镇新的发展之路。

3. "双创"催生的创客镇

"创客"（maker）指通过各种形式将创意转变为现实的人，他们关注的内容可能是科技、音乐、电影、艺术等各个方面。"创客空间"是创客们聚集的空间，为创客们提供聚集和交流的空间。当前城市"创客空间"发展如火如荼，美国硅谷、深圳南山、

图 5-11　成都国际医学城，三医创新中心

（图片来源：http://cd.newssc.org/system/20170630/002215249_2.html）

图 5-12 成都市菁蓉镇：一栋创业楼里就有近百家创业公司
（图片来源：四川成都现排排"创业楼"，楼外写满创业标语 [EB/OL] [2016-10-13]http：//news.china.com.cn/2016-10/13/content_39481340.htm.）

北京金融街都是成功的典型案例。而对于小城镇来说，"创客空间"的营造还处于探索阶段。"创客"作为一种新的发展理念，为小城镇提供了多种功能的新型组织方式。

例如，成都菁蓉镇已经引进了创新创业团队 612 家，孵化器 15 家，聚集了创新创业者近万人，成为省内重要的数据产业基地（图 5-12）。创客们在菁蓉镇的聚集，使得创新团队、孵化平台、资本方以一种紧密的方式联系在一起，同时还带动了菁蓉镇科技产业功能、生产生活服务功能的兴盛和融合发展。

当前我国东部发达地区已有诸多小城镇在地方政府主导下，开展乡镇"创客空间"的建设。创客空间的营造已经成为乡镇复兴的一种手段，促进当地民居建筑翻新，尝试集体土地建租赁房，吸引外出农民返乡就业，振兴本地产业，再生文化活力。

4. 文化产业壮大的文艺镇

基于本地历史文化资源，植入现代文化创意产业，形成了文艺镇。例如，昆山市周庄就是一个画家小镇。从 20 世纪 70 年代起，文人足迹遍布古镇的条条小巷，而画家的画笔更在此不停地挥动，吴冠中、李琦、冯贞、陈逸飞等都曾在这里萌发灵感，创作出脍炙人口的佳作。吴冠中曾经由衷赞叹"周庄集中国水乡之美"。2007 年周庄画家村成立，2008 年昆山文化创意产业园在周庄成立，2009 年昆山文化创意产业园升为省级，并获得"苏州市服务业发展重点集聚区"称号，2010 年获得国家文化部授予的第四批"国家级文化产业示范基地"称号。2010 年 8 月 26 日周庄画家村首家名家画廊——吴之东美术馆正式开馆。目前，昆山文创园累计注册项目约 70 余家，注册总资本约 3 亿元。画家村累计引进名家画廊近 10 家，艺术工作室 130 余家。2014 年实现全口径文化产业增加值 8.6 亿元，注册版权 3000 多件。周庄已建有艺术馆、画家公寓、写生基地等公共服务平台和相关配套设施，并逐步完善以美术品为主的艺术品产业链，依托画家村、画工厂两大载体和艺术博览中心平台，形成集原创、培训、交流展示、画品生产、交易销售为一体的产业链，努力把周庄建设成华东地区最大的绘画创作、生产、展示和销售中心（图 5-13）。

图 5-13　昆山市周庄镇画家村街景

随着城市区域的网络化发展和快速交通网络的完善，产业发展的空间选择逐渐摆脱地理空间距离的简单约束，小城镇在全球化分工中的可接入性大大增强。内需经济、消费文化背景下，精工细作、绿色生态的传统手工业和农产品日益兴起，不以规模化生产为指向的此类产业门类，可以依托便捷的、网络化的区域交通体系在生产成本更低的小城镇地区集聚。一方面，小城镇离原材料生产地距离近、土地价格优势明显、人力成本较低等优势条件吸引农产品精加工、传统手工业制造等相关产业；另一方面，此类产业先天具有小城镇亲近性，加上小城镇具有很强的可塑性，很容易形成品牌效应，提升城镇和产业的竞争性。

另外，互联网的出现与普及突破了传统意义上时间和空间的界限。互联网的核心本质是其网状结构，是一种去中心化的模式。农村地区也可以依托电子商务实现跃迁式的城镇化发展，由工业化带动农村发展跃迁至信息化，带动农村发展，实现就地城镇化。单个淘宝村成长起来之后，会带动周边乡村的电子商务创业，使得淘宝村从"村"向"镇"扩散和蔓延，在小城镇的交通设施、服务配套的支撑下，具有产业集群的雏形。

这类专业镇具有居乡兼业的特点，是乡村工业化的升级版本。一方面，可以充分利用农民勤俭多年才建成的自有住宅，解决服务门槛人口不足等问题；另一方面，得益于新农村建设的政策倾斜，此类农村的发展已经进入农业机械化、农业服务社会化和农民组织化快速发展的阶段。非农产业的发展提升了小城镇的吸引力，加速进城务工农民放弃"两栖式"生活，进入更为低门槛适宜高的小城镇，提升生活质量，从而实现人的城镇化。

三、路径三："标配"＋"自定义"

小城镇的功能可以分为"标配"功能和"自定义"功能两部分。所谓"标配"，是指满足小城镇生产生活需求的基本功能，它是小城镇维持自身发展运行必备的条件，例如居住、基础教育、医疗、商业、交通等必要功能。而所谓"自定义"，是指不同于其他小城镇基本功能的特殊功能，例如旅游功能、历史保护功能等，是在"标配"功能基础上的差异化和特色化。"自定义"功能成为一个小城镇区别于其他小城镇的标志，并且"自定义"功能往往体现小城镇的竞争力。此外，也可以将"标配"理解为小城镇对内具有综合性功能，而对外具有"自定义"的特色性功能，或称其为基本职能与非基本职能的关系。"基本功能 + 特色功能"式精准定位是明确小城镇发展方向的重要基础。

一方面，未来小城镇规划建设中应逐渐建立起与城市同等的服务设施水平，从而营造和城市相同，甚至更高的生活品质。只有"标配"功能与大城市能够达到同等、同质，小城镇才能维持与大城市同样的吸引力。例如，发达国家就有很多这样的小城镇，虽然规模较小，但是设施水平较高。即便没有强大的产业支撑，但是环境优美，在那里人们过着安闲自足的生活（图5-14）。这些小城镇千百年来都维持着原生态的田园风光，风景如画。小城镇建设管理部门通常都制定了高标准、专门化的管理制度，并严格执行建筑物、设施的维护工作。小城镇随处可见精致的咖啡馆、手工艺品店、酒店、创意小景观和特色化的装饰艺术。因而人们在普通小城镇可以获得不少于城市的生活所需，同时还可以享受到城市所没有的宜居、安逸，因而这些小城镇会受到青睐。

另一方面，小城镇选择符合自身的"自定义"功能需要转变发展观念，避免固守传统、不可持续的发展模式，避免重增长、轻环境，避免重经济、轻人文。在功能选择过程中，应准确评估自身条件，并不断寻求新的发展可能。例如遗产保护特色小城镇。很多欧洲小城镇都有古堡等历史遗迹，这些遗产是小城镇的象征，是一种文化情怀和精神符号。因此这些遗迹是受到绝对保护的，不会为了发展而遭到拆除或损毁。又如艺术文化小城镇。德国"壁画小镇"奥伯阿玛高以其基督受难剧、木雕艺人以及丰富的彩绘小屋闻名世界，最大的特色就是房舍外墙七彩缤纷的绘画，整个小镇艺术氛围非常浓郁。而且小城镇常住居民里不乏艺术家、企业家等"绅士"，长期居住在小城镇中的艺术家也为小城镇营造出更为精致化的空间品质（图5-15）。

图5-14 德国温泉小镇巴登巴登的集市

图5-15 德国"壁画小镇"奥伯阿玛高

第五节 本章结论

本章首先总结了我国小城镇普通面临的功能困境，表现为功能单一、功能布局混乱，并且剖析了存在这些功能困境的主要原因。其次对小城镇功能的内涵进行了重新定义，从需求导向、特色导向角度，总结了当前我国小城镇的主要功能类型。再次，根据功能将小城镇划分为八种基本类型，并且结合多个案例介绍了不同功能类型小城镇的发展轨迹，以及各自面临的新的发展问题。鉴于我国小城镇愈发突出的功能困境，对农业转移人口的吸引力仍较低，因而提升小城镇功能迫在眉睫。最后，总结了新时期，尤其是在信息化发展的时代，东部发达地区成功的小城镇升级路径，认为有效提升措施包括行政举措，从"镇"升级为"区"或"市"；产业创新举措，寻找新的产业增长动力；发展理念举措，从粗放式发展走向精致化；以及功能的重新组合，强化、明确"标配"的基本功能和"自定义"的非基本职能。总之，功能是小城镇的内核，小城镇的功能决定其未来发展前景。通常，小城镇的同质性强，异质性弱，在人口构成、功能组合、产业结构等方面越单一，则意味着小城镇发展越容易后劲不足。因此只有当小城镇在一定区域范围内或大都市区内扮演某一种异质性的角色，才能具备明确的功能定位及特色，进而才能实现小城镇可持续发展。

第六章
小城镇的机制模式

　　小城镇是一个复杂系统，其内部各组成部分之间密切关联，并与外部进行源源不断的互动，最终呈现出一种整体性特征。本章从小城镇在城乡网络中的成长及其自我发展两个视角，对处于不同发展阶段的小城镇分别进行外部与内部动力机制的解读。第一节概述了小城镇成长动力机制的内涵以及小城镇成长的表现。第二节分析了小城镇成长的外部动力机制。第三节分析了小城镇发展的内在动力机制，以城镇化要素的积累和增长联盟为主要视角，分别分析了小城镇自身成长中"常规"与"主动"两个层面，并且将"空间视角"——城乡规划视为振兴小城镇发展动力的主动干预行为。第四节基于江苏省三个小城镇案例，进行了小城镇动力机制的实证研究。第五节分析了小城镇发展动力衰退与重振，并对衰退型小城镇提出精明收缩的对策。第六节对本章进行了总结。

第一节　小城镇发展的动力机制

一、小城镇发展的基本表现

　　小城镇发展演化过程包括了形成、成长、成熟和衰退等基本阶段，其中成长阶段是发展的主体阶段。通常，人口和产业的城镇化是小城镇发展的最直接表现。首先，人口的城镇化不仅是指小城镇吸收周边农村人口的过程，也包括居民生产方式和生活方式城镇化程度不断加深的过程。其次，产业的城镇化过程则包括了产业的集聚、产业结构的演变以及产业集群的形成。从低级产业形态向高级产业形态的转化，为小城镇的发展提供了直接的动力作用，使小城镇能够逐步脱离高度依赖资源。此外，城镇建设面积的扩大、建成环境的更新、道路交通的提升以及文化的多元化均是小城镇发展的重要表现。

二、小城镇发展动力机制的内涵

小城镇发展动力机制是指推动小城镇发展的动力，及各动力之间相互作用的过程和方式。传统研究将小城镇所具有的资源，包括自然资源、地理位置，以及社会、经济、科技、管理、政治、文化、教育、旅游等方面融合为一个综合性的因素进行研究；抑或将小城镇的成长机制分为政治、经济、社会、文化等几个层面的要素作用（邹军，2003）；也有研究将小城镇发展动力机制概括为资源、区位、政策三个方面（齐立博，2019）。实际上，小城镇政治、经济、文化等每个方面因素之间相互重叠交互，并不能割裂分析。而且，小城镇在不同发展阶段对于资源、区位等外部资源的利用能力均是其内在动力的表现形式，对外部动力的利用最终仍落实在内部动力的范畴之内。

三、小城镇动力机制的已有研究

1. 推动主体视角

根据西方城市政体理论，可以将城市空间发展的动力来源主要归结为政府、私有经济组织（企业）和居民三个主体。同时，由于小城镇也处于一定的自然环境中，小城镇空间的发展是人类在其自然环境的基础上施加作用的结果，它必然会受到环境的承载力和约束力的作用。因此可以认为小城镇空间发展的是由政府、企业、环境和居民这四个动力主体通过政治、经济、社会、文化活动共同作用的结果。具体表现为：经济的推动力——空间规模扩张力、空间结构优化力和拓展方式决定力；行政的调控力——空间发展促动力、空间发展导向力、空间规划控制力；环境承载力——空间承载力和空间形态塑造力；市民制约力——空间促动力和约束力（黄亚平，2011）。此外，可以通过不同时期的空间现象，解读小城镇成长过程的推动主体、方向和动力。

2. 人口流动视角

人口是研究小城镇发展动力的重要视角。我国东部地区拥有数量较多的人口流入型小城镇，外来人口数量较多，对于小城镇自身的发展产生了深刻的影响。同时，我国中部地区仍然存在大量的人口流出型城镇，"打工经济"成为一种重要的发展动力，同时也是一种制约力量，人口大量外流造成小城镇的衰落现象是研究者的重要关注点。此外，随着近年来乡村地区劳动力的回流日渐明显，有学者将人口回流作为城镇发展动力机制进行研究。运用农户调查数据探讨农村劳动力回流对以县城为中心的小城镇发展的影响，认为劳动力回流为小城镇的发展带来了新的机会（李郇，2012）。回流劳动力加速向非农产业转移，为小城镇发展提供新的人口动力，促进现代农业发展，为城镇发展提供新的服务业动力，回流者多已组建家庭，为城镇发展提出新的社会保障需求。

张立研究了我国中西部地区人口高输出地区小城镇的人口增长及半城镇化现象，并指出居住环境、子女就学和服务设施是镇区人口聚集的主要原因。这些地区农村人口基数大、迁出意愿强、人口城镇化动力依然很强，此外城市生活成本高，家乡社会融洽，流出人口有回流动力。张立认为人口高输出地区的小城镇镇区人口保持一定的增长，且具备继续增长的动力，但目前小城镇的总体发展情况不尽人意，主要原因是小城镇普遍较低的建设水平，建设资金匮乏，导致基础设施滞后等（张立，2012）。

此外，还有大量的研究在尝试验证中国的人口"推拉理论"的推力和拉力表现形式。高立金（1997）利用托达罗模型来分析我国农村富余劳动力城乡转移过程，其通过模型分析和实证检验发现农村富余劳动力的城乡转移与城镇失业率的高低有一定的关联性，并提出了正确引导农村富余劳动力合理流动的政策建议。著名学者蔡昉（2001）则将劳动力迁移过程分解为两个过程，第一个过程是劳动力从迁出地转移出去，第二个过程是这些迁移者在迁入地居住生活下来。世界上大多数国家的人口迁移都是两个过程同时完成，而在我国由于制度性障碍等原因，迁移者却面临迁出去后并不能如愿在迁入地长期居住下去，继而导致回流现象发生的情况。

第二节　小城镇发展的外部动力机制

一、"承上"与"启下"动力机制

传统意义上认为小城镇是乡村地区的公共服务中心，同时承担区域城镇体系的分工，在城乡体系中具有重要的承上启下作用。一方面，小城镇作为城市先进要素向乡村流动的重要平台，接受城市要素扩散，发挥"承上"作用；另一方面，乡村商品、人力等的流动也需要小城镇作为中转、包装和过渡的媒介，因而发挥"启下"作用。在城镇化的不同阶段，小城镇的功能并非一成不变的，而是在不断丰富和调整。在工业化来临之前，小城镇的中心性主要体现在行政功能、文化功能与社会服务功能等方面，而生产和经济功能相对薄弱，因而主要体现为"承上"作用。当工业化开启后，乡镇经济发展迅速繁荣，小城镇经济中心职能不断加强，对乡村地区经济发展的"启下"作用愈发突出。进入后工业社会，工业生产的职能相对弱化，小城镇的职能可能再次回归到居住生活、文化保护和生态保护等功能。

二、"区域一体化"的动力机制

区域一体化是指地域上较接近或地理、文化特征较相似的省区之间、省内各地区之间、城市之间，按照区域发展总体目标，充分发挥地区优势，通过合理的地域分工，在全区域内优化配置各种要素，提高资源使用效率，推动区域协调发展，以提高区域总体效益、促进区域共同繁荣的动态过程（刘志彪，2014）。区域一体化过程意味着大中城市、小城镇的分工和专业化的不断强化，以及城市与乡村关系的重新弥合。我国长三角、珠三角等经济发达地区，小城镇的产业发展基础良好，在区域经济一体化过程的分工中地位非常重要。区域城镇体系结构调整将不断促进小城镇发挥联系城市与乡村，联动农业、工业与服务业的纽带作用，实现小城镇功能的立体化发展。因此要实现城乡的良性互动和城乡一元转变，就必须要加强小城镇的建设，构建起一个能够高效消化城市资源要素扩散、带动农村现代化转型的增长体。

通常在工业发展到一定水平后，政府会通过工业反哺农业、城市支持农村进行发展。小城镇作为介于城市与乡村之间的一种空间类型，并非独立于城市与乡村。从系统性思维视角出发，小城镇与城市、乡村之间充分进行要素的流动，其中最为重要的要素是人口。在同一地域空间范围内，乡村人口向小城镇迁移的主要原因是为了获得就业机会和公共服务，城市向小城镇人口迁移的主要吸引力是小城镇能弥足城市紧缺的居住空间，或者提供特别的就业机会，或者是青睐小城镇亲近自然空间的区位优势。此外，跨区域的城乡人口迁移的吸引力主要表现在就业机会和生活水平这两种要素上（图6-1）。当前我国东部地区小城镇发展的基础良好，处于大中城市的辐射和带动之中，能够获得更多的先进要素流入，与中西部小城镇相比具有天然的区域地理和资源优势，因此外部发展动力较高（罗震东，何鹤鸣，2014）。大城市郊区的小城镇更加

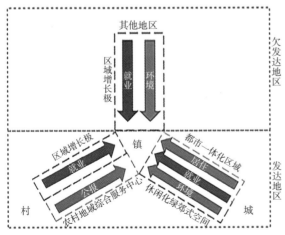

图6-1 小城镇的人口集聚过程

接近中心城区，更容易获得从大城市的资源外溢，政府与市场的外力也相应更强（林凯旋，周敏，黄亚平，2015）。

三、城乡体系重构的动力机制

《国家新型城镇化规划（2014—2020年）》提出，"要增强中小城市和小城镇产业发展、公共服务、吸纳就业、人口集聚功能"，并提出"构建科学合理的城市格局，大中小城市和小城镇、城市群要科学布局"等重大决策，这为小城镇的发展开辟了崭新的机遇和广阔的空间。并且，该《规划》明确提出推进农业转移人口落户城镇，享有城镇基本公共服务，建立农业转移人口市民化推进机制等方针、策略，实质上是对于小城镇发展给予了更多支撑。因此就近城镇化、就地城镇化成为新型城镇化的焦点，也是解决人的城镇化问题的有效途径。简而言之，小城镇发展在整个城乡体系重构中处于纽带位置，因而将承载来自于结构性调整的新要求。在重构过程中，小城镇可能获得更多的政策红利，以及来自大中城市的资源要素回流，从而获得新的发展空间。城市反哺农村地区、工业反哺农业等结构性转型过程中，适当引导城市资源回流，引导劳动力回流，将机遇向小城镇倾斜，小城镇发展的动力将得到新扩充（李郇，殷江滨，2012）。

第三节　小城镇发展的内在动力机制

本节从两个层面对小城镇发展动力机制进行研究：一方面关注城镇化要素的积累，即小城镇将外在条件转化为自身增长动力，实现人口与产业集聚、社会文化等方面的升级；另一方面关注"小城镇类增长联盟"，即小城镇政府、企业以及其他参与主体能动地开发利用内外资源条件，实现小城镇自我发展。

一、基于要素积累的动力机制

1. 小城镇要素积累的门槛机制

1963年波兰学者B·马利什研究城镇空间增长时，发现当城镇发展到一定程度时，常常会遇到一些阻碍城镇规模增长的限制因素。这些限制可能是地理环境限制，也可能是工程技术水平限制，也有可能是来自于城镇原有空间结构自身的限制。他认为这些限制标志着城镇规模增长的阶段性极限，也就是城镇发展的门槛（the reshold of city）。于是马利什提出"最小门槛原理"，并指出要克服这些限制（门槛），一般情况下的渐进增长型投资是无法解决问题的，而需要一个跳跃性的突增。一般而言，城镇跨越的门槛越多，克服下一个门槛所需的投资越大。在城镇规模增长过程中门槛是多级的，因此需要不断投入更多的资金以完成跨越（Campbell S. et al，1985）。此外，最小门槛原理有助于对城镇化要素注入的时机和背景进行评价，为划分小城镇发展阶段提供依据。

我国东部地区的小城镇已经经历了较长的繁荣阶段，大多已经跨越了要素累积的初级门槛或正处于跨越门槛阶段，其中制约发展的因素以及突破制约因素的路径正是城镇发展动力研究的内容。另外，小城镇的发展过程是一个新陈代谢的过程，旧要素不断被新要素取代。这种新陈代谢过程并非均质的，而是在某些时间段内表现突出，在通常情况下则是潜移默化式演替。新要素的注入比旧要素的衰落更能够体现出节点性特征。通常，新要素在旧要素积累趋向饱和的时候注入小城镇，或者说旧要素积累到一定阶段，小城镇才能够有效接受并吸收新要素。例如，从传统农贸镇到工业镇的转变过程可以视为，工业化要素向具有了一定的人力、交通运输能力等基本累积的城镇的注入过程。但是，在某些特定的情况下也会出现新要素突破了现状发展阶段，注入旧要素积累的格局中。例如，因为煤矿等特殊资源开发而崛起的小城镇，即可视为新产业要素偶发式注入而带来小城镇增长动力的过程。

2. 小城镇要素积累的激发机制

城镇化的要素积累不能够简单地视为要素作用于小城镇，这种积累实际上是激发与制约因素互动的结果。激发式的动力使得小城镇的经济、社会、空间等向着城镇化的方向产生演变，可能产生两种效果。其一，突变式发展，即小城镇的整体发展方向和空间形态发生了较大转变，在空间上，这种突变式的推动力作用力表现为小城镇出现大幅度的新建和改造，对其空间结构与城镇功能产生迅速而强力的影响。其二，演变式发展，新的城镇化要素积累需要经历一个由弱到强，由被排斥到融入的过程。

城镇化要素积累的激发机制在政治、社会、经济、文化等各个维度都有体现，目前主要有几种典型情况：①行政能力的增强激发了小城镇的动力。在诸如"强镇扩权"、区划调整等体制制度改革的情境下，抑或小城镇相关的制度、法规、政策发生重大调整，这些将对小城镇产生突变式的激发作用。②通常经济力量的激发作用力处于主导地位。产业自身发展的集群化过程、新资本的注入以及新企业的诞生、产业结构调整与业态更新、区域经济发展大方向变动等因素，对小城镇要素积累具有直接的激发作用。③社会文化演变激发小城镇发展动力。人的城镇化诉求、居民生活方式的现代化转变、社会组织发展、社会文化价值观城镇化等均可能激发小城镇新要素积累。④自然因素对小城镇发展的激发作用贯穿其发展全过程。例如，发现新的矿产资源、开发

地震后　　　　　　　　　　　　　重建后

图6-2　2008年"5·12"汶川地震中被摧毁的水磨镇

（图片来源：http://sh.qihoo.com/pc/91e3b696204560c2e?sign=360_e39369d1）

新的温泉资源、突发地震等自然灾害等均会导致人与自然关系发生改变，这些事件都是激发小城镇发展的重要因素。例如四川省水磨镇2008年在"5·12"汶川地震中基本被摧毁，小城镇原本要素积累被中断。但是地震后迅速重建，并发展了灾后旅游业，重新构建了新的城镇化要素积累机制（图6-2）。

3. 小城镇要素积累的制约机制

城镇化要素积累的过程同样无法脱离制约因素，即惯性的维持力量对于激发性力量的制约，这种制约一方面使要素积累的过程更加平稳有序，另一方面也导致要素积累作用的释放延迟。一定阶段内各要素之间形成的相对稳固的关系，是其能够按照当前模式进行积累的根本原因。这种制约机制可以是一种固定的情形和状态，也可以是一种模式和趋势。这种情形下的发展过程更多地是一种复制式的增长、按部就班的前进。而这种类似惯性的力量来自于既有的各种要素，特别是具有较强的乡村性的、难以与城镇化要素快速融合的要素，也来自于既有要素格局的稳定性。主要体现为两种机制类型：①维持现状特征与格局的惯性。产业、社会、文化等方面体现为对传统小城镇固有运行格局和生产方式的持续性认同与维护，空间现象也印证了这种惯性的存在。例如，受到宅基地划分方法以及民居建造方法的影响，小城镇居住单元的基本形式在一定时期内几乎相同，空间蔓延的形式呈现出"复制、粘贴"的模式，无论是点状、面状、线状要素都是按照原有的方式增长出来。②对于新城镇化要素的抵抗作用。维持性力量一方面需要与新要素竞争空间，以获得原有特征的延续；另一方面，维持性力量所维持的旧要素关系形式对于新要素的排斥性。在空间上则主要表现为新功能空间与原有空间格局之间存在的冲突和矛盾。

总体而言，制约机制是小城镇运行旧格局的稳定性与发展惯性在各个层面的具体表现方式，主要包括：①行政制约机制。在城乡网络体系中小城镇受到国家政策和制度的约束，行政管理能力较弱。地方政府决策能力和发展观念的滞后可能会使得小城镇丧失发展机遇，或者一味模仿、复制城市或其他小城镇的发展模式，对小城镇发展造成制约。②经济制约机制。经济发展中要素格局的固化、产业转型困难等直接造成了小城镇经济发展对于较低效率的生产方式形成路径依赖。另外，过度追求当前经济效益最大化的倾向，使得小城镇发展的可持续性受到影响，也会形成制约机制。③社会文化制约机制。基层政府和城乡居民的固有习惯、传统文化思想，守旧、短视、中庸观念等均会造成小城镇开放性较低，包容性不足，从而制约小城镇现代化，阻碍小城镇发展。④自然条件制约机制。地形、气候等自然因素始终制约小城镇发展的生态承载力，使得小城镇的空间扩张和更新升级受到阻碍。

4. 小城镇要素积累的合力模型

从城镇化要素积累的角度，将小城镇发展动力机制分为激发机制与制约机制两种作用方式（图6-3）。城镇化要素积累的过程实际上是物质方面的积累以及社会文化方面的积累两个维度的，经济因素、空间因素以及自然因素等城镇化演变更多的是物质方面积累，而行政因素、观念态度因素等的城镇化演变则是社会文化方面的积累。由此，城镇化要素积累的过程可以分解为物质性要素的激发作用不断克服双重的制约作用，社会文化要素的激发作用不断克服双重的制约作用，两种要素的激发作用相互形成促进的基本过程。这一过程整体上是趋于平稳的，因为小城镇处于城镇体系末端，并非新要素的主要创造场所。当社会文化要素的激发作用与物质性的激发作用形成良好耦合的情况下，城镇化的要素积累将会发生较大的变化，从而跨越当前的发展"门槛"，进入新的发展轨道。反之，当二者配合度较低的情况下，不但无法形成合力，反而可能造成互相消耗的局面。

此外，城镇化物质要素的积累与释放基本上在时间和空间上具有较强的同时性，但城镇化社会文化要素的积累则更需要一个释放和表达的过程——从出现到扩散，再到被普遍接受，最后转化为影响行为决策的力量，所经历的过程更加漫长和曲折。

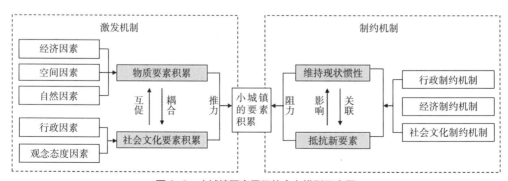

图6-3 小城镇要素累积的合力模型示意图

二、基于"类增长联盟"的动力机制

1. 城市政府主义与城市增长联盟

城市企业主义的概念从管治的视角对于城市的发展进行了深入解读。资本、人口、土地等要素在城市空间内的迅速集聚和扩张，是全球化背景下以实现地方经济增长为首要目标的城市企业主义（urban entrepreneurialism）的具体体现。企业主义是城市治理中的行为模式，混合了国家权力以及市民社会里的各种社会组织形式、私人利益，以便形成推动或管理某种形式的城市发展联盟。在这样的背景下，城市增长联盟成为城市治理研究的重要视角。

"增长机器"是国外学者对 20 世纪 70 年代西方城市发展进行政治经济分析时提出的理论模型。这一概念最早出现于 1976 年莫罗奇的《作为增长机器的城市》一文，后来在莫罗奇与罗根合著的《Urban Fortunes：the Political Economy of Place》中进一步确立了其理论框架。公共权力与经济资源的相对分离和政府职能向经济领域的进一步扩展是这一时期西方形成增长联盟形成的制度背景（Logan，Molotch，1987）。20 世纪后半叶，多数发达国家政府扩展了其经济发展职能，然而经济资源更多地掌握在私人手中。要使私有经济响应政府提出的增长战略，公共权力就必须与这些经济利益集团结成某种形式的联盟，从而说服、号召、积聚私人资源参与政府发展规划（Logan，Molotch，1987）。莫罗奇认为，城市如同一台增长机器，"增长"成为唯一且难以撼动的意识形态（Logan，Molotch，1987）。增长是指"已控制土地的开发或已利用土地的改造和再开发"。在促进增长的过程中，经济利益集团、公共部门和第三部门的领导者、媒体从业者等结成了一个所谓的"增长联盟"（pro-growth coalitions）。在这一过程中地方政府经常被迫去支持开发商利益，而忽视中产和工人阶层的利益，因为地方商业精英已经建立起有效的增长联盟，企图用公共机构和个人影响力去加强自己的财富。然而，开发商的投资可能与公共利益相抵触。罗根和莫罗奇后来又将劳工、工会等行动者和组织纳入对增长机器的分析中，将之视为反增长联盟的力量。

西方经济学家对政府与市场组成"增长联盟"的深刻剖析对于正处于经济体制与政治体制双重转轨进程中的我国具有启示意义。20 世纪 80 年代以来，我国地方政府的政策目标不再局限于传统的提供社会福利，而是利用自己对行政、公共资源的垄断性权力转变为经纪人：一方面，对地方财政收入的强烈需求使经济增长成为地方政府的首要目标；另一方面，以经济建设为中心的要求和现行的政绩考核制度，使地方经济增长与地方政府官员的政治经济利益紧密联系在一起，导致转型期地方政府与企业结成"增长联盟"，小至普通商品房开发，大到特大城市的大事件营销，其背后均离不开增长联盟的运作（张凤超，2010）。

2. 小城镇的"类增长联盟"

只有当国家通过竞争性战略、主动方式和创新形象，将各类行为主体组织到一个集体行为中时，才能称其为"城市企业主义"，市场活动的自发聚集或者国家对于生产领域的干预（县乡政府主导创立的乡镇企业）并不能够构成"城市企业主义"。因此小城镇在很大程度上并不能够充分契合"城市企业主义"的特质，本书将其称为小城镇"类增长联盟"——将小城镇发展过程中各个追求增长以及城镇化的能动性主体均视为"类增长联盟"的成员，包括政治精英、经济精英和一般参与者。

（1）政治精英

整体上，小城镇经济增长中政府主导的特点较为明显，快速发展的小城镇更为突出。镇政府在这一过程中起着挑选联盟者，制定并实施发展计划的作用。在城市的"增长联盟"中，政治精英和经济精英之间是一种不平等的关系，前者处于更为有利的位置，可以通过实施不同的发展战略选择不同的合作者，使得经济增长的收益最大限度地契合地方利益。然而，小城镇的"类增长联盟"中，经济精英由于其经济资本强大或者由于其稀缺性而占据了较有利地位，但政治精英所具有的行政能力使其在多数情况下仍占据主导地位。小城镇"类增长联盟"的政治精英不仅包括镇政府，也包括行政村领导。

（2）经济精英

经济精英是"类增长联盟"的核心。既有研究将城市政府主导的"增长联盟"与市场经济发育历程进行了耦合。在市场经济发展初期，主要的经济主体是公有制企业，政府主要通过地方保护主义使当地企业免受外部竞争压力，"增长联盟"的构成较为简单。在市场经济快速发展期，经济资源流动日益活跃，多数地方政府将吸引外来投资作为一种新型的联盟策略。住房体制的全面市场化推行后，房地产对于地方经济发展的作用日益凸显，与地方政府经营城市的目标契合。因此房地产业成为地方政府促进经济增长的新宠，房地产商成为地方政府主导的联盟中的新成员。

该做法也被小城镇"类增长联盟"学习，但在小城镇"类增长联盟"中经济精英往往具有本地化特征，特别是在乡镇企业繁荣的时期内。并且，小城镇"类增长联盟"的构成和运作与城市较为不同，二者之间的依赖性较为强烈和持续。此外，在发展水平较低的小城镇中，来自乡村的农业经济精英也是小城镇"类增长联盟"的构成之一。

（3）一般参与者

城市"增长联盟"中，市民是土地使用权、住房产权的拥有者，作为独立个体参与城市政治经济生活，并成为城市空间博弈的直接参与者，成为城市空间利益切实相关的利益主体,以各种正式或者非正式的方式参与城市决策。小城镇"类增长联盟"中,居民直接参与意识和能力低于城市市民。一部分居民以经济精英的身份参与联盟,而大多数居民则主要出于经济利益的驱动参与城镇化物质要素和社会文化要素的积累。另外,小城镇"类增长联盟"中政治精英本身也作为一般参与者,因为政治精英多来自于本地,这种根植性无疑将对政治精英的决策行为产生影响。某些情境之下,甚至会产生政治精英、经济精英以及一般参与者多角色的重合,因此"类增长联盟"的作用机制与城市"增长联盟"存在着较大的差异。

通常,我国东部小城镇发育较好,基础较好的小城镇可能较容易形成"类增长联盟",同时小城镇行政管理权限的局限性使得其构建"增长联盟"的过程与城市有很大区别。这些成员在行动上并不能够达成真正意义上的增长联盟式的协作统一,存在脆弱性、不一致性,但在其成长中仍具有突出意义。"类增长联盟"在很大程度上是一个政府组合并利用其他增长性主体实现小城镇发展,旨在推动城镇化要素的注入与吸收,以及挖掘与创造小城镇的新价值。因此"类增长联盟"视角可以解读政府、各个经济体的行为及其对于小城镇发展过程的影响作用。此外,增长联盟的对立面即"反增长"力量,是指城市开发建设中自身利益可能受到侵犯的部分集团。通常,小城镇发展过程中的"反增长"力量主要来自于个体行为层面的对于自身既得利益的维护,例如反抗土地征用的农户。

三、基于空间视角的动力机制分析

1. 空间对于城镇发展的意义

空间是小城镇发展过程中城镇化积累的主要载体,也是小城镇"类增长联盟"实现经济发展的主要资源与工具。空间既是城镇化的被动成果,也是主动施加影响力的手段。小城镇空间演化可以体现出阶段性特征,大多数情况下小城镇的空间过程以扩散式发展为主,并伴随着中心的强化,以及空间功能的多样化和复合化。以下将从城镇化积累过程中"积极"空间过程与"消极"空间过程两个层面对空间视角的城镇发展动力机制进行阐述。

2. "积极"空间过程动力机制

在城镇化要素激发作用强烈的情形下,小城镇的空间扩张与更新明显,可以视作"积极"空间过程。这种情况也表明,小城镇"类发展联盟"利用空间资源达到经济发展目标的能力得到较好发挥。这一过程中小城镇空间规模和结构得到了明显的提升,空间生产效率提高。快速发展时期,小城镇空间结构呈现出骨架清晰、层次明显的特征。空间演化往往是先扩后充——空间扩张以生产性空间为主,空间填充以生活

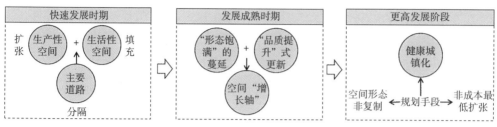

图6-4 小城镇"积极"空间过程动力机制示意图

性空间为主；主要道路会成为新旧空间、生产生活空间等的分隔带，并被服务功能所依附（图6-4）。

在发展较为成熟时期，小城镇空间演化则较为缓慢，并且呈现出"形态饱满"的蔓延或"品质提升"式的更新特征。"积极"空间过程的主要动力来源于经济作用，并且以节约成本为基本原则，也即空间扩展向阻力最小方向推进，形成较为明显的空间"增长轴"。具体而言，积极空间过程的动力作用情景可能有下面这些情形：①行政因素激发作用产生积极的空间过程。例如，政策调整下政府权能、发展侧重、主导功能等发生变化，进而影响了空间开发行为；在新理念的城乡规划刺激下，小城镇空间发展出现新方向等。②经济层面的激发动力仍然是十分显著的。空间扩张的速度以及空间更新的能力在很大程度上反映了小城镇经济增长的状况以及经济建设的重点。微观而言，产业发展和产业升级与转型推动小城镇空间扩展，处于快速工业化阶段的城镇尤其明显。此外，建设成本最低化原则对于空间结构的"扩张"与"填充"的影响决定了不同阶段小城镇空间结构的变化。③社会文化因素在积极的空间过程中同样发挥着激发作用。这在社会服务设施建设对于整个空间发展的影响作用、"增长联盟"中普通参与人的参与度增强促进空间发展与更新、文化资源等的保护与开发过程中特色空间的营造等方面都能够得到验证。④其他层面的激发作用不容忽视，例如，小城镇对外联系方式、区域内发展和竞争关系等变化导致小城镇空间转型，资源开发形势和市场等的变化影响空间发展等。

当小城镇的发展到达一定的阶段，小城镇空间扩展已经无法按乡村性地复制或简单地遵循经济成本最低化原则，"类增长联盟"的增长目标就需要借助规划的手段得以实施，这实际上也是单一的经济增长目标逐步向健康城镇化的过渡。因此，小城镇的规划本身就是积极空间过程的重要激发动力，同时又是对于种种激发动力进行的一次科学式、规范化的整合。

3."消极"空间过程动力机制

小城镇发展过程中的城镇化积累是伴随着制约作用的，"消极"空间过程正是直接性的体现。由于小城镇"类增长联盟"较少与"反增长"力量进行正面交锋，老旧空间格局的更新通常缓慢、不彻底。陈旧的服务性空间难以被彻底更新，逐步丧失开放性、服务性、中心性；居住空间和生产空间进行"复制性"蔓延，空间形式和内容转型难以实现。"消极"空间过程中的发展速度并不一定就是缓慢的，其所维持的是结构的稳定以及社会经济综合成本较低、风险性较小的发展方向。当小城镇的发展达到了一定的"门槛"时，"消极"空间过程则会出现"阻碍"增长的作用，成为小城镇发展中真正的制约因素。

消极空间过程是由小城镇发展的制约性动力所产生的，可能有下面这些情形：①行政要素制约作用产生消极的空间过程。例如"类增长联盟"对于当前增长路径的依赖和维护，政府权力限制和理念滞后等制约空间更新。②经济层面的制约性动力对于消极空间过程的形成起到重要作用。典型的情形有：在小城镇发展的某些阶段内，空间"复制性"增长的风险较低，导致低品质的居住或工业空间无序蔓延；经济效益较好的增长项目占据了过多的优质空间资源，从而造成了整体空间格局失衡。③社会文化因素是消极空间过程的重要制约动力来源。小城镇保守性倾向限制了新型空间的发展，以及空间格局重塑；"类增长联盟"中一般参与者的流失造成的空间活力的衰退等。④其他层面的制约作用也存在于消极空间过程之中。小城镇空间扩张与过境道路的过度结合将在小城镇发展到一定的规模后，或随着道路交通量的增加而形成消极的空间过程。自然条件直接限制空间形态及其发展；而自然资源的承载力、生态安全和环境保护也会影响空间发展的规模和速度。

从长远的眼光来看，消极的空间过程虽然不利于小城镇某一时段的快速增长，但并不一定是负面的。消极的空间过程可能避免了小城镇发展中过度吸取自身所不能够负荷的城镇化要素，为小城镇更好地利用外部条件和自身资源实现可持续性发展预留了空间。

第四节 小城镇动力机制的实证——以江苏为例

根据小城镇发展水平和发展阶段的不同，将当前我国东部小城镇划分三种基本类型：发达型、快速发展型和发展滞后型。就江苏省内而言，发达型小城镇主要位于苏南地区，本地乡镇企业在地方政府的扶持下异军突起，工业化发展相对成熟。这类小城镇经历了快速工业化以及城镇化阶段，与乡村的一体化特征明显。并且，这类小城镇的城镇化动力不再依靠腹地乡村人口城镇化，而是通过发达的工业（大多仍以劳动密集型为主）吸引全国各地的流动人口，外来人口甚至超过了本地人口数量。这类小城镇已经具有了小城市的发展水平和增长能力，乡村性特征已经明显弱于城市性特征，其发展的主动性已经突破了传统小城镇的格局，不再简单作为城乡之间的平台而存在。

其次，快速发展型小城镇大部分处在探索发展工业的过程中。小城镇与乡村之间仍然在很大程度上延续着传统的城乡关系，吸收部分农村人口的半城镇化就业，存在着劳动力外流的现象，同时也吸引了劳动力的流入。这类小城镇在区域内主要接受大城市的辐射和扩散，不断寻求融入区域经济一体化格局。这类小城镇在空间和社会等层面都很明显保存着乡村性特征，在城镇化不断深化的过程中更加明显，房地产开发和工业园区的建设速度很快。

最后，发展滞后型小城镇的工业化起步普遍较晚或基础薄弱，在工业化快速发展之前遭遇了劳动力的大量流失，小城镇发展的动力相对不足。这些小城镇接受城市产业的转移，本地乡镇企业也有所发展，但整体上能够创造的经济效益以及所容纳的就业人口都较为有限。发展滞后型小城镇保留的乡村性特征明显，但城镇化进程并不会停滞。近年由于大城市的发展转型，出现了较为明显的外流人口回流，为滞后型小城镇发展提供了新机遇和动力。

总体而言，对于小城镇发展水平的分类没有严格界限，同种类型的小城镇并不一定是相同的动力驱动，不同类型小城镇之间也可能在发展同时性。小城镇发展过程是连续性的，但却常常存在跨越式的发展行为。发展相对滞后的小城镇在发展过程中借鉴了发达小城镇的相关经验与教训，当其达到相同的工业化水平时则有可能达到更高的小城镇综合发展水平。

一、经济发达型小城镇——苏州市盛泽镇

1. 阶段性特征基本概况

发达型小城镇通常工业化起步较早，城镇化建设水平较高，在经济社会指标、建设质量上超过普通小城镇。这类小城镇先发因素较多，包括区位交通优势、非农产业基础优势、开放超前的思想观念以及特殊的优惠政策等。以下以苏州市盛泽镇为例，分析发达型小城镇发展的动力机制。盛泽镇位于江苏省苏州市吴江区，是苏浙边界小城镇，南接浙江湖州、嘉兴，北依苏州，东临上海，西濒太湖（图6-5）。自古以来，盛泽镇就是我国重要的丝绸纺织品生产基地和产品集散地，历史上以"日出万匹、衣被天下"闻名于世，有"绸都"的美称。2018年盛泽镇位列全国综合实力千强镇前100名。

2. 积累机制：规模突出与品质陷阱

首先，发达型小城镇的城镇化积累过程中激发性要素占据了绝对上风。例如，1990年后盛泽镇非农产业已经占据了优势，二产产值以及主导产业的竞争力突出，在

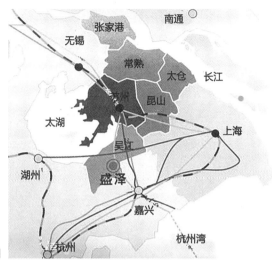

图 6-5 盛泽镇区位图

增长速度以及自我转型的能力上都具有较大优势。并且在二产发展带动之下，盛泽镇三产产值提升较为迅速，特别是配套的专业化市场成为主要的增长点。而且，一、二、三产之间互动较为良好，为经济增长提供了充分的保障。传统的苏南模式已经得到了新的发展，盛泽镇经济发展的动力来源更加多样化，并且已经培育出具有雄厚实力的本地企业集团，成为城镇化积累过程中的强力主体。根据各项发展指标判断，盛泽镇已经处于后工业化阶段、城镇化的中后期（表 6-1）。

其次，盛泽镇建设空间不断扩展，城乡界限被打破，出现传统服务中心与新型服务中心并存的现象。2015 年盛泽镇全镇户籍人口 13.3 万人，外来人口超 30 万人，这种人口构成结构必然打破传统乡村社会结构。盛泽镇的建设用地面积约 62.4km²，达到了城市规模。

盛泽镇各项发展指标判断　　　　　　　　　表6-1

判断指标	工业化初期	工业化中期	工业化后期	后工业化阶段	盛泽镇（2013年）数值	判断
工业增加值占 GDP 比重（%）	20~40	40~70	下降	—	50.9	中期
人均 GDP（美元）	300	300~1500	1500~10000	10000 以上	16500	后工业化
第三产业增加值占 GDP 比重（%）	10~25	30~60	上升	—	48.6	中期
制造业增加值占 GDP 比重（%）	5~20	20~50	50~20	下降	40.7	中期
非农人口比重（%）	10~35	35~50	上升	—	≥ 50	后期
第三产业劳动力比重（%）	8~20	20~35	上升	—	20~35	中期
农业劳动力比重（%）	80~60	32~20	20~15	10	15.3	后期

（资料来源：《盛泽镇总体规划》）

第三，盛泽镇本地居民已经从物质性城镇化的积累过程中获得充足的物质财富积累，其思想观念具有更强的包容性，开始转向对于经济利益和生活质量的双重追求。外来人口大多来自于中西部较落后地区，他们成为盛泽镇新居民，整体上具有年轻化、低学历化、蓝领化等特征，在流动过程中积累了一定的城镇化的物质和观念基础。

尽管盛泽镇城镇化积累过程中的激发因素较强，但仍然存在多方面制约因素。首先，纺织产业的独大导致实现整体转型升级的难度较大，不利于培育新的产业发展增长点。市场在小城镇功能中占据重要地位，但业态单一，交易模式传统，配套设施不健全，与其他功能区缺乏有机联系，在一定程度上成为未来小城镇功能与品质提升的制约因素。其次，在快速工业化发展过程中所累积的空间品质和环境问题所造成的制约包括：工贸基地式的小城镇发展模式中，空间扩张无序，资源环境压力较大，基础设施和公共设施滞后，难以吸引高端要素集聚；此外，大量外来人口除了带来城镇化物质积累也造成了巨大的市民化压力；更为突出的是，从小城镇功能上来说，盛泽镇的生活和服务用地规模与人口规模是比较均衡的，各项功能用地从规模上基本能够满足人口的需求，但从生活质量上来说，盛泽镇的住房品质较低，镇区的居住用地中有56%是三类居住用地，配套设施和环境质量较差，亟待更新改造提升品质。一系列物质性制约也导致本地居民对盛泽镇评价开始降低，认为其无法满足自己较高水平的消费与发展需求，因而选择迁出。

3."类增长联盟"机制：苏南模式变迁

发达型城镇的"类增长联盟"发育较为健全，构成较为复杂，运作较为有效。在发达型城镇"类增长联盟"的形成过程中，政治精英与经济精英之间的联盟较为紧密，并以实现经济发展的根本目标。

传统苏南模式阶段盛泽镇的"类增长联盟"往往由镇政府、村集体、乡镇企业构成，是一个紧密、一致性较高的联盟。随着外资的引入和房地产开发等出现，乡镇企业不断发展与转型，加之其与吴江市形成更多的联系，小城镇的"类增长联盟"出现了更多元化的成员，内部协调的难度也逐渐增加。镇政府由于其背负经济和社会发展的多重压力，向经济精英寻求解决办法成为主要策略。随着私营经济的发展，本地居民经济积累较好，投资能力较强，因而其在"类增长联盟"中的参与度较高。此外，"反增长"力量在发达小城镇也较为明显，主要原因是人们对环境和空间品质的重视。

4. 空间机制：经济驱动与规划引导的背驰

改革开放之前，盛泽古镇沿一条主要道路（舜湖路）发育起来。改革开放后至1994年，两条新的主要道路（东方路、舜新路）建设带动了沿线工业发展，尤其东方路两侧主要以工业布局为主。1994—2000 年，随着新过境道路和主要干道（S202 省道、南环路、盛泽大道等）建设，基本形成了居住商贸沿舜新路布局，工业沿路围绕城镇发展的格局。2000—2005 年，行政区划调整，坛丘、南麻并入，南环路成为小城镇东西向联系和空间扩张的主要依托，盛泽镇区与坛丘、南麻之间的空间被工业用地快速填充。2005—2013 年，随着南二环、南三环之间工业用地快速充实，小城镇基本形成了"市场居中、东部老镇区、西部新城、工业围城"的空间格局，工业用地向南环线南侧集聚的明显趋势。这一过程中盛泽镇的生活空间逐步与生产空间分离，而生产空间体现出了非常强的扩张性（图 6-6）。

事实上，盛泽镇早在 20 世纪 90 年代就已经制定了较为科学的总体规划，着力对工业用地与居住用地合力布局的引导（图 6-7、图 6-8）。但是，在实际操作过程中，经济增长仍然是盛泽镇最主要的发展目标，经济要素在盛泽镇的空间演变中占据了主导地位。在追求成本最小化的动机驱动下，工业用地沿着主要道路沿线进行扩张，并且在路网框架之间进行空间填充，因而侵占了大量环境基底较好的空间，最终导致老镇区功能混杂、土地使用低效、居住环境差等一系列问题。此外，事权与财权不匹

图 6-6　盛泽总体规划现状图（2006 年）
（图片来源：盛泽镇总体规划（2014—2030））

图6-7 盛泽镇旧城区土地使用现状图（2008年）
（图片来源：《吴江市盛泽镇旧城区综合整治规划研究》）

配等原因造成了盛泽镇镇政府按照规划配套建设公共服务设施的任务难以实现，因而建设用地结构呈现出明显的"工业优先、生活滞后"特征。工业用地占总体用地的49.88%，居住用地占比23.99%，公共服务业用地占比2.63%，商业服务业设施用地（不计丝绸市场用地）占比7.4%。

2014年盛泽镇建设用地面积约6242hm²，已经具有小城市规模，空间改造与更新的难度不断加大。由于镇政府在"类增长联盟"内并不占据绝对主导，因此尽管其提升空间品质的意愿十分强烈，但其财政力量却不足以支撑大幅度的改建。

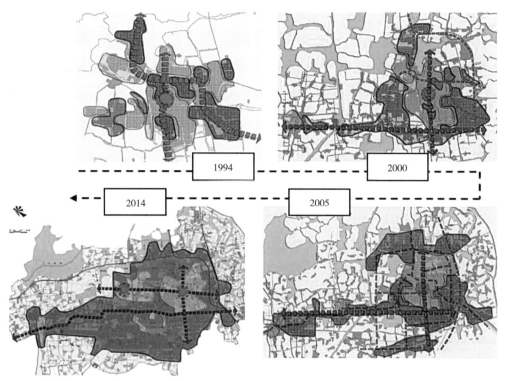

图 6-8 盛泽镇空间演化过程示意图
（图片来源：《盛泽镇总体规划（2014-2030）》）

二、快速发展型小城镇——南通市九华镇

1. 阶段性特征与基本概况

快速发展型小城镇往往不具备工业先发优势，而是通过区位优势或利用区域内资源扩散，逐步实现了从传统农业型小城镇向工业型小城镇的转变。此类小城镇一般不具有很强的产业专业化水平，本地企业发展并不占据优势，而招商引资则是实现工业化的重要途径。此处以九华镇为例，探讨其发展动力机制。

南通市如皋市九华镇位于长三角经济区的核心圈层，紧邻南通都市区、宁通高速、204 国道、沿江一级公路，如海运河穿境而过，是如皋市的南大门。九华镇区距南通机场半小时车程，距规划中的沪通城际高铁南通西站仅 20 余 km，交通便利，区位优势较为明显。九华镇经历了多次行政区划调整，2000 年以后基本形成现状空间格局。其次，2007~2014 年，九华镇经济发展迅速，经济总量不断提高，综合实力不断增强，地区生产总值年平均增长率达 20.59%，2014 年九华镇实现地区生产总值 26 亿元，在全市各镇中居于中等水平。2014 年九华镇人均地区生产总值 3.88 万元。根据钱纳里多国模型，按照不同的人均收入水平，九华镇正处于工业化中期阶段。一、二、三产比例为 12.2 ： 56.3 ： 31.5，目前处于以第二产业为主导的快速发展阶段。第一产业对全镇经济发展贡献率逐年降低；二产则对全镇经济社会发挥着绝对支撑作用。此外，2014 年，九华镇常住人口 69490 人，其中户籍人口 61934 人，暂住人口 7556 人。镇区常住人口 2.9 万人，其中户籍人口 2.5 万人，占镇区常住人口的 86.2%，外来人口 0.4 万人，占镇区常住人口的 13.8%。

2. 积累机制：快速积累与格局转变

快速发展的小城镇在城镇化积累中，激发作用已经开始占有明显优势，工业化与城镇建设达成了一定的配合。九华镇工业化的进程动力充足，工业经济成为主要的支柱产业。由于交通区位优势以及政府招商引资中的各类政策优惠，九华镇具有了较好的工业集聚发展的态势。2014 年，九华镇规模以上企业个数达到 34 个，第二产业占 GDP 的比重达 57.6%。全镇有多家企业先后荣登如皋市纳税百强企业榜，工业经济运行质量一直在全市名列前茅。工业经济的发展对于吸收周边农村剩余劳动力发挥了较为持久性的作用，外来人口具有一定的规模。二产的发展也对三产起到了明显的促动效果，2007~2014 年，新增房地产开发企业 8 家，引进商业银行 2 家、四星级酒店 2 家。镇区内餐饮业、商贸业、物流业逐渐发展起来，城镇化的积累方式逐渐从单一向综合演变。

对于快速发展的小城镇而言，城镇化积累过程中的制约作用来自于多方面。目前九华镇形成了五大产业板块，门类涵盖机械、电子、纺织、化工设备、新材料等，但均存在产业规模不大、科技含量不高、空间关联度不高等问题，尚未形成有较强竞争力和地方特色的主导产业集群，使其在产业发展过程中缺乏主动性，本镇产业转型和升级的动力不足，对于未来可持续性的城镇化积累不利。与此同时，根据人口数据计算，2014 年九华镇城镇化水平仅为 41.7%，城镇化水平滞后于工业化。镇区的人口集聚程度不高，户籍人口和人口总数都呈现出负增长的趋势。镇区对腹地农村人口城镇化的吸引力不足，本地农村人口城镇化达到瓶颈，且紧邻的长江镇港区和通州区的发展吸引了九华自身人口的外流。没有人口城镇化作为支撑，九华镇将缺乏进一步发展产业、提升城镇功能的动力，难以在激烈的竞争中突围。

3. "类增长联盟"机制：对增长空间的最大限度挖掘

在快速发展型小城镇的"类增长联盟"中，政府的主导地位较为突出。一方面，在本地经济精英的成长过程中，政府通过政策等手段对其起到了培育的作用；另一方面，政府对于经济增长目标的追求十分强烈，通过一系列手段进行招商引资，与新引进的企业形成了长久且牢固的互利关系。政府需要通过多种渠道为企业提供尽可能多的便利与优惠，以期望企业为地方财政增长作出稳定性贡献。房地产业也因其获利较快而成为政府"类增长联盟"的主要成员。由于本地房地产市场可能在较短时期内达到饱和,"类增长联盟"下一步的目标是在征地拆迁、发展工业的同时建设安置性房地产项目,以便与企业之间形成较为长效的联盟。

"类增长联盟"的经济增长目标也包括农业发展。近年来,九华镇以打造"一村一品"为着力点,将提升特色产业的规模和集约化水平作为工作的重点,建成数量众多、规模可观的农业园区,转变农业生产模式,新组建农民专业合作社、土地股份合作社、社区股份合作社。农业现代化过程中,农业与城镇化的联系性得到了加强,农业经营者作为乡村经济精英间接地被纳入小城镇的"类增长联盟"之中。

4. 空间机制:规划控制下的惯性增长

九华镇镇域内居住空间呈现出均质化的分布,"前田后屋"的传统乡村空间模式持久延续,在镇区周边也同样存在这样的现象。这种情况为社会服务设施和基础设施的配套带来很大不便,影响城乡统筹建设和发展,因此人口向镇区的适度集中是十分必要的。九华镇区的空间格局较为简单,大面积的工业用地集中分布在居住用地的外围交通干线沿线,最新规划的工业用地同样位于镇区外围交通条件较为优越的地块内。居住用地的扩张则以"填充式"为主,由高密度、城镇化的居住空间逐渐取代镇区周边低密度、乡村性的居住空间(图6-9)。服务性空间的扩张较为缓慢,传统商业中心被保留并进行了更新建设(图6-10、图6-11)。整体而言,九华镇空间生长速度较快,

图6-9 九华镇安置小区

图6-10 九华镇沿街商业

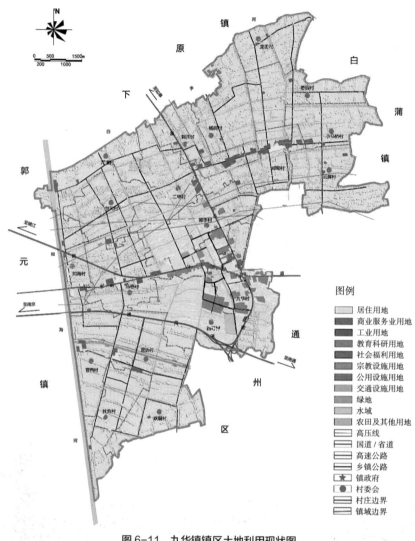

图 6-11 九华镇镇区土地利用现状图

但整体的空间格局仍然延续，经济推动力量尚未达到"门槛"阶段，城镇化的积累仍然具有较大的惯性式空间。

三、发展滞后型城镇——连云港市城头镇

1. 阶段性特征与基本概况

发展滞后城镇由于区位条件的劣势、发展机遇的丧失等原因，工业经济发展相对滞后。这类小城镇农业发展的基础良好，但在进入快速工业化之前，镇内劳动力已经大量外流，从而造成本地工业化与城镇化的动力不足、发展滞后。本节将以连云港市赣榆区的城头镇为例，进行实证研究。城头镇位于赣榆区城西 18km，有三条县道穿境

图6-12 连云港市
赣榆区城头镇区位

图6-13 城头镇现
状图

而过,近 204 国道(图 6-12)。镇域面积 117.5km²,辖 43 个行政村,2014 年户籍人口 8.8 万人。镇区及周边乡村劳动力外流的现象十分明显,据估计至少 8000 人目前处于流出状态。城头镇是传统农业大镇,人均耕地面积较大,产业结构中农业所占比重保持在 20% 以上,近年来农业产业化有一定的发展(图 6-13)。该镇工业经济发展较为滞后,规模以上工业企业数量较少,二产以食品、酿酒、铸造、建材为主,人均 GDP 约为 1.2 万元。由于赣榆区的主导产业为港口物流、海洋经济,而城头镇并不临海,因此区级产业规划将其定位为重要农业发展区。

2.积累机制:"引进式"积累

发展滞后的小城镇工业经济虽然发展滞后,但凭借建设成本低、劳动力资源丰富等优势,通过招商引资的途径仍然获得了一定的工业化积累,使得本地经济有所发展。城头镇于 2000 年开始工业园区的建设,到 2014 年,镇工业园区的产值约为 1.2 亿元,入园企业 40 家左右,主要为工业材料加工和服装制造等劳动密集型产业。目前该工业园区初步形成一定的集聚效应,也取得了一定的经济效益,并消化了部分农业剩余人口。然而,劳动力的流失是城头镇经济发展最主要的制约因素,当地轻纺产业等劳动力密集产业缺乏充足劳动力。

3."类增长联盟"机制：增长压力之下的联盟

发展滞后的大多数小城镇仍然不得不将经济增长寄希望于工业经济，当地镇政府承担着巨大的发展压力，招商引资是最重要的任务。城头镇在招商引资的过程中落后于周边小城镇，政府尽最大可能积极响应区政府发展产业的相关政策，通过建设中小产业园，提供较好的园区基础设施等。但是，由于外来企业流动性较强，通过招生引资而来的企业与政府之间的"类增长联盟"并不稳定。因此，政府在招商引资的同时也重视与本地经济精英的联合，引导本地小规模民营企业的正规化发展，鼓励回流人口在本地投资创业。当地甚至出台了招商引资奖励办法，对于村集体和经济精英参与招商引资行为进行鼓励，最大限度地利用"类增长联盟"内有限的力量。

2014年，城头镇镇区首次出现了房地产开发行为，这次房地产开发是"类增长联盟"运作的结果——在镇政府牵头下，本地建筑企业与外来投资联合开发。由于周边乡村人口积累了一定的城镇化意愿，该楼盘销售状况可观。工业化发展滞后的小城镇"类增长联盟"在成长过程中，体现出对学习发达小城镇发展方式、促进城镇化与工业化的不懈追求。

4.空间机制：乡村性延续中的空间扩张

城头镇镇区常住人口约2万人，人均建设用地面积近200m²，镇区建设用地与周边乡村建设用地连绵成片，出现大面积的"城、田、乡"一体化空间，土地利用集约度低，城镇化水平较低。该地区的人口增长长久以来均保持在较高的规模和速度，也为城镇化提供了基本的支撑。镇区的居住空间在很大程度上保持了乡村性特征，呈现较为紧凑的"一户一院"式的分布；工业用地位于镇区外侧，集中分布于园区之内，整体规模较小；商业服务业仍然沿着一横一纵两条主要对外道路分布。传统商业中心的建设水平不高，空间扩张呈现带形特征，沿交通干道的轴向生长仍然是成本最小的方向。由于工业经济主导地位仍然不够明显，城头镇空间发展过程中乡村性的复制方式仍然延续，工业用地与城镇用地之间的联系不强。

第五节　小城镇发展动力的衰退与重振

虽然我国东部地区小城镇整体发展水平相对较高，但是仍有部分发展基础较差的小城镇，对于优势资源的吸引力小，经济社会发展的动力弱，因而综合服务职能逐渐衰退，发展空间逐步被挤压，表现出发展动力的衰退，甚至衰竭。

一、小城镇衰退的潜在危机

城镇化过程中，小城镇的功能和发展空间受到双向挤压，乡村地区的要素直接被城市所吸取，而大中城市向乡村的要素流动又被小城市和县城截流。因此在区域的激烈发展竞争中，一些发展基础较差的小城镇难免发展动力出现衰退（齐立博，2019）。尤其是交通区位不便、资源条件不足、产业基础薄弱的小城镇，普遍面临着产业空心化、人口空巢化和文化落后的困境（胡小武，2018）。另外，从21世纪初国家提出"社会主义新农村"建设开始，中央政府对农村地区发展越发重视。2010年之后全国各地"美丽乡村""特色田园乡村""田园综合体"等概念层出不穷，进一步凸显了国家对乡村的关注。党的十九大提出乡村振兴战略，乡村热度持续达到顶点，而比较之下，小城镇再次"遇冷"。国家层面为何屡次"越过"小城镇来谈乡村？

现实中，小城镇确实存在"被越过"的尴尬：由于小城镇在公共服务和人居环境方面明显的劣势，农村人口纷纷选择进入县城及以上地级市，而越过小城镇。城市人口回村不进镇，大量返乡创业人群选择靠近大城市、自然环境优美、规模适宜的村庄，诸多民宿、旅游项目、创客项目往往集中在村庄而非小城镇。同样地，为了减少管理环节，当前中央及省市各级涉农资金和乡村振兴政策直接进入村庄和农户，而不经过小城镇。国家取消农业税导致传统农业小城镇财力大幅下降，资金支配能力弱。以上多种现象均反映出，当前小城镇被忽视、遗忘的困境。

外界因素限制是小城镇衰落的一个重要因素，小城镇"类增长联盟"则是另一方面问题。例如，小城镇对自身定位存在偏差，主动寻求新要素注入的过程中，对自身条件评价和定位不足，可能导致新要素与原有格局冲突，两者互相损耗。此外，"类增长联盟"对于土地财政、招商引资等特定发展手段过度依赖，造成不可持续的发展。因此"类增长联盟"内部组织以及稳定性等问题也可能是造成小城镇衰退的潜在因素。

二、小城镇发展动力的重振

当前，我国同时发生着两种城镇化进程，即集中城镇化和郊区化，核心是不同人群的空间需要。前者是农业转移人口，渴望进入城市，实现完全的市民化；后者是城市外迁人口，有特殊生活需求的人群，例如退休老年人、康养群体、艺术家群体等，他们追求更高品质的小城镇自然环境、生活方式、文化氛围等。因此未来我国真正具有发展潜力的小城镇，理应围绕这两类群体的空间需求、两股人口流动的趋势，形成小城镇发展动力的重振。

1. 就地城镇化助力区域中心镇发展

对于绝大多数出现发展动力衰退的小城镇而言，核心目标是吸引乡村人口进镇，实现就地城镇化，以及吸引外出人口回流，从异地城镇化转为就地城镇化。就地城镇化是指农村人口不向城市迁移，而是在原有的居住地，通过发展生产和增加收入，完善基础设施，发展社会事业，提高自身素质，改变生活方式，过上和城市人一样的生活。以工业发展较好、城镇农业转移劳动力较多的马鞍山博望镇为例，问卷调研发现，农业转移人口工作在城镇的意愿强于居住在城镇的意愿，后者又强于转变为城镇户籍的意愿（图6-14）。就影响因素而言，根据模型运算结果，镇区房价、家庭年收入、家庭耕地面积、未婚子女平均年龄、村庄与镇区的距离、住房面积、城镇品质等7个因素对农业转移人口的市民化意愿影响显著。对镇区房价的感受成为影响农业转移人口市民化意愿的最主要因素。另外，家庭年收入越高、家庭耕地面积越大、未婚子女的平均年龄越大、村庄距离城镇越近、农村住房面积越小、对城镇品质的感受越好，农业转移人口的市民化意愿越强（表6-2）（姜凯凯等，2015）。

基于上述研究结论，促进小城镇就地城镇化的措施包括以下三方面。

（1）做好规划引导，提升城镇建设品质

目前小城镇规划普遍存在技术力量不足、编制水平不高的问题，这在根本上限制了小城镇品质的提升。所以，提升小城镇品质要规划先行。政府可采用市场化手段引入竞争机制，提升规划的编制水平，将营建宜人的居住环境作为城镇规划的基本立足点，在功能布局、道路建设、空间尺度、建筑风格等方面要坚持小城镇特色，并保障规划有效实施，为建设高品质和富有吸引力的小城镇提供保障。另外，也要重视以下几个方面的工作：①提升教育、医疗、文化等城镇公共服务设施水平，提高对于农村居民的吸引力；②切实保护城镇的生态环境基础，并努力创造新的生态环境资源，规避"城市病"的出现，将生态环境品质视作小城镇的核心竞争力之一；③广泛搜集各

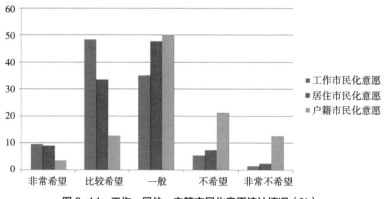

图6-14 工作、居住、户籍市民化意愿统计情况（%）

模型运行结果   表6-2

自变量	自变量系数 B	标准误差 S.E.	沃尔德值 Wald	显著性概率值 Sig.	胜算比 Exp（B）
镇区房价	0.975***	0.230	17.918	0.000	2.652
城镇品质	−0.706***	0.113	38.662	0.000	0.494
未婚子女平均年龄	0.043*	0.019	5.349	0.021	1.044
家庭年收入	0.200*	0.101	3.905	0.048	1.222
家庭耕地面积	0.174*	0.081	4.611	0.032	1.190
住房面积	−0.253**	0.096	6.914	0.009	0.776
村庄与镇区的距离	−0.094**	0.034	7.799	0.005	0.910
常数项	2.714***	0.947	8.215	0.004	15.087
整体拟合优度检验	x^2=109.378		Hosmer–Lemeshow 检验值 =8.865 n.s.		
关联强度	Cox&Snell R^2=0.286		Nagelkerke R^2=0.381		

注：* 代表 $p<0.05$；** 代表 $p<0.01$；*** 代表 $p<0.001$；n.s. 代表 $p>0.05$。

类民间文化资源，打造小城镇的文化特色，组织多样的文化活动丰富居民生活，提升居民的文化享有水平和地方归属感。

（2）降低市民化经济门槛

城镇化是一项长期、复杂、综合的系统工程，城镇政府在充分调研的基础上应该首先引导一部分进镇意愿较强的人口实现市民化。正如上述研究得出的结论，家庭收入较高、家庭耕地面积较大、家庭中未婚子女年龄较大、农村住房面积较小的家庭会表现出较强的市民化意愿，城镇政府可以通过一定的激励措施引导这部分人口率先实现市民化，既可以提升城镇的市民化水平，也可以起到示范作用，激发其他农业转移人口的市民化意愿。值得关注的是，调查结果表明高房价对市民化的阻碍作用在小城镇同样存在。小城镇政府要采取多元手段改革现有的城镇开发模式和住房供给体制，调控住房价格，保持城镇发展、住房价格和收入水平三者的协调。

（3）完善制度保障体系

农民出于自身利益考虑并不希望、也不愿意放弃农村户籍，而是想维持"工作在城镇，居住在农村"的"两栖"模式。这种模式与传统乡镇企业发展时期"离土不离乡，进厂不进城"的模式具有异曲同工之处。但是，发达地区（如苏南地区）的发展经验已经证明这种模式发展到一定阶段会暴露出种种弊端。所以，本书认为工业基础比较好的小城镇要高瞻远瞩，坚定不移地走新型城镇化道路，理顺城乡关系，处理好户籍、社会保障和农村土地之间的关系，制定符合地方实际的市民化政策，提高农业转移人口转变为城镇户籍的积极性。

2. 郊区化重振城市近郊小城镇发展

霍华德针对18世纪英国工业革命带来的城市问题提出了一个兼有城市和乡村优点的理想城市模型，希望通过在大城市周围设置一系列规模较小的城市来解决大城市的拥挤和卫生问题。莱奇沃思、韦林就是田园城市理念的典型代表城市。在田园城市的影响下，众多理论和实践积极探索，延伸了大城市周边地区作为城市问题解决方式的发展模式。英国新城运动中的职住平衡、"产城一体"理念，使新城在疏解大城市人口的同时，为当地居民提供足够的就业，以保证新城的发展与活力。自霍华德提出田园城市理念以后，近郊小镇作为解决城市问题和探索城市发展模式的一种空间手段和规划措施，已经在全世界尤其是西方国家进行了从理论到实践的诸多探索。这一类理论与实践大多是通过规划、产业、交通等城市要素扩散到与中心城市距离相近的小城镇，在解决大城市病的同时，也促成了近郊小镇的发展。距离优势使得近郊小城镇吸引着城市功能、产业和人口的扩散，为此类地区提供源源不断的发展动力。这一类型的小城镇应利用自身区位优势和大都市的外溢效益，吸引城市人口回流，重塑小城镇品质，提升空间竞争力。

城市居民因向往乡村田园生活，从城市搬迁到乡村地区，将乡村空间与乡村生活在人文意义上放大成为一种符号与象征，实现个人对于乡村生活的体验与消费。但是，对比欧洲小城镇，我国小城镇现状的环境品质、服务设施水平、人口素质与发展观念、城镇管理等各个方面仍有十分明显的差距，实现小城镇的品质提升依然任重道远。我国小城镇从粗放走向精致，必须重视生态环境保护，提供高水平的服务设施，保护历史文化遗产，培养自身独特魅力以吸引高素质的人口居住。

三、衰竭型小城镇走向精明收缩

快速工业化和城镇化导致乡镇人口大量流失，大量乡镇出现了衰落，成为"空心镇"。面对这种情况，城镇人居空间要"精明拓展"，农村人居空间要"精明收缩"（赵民，游猎，陈晨，2015）。过去，地方政府通过集中精力高水平打造若干个中心镇，真正发挥中心镇的增长极功能。在多轮轰轰烈烈的城镇体系规划过程中，一部分小城镇发展基础较强，获得了功能提升，成为中心镇，而另一部分发展潜能较弱的小城镇则陆续被撤并，降级为村庄或社区，呈现出收缩的趋势。这类小城镇更多表现出地乡村化的特征，产业功能、经济活力、公共服务职能均开始下降，人口规模持续下降。例如，2000年苏州市就开始启动乡镇撤并改革，经过五轮的调整，从101个减少为53个。其中，吴江区所辖乡镇由原先的23个撤并到8个，太仓市小城镇从12个减少为7个，现如今只保留了6个小城镇（表6-3）。被撤并后的小城镇呈现出衰落、稳定、繁荣三种发

苏州市各区县历年小城镇数量（个） 表6-3

	区县市	2000年	2003年	2006年	2009年	2012年	2017年
市区	沧浪区	0	0	0	0	0	0
	平江区	0	0	0	0	0	0
	金阊	0	0	1	0	0	0
	吴中区	—	13	7	7	7	7
	相城区	—	10	4	4	4	4
	高新区、虎丘区	4	5	3	3	2	2
	工业园区	5	4	3	3	0	0
常熟市		24	12	10	10	8	8
张家港市		20	8	8	8	8	8
昆山市		15	10	10	10	10	10
吴江市		21	10	9	9	8	8
太仓市		12	7	7	7	6	6
合计		101	87	59	61	53	53

注：2002年虎丘区与新区调整为新的高新区、虎丘区，2000年数据为两区小城镇数目之和；2000年吴县市还未拆分为相城区、吴中区，辖29个镇，合计数据中已包含此29个镇。吴江于2012年撤市设区。

展态势，一部分融入城区的小城镇发展速度加快，核心资源得到开发，进一步融入区域发展；而另一部分被撤并的小城镇则行政管理难度加大，镇区人气下降，资源利用减少（盛成，黄明华，王爱，2012；王雨村等，2017）。从整个县市的角度来看，撤并小城镇无疑是为了人口与资源的更快集中，以乡村地区的精明收缩换取城市的有机增长。针对被撤并镇而言，在中心镇区人口逐渐减少的情况下，放慢空间扩张、做精产业、做实设施配置是精明收缩的基本思路。

学者王雨村等（2017）提出苏南乡村的精明收缩思路，强调以功能优化和空间集聚为手段来实现地区活力提升的过程，以"更少的人、更少的建筑、更少的土地利用"来应对地区土地和人口实质性减少的现实。被撤并小城镇同样适用于乡村精明收缩的思路——以"适度集中、渐进发展"的发展理念取代原先苏南地区"三集中"政策，或"一刀切"式的收缩模式。而是强调坚持土地集约、弹性规划、公众参与和保护耕地等发展原则，摆脱传统空间规划"就空间论空间"的发展弊端，将人口、产业等发展融入生活、生产空间的研究中，推动乡村居住集中的适度化、工业集聚的高效化及农业产业的规模化，最终实现在乡村人口与空间同步收缩的基础上保持乡村活力的目标。

第六节　本章结论

在对小城镇发展动力机制的研究中，通过对各种发展情景与现象的观察和归纳，经济要素或者说"增长"仍然是现阶段中国东部地区小城镇发展的最主要动力，并且经济要素不断渗透到社会、文化、空间、政府治理等过程中，使得小城镇发展整个过程的"经济性"特征十分突出。这种情况一方面促进小城镇逐渐出现发展为中小城市的趋势，但另一方面也可能过度追求经济目标而忽视生态、社会、文化等方面协调发展，重复上演大城市发展过程中的各种问题和弊病。此外，过分强调城镇化的规模积累，可能丧失小城镇本身具有的"田园城市"的优势。正如前文所述，经济发展的阶段性以及城乡网络体系资源分配结构的现状使得小城镇的发展累积了过多的负担和压力，使小城镇与"梦想"和"美丽"渐行渐远。

当然，小城镇发展不需要也绝不可能摒弃所有来自于城市和工业化的扩散，小城镇所要追求的自我表达的能力也并不意味着对"承上启下"基本功能的割断。实现更好的发展始终都是小城镇建设的根本出发点，但在审视过各种类型的小城镇及其发展动力机制之后，我们需要更加辩证地看待发展本身，更加谨慎地对待当前的成就和困境。具体而言，小城镇发展中应该加强对于制约因素的重视，一方面为了更好地推进发展，另一方面也是对于社会文化和空间建设中被经济性逐渐掩盖了的社会性、文化性以及空间品质等的重新重视。在新型城镇化及全面转型发展的大背景下，小城镇发展的目标应该是自我发展能力不断增强，自我形象不断立体，成为城乡关系网络上精致且充满活力的纽带。

第七章
实施性规划引领精准扶贫：
福清市一都镇跨越发展模式研究

第一节　一都跨越发展的现实和困境

一、一都镇的发展现状

1.交通区位有优势，但发展水平低

一都镇地处海峡西部城市群中部，福州市南部，属福清市管辖。其西南与莆田市新县镇接壤，西北毗连福州市永泰县，北通福州市闽侯县，东与镜洋、东张两镇相邻，位于三市交界处（图7-1）。一都镇距离福州市主城区40km，距离福清市主城区17km，均在这二者的2h交通圈范围内（图7-2）。

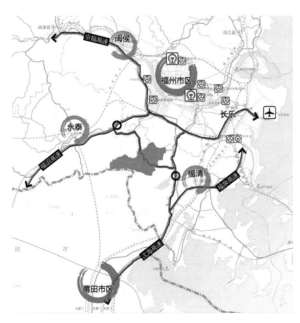

图7-1　一都镇区位分析

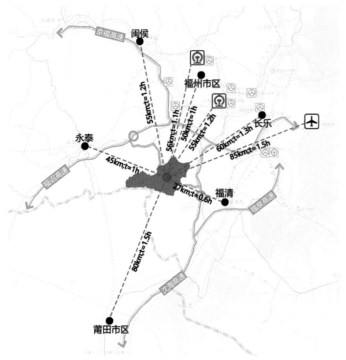

图7-2　一都镇与周边城市距离
及通勤时间概况图

　　一都镇所在的福清市常年位居全国百强县之列，县域经济整体发展水平较高。然而，一都镇经济发展水平较低。2016年一都镇财政总收入406.40万元，在全市17个乡镇中列最后一位，仅有江阴镇财政收入的1/120（图7-3）。同年，一都镇农户总收入为51728.66元，其中有50%的农户收入在35000元以下。人均收入均值为11776.67元，其中有50%的农户人均收入在7500元以下。从人均收入水平看，远低于福清市农村居民人均可支配收入（19230元），仅相当于福建省2012年农民人均收入水平（11374.4

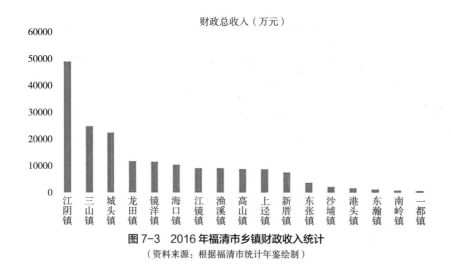

图7-3　2016年福清市乡镇财政收入统计
（资料来源：根据福清市统计年鉴绘制）

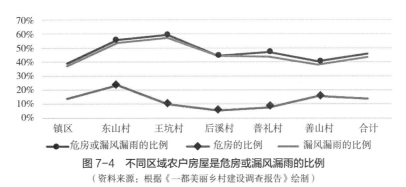

图7-4 不同区域农户房屋是危房或漏风漏雨的比例

（资料来源：根据《一都美丽乡村建设调查报告》绘制）

元）（《美丽乡村建设调查报告》）。农民收入低下以及政府财税渠道狭窄导致农户居住生活环境、基础设施建设的落后（图7-4），进一步加剧了贫困的发生。

2. 旅游资源有特色，但开发程度低

目前一都镇初步形成了"一点三线"旅游空间格局，包括镇区旅游配套服务点、环东关寨人文古迹旅游线路、后溪生态旅游线路以及普礼红色旅游线路（图7-5）。①镇区旅游配套服务点尚处于规划阶段，重点发展以风土民情为依托，以吃农家菜、干农家活为主题的农家乐项目。同时完善万利亭休闲山庄配套设施，辐射带动镇区周边状元厝、协济庙、张百万厝等历史人文古迹开发。启动一都村状元峰登山公园第二期建设，并结合罗汉红色旅游，积极打造"红莲"文化教育基地。②环东关寨人文古迹旅游线路处于修整阶段，目前重点推进东寨寨内部修缮及修建环东关寨景区建设。后溪生态旅游线路处于部分投入使用阶段。重点推进"东方第一漂"配套设施建设，同时推进后溪河道景观改造、温泉度假村等项目。③普礼红色旅游线路处于开发阶段，

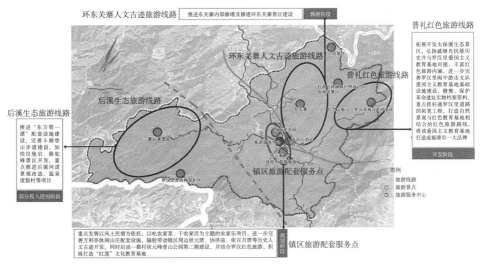

图7-5 一都镇旅游发展现状图

重点拓展开发太保溪生态景区，弘扬戚继光抗倭历史并与罗汉里爱国主义教育基地对接，丰富红色旅游内涵。进一步完善罗汉里闽中游击支队爱国主义教育基地基础设施建设，修整、保护革命遗址实物档案资料，重点抓好通罗汉里道路的拓宽工程，打造自然景观与红色教育基地相结合的红色旅游路线，将该爱国主义教育基地打造成福清市一大品牌。

然而，一都镇乡村旅游仍处于自发发展状态，缺乏合理规划指引，未形成完整的产业结构、产业链，难以满足不同层次的市场需求。经营服务的低端化也降低了一都乡村旅游的吸引力，以农家乐、餐饮、瓜果采摘、漂流项目为主，而乡村度假、乡村养生、乡村运动、乡村会所等新兴业态项目较少。一都镇现有乡村旅游市场分散、规模狭小，乡村旅游产品单一，产品开发深度不够，结构不健全，对乡村经济发展贡献偏小。

同时，在传统旅游业发展方面，一都面临来自周边其他区域的竞争。对以大福州都市圈为基础的周边县市竞合关系的分析发现，一都镇与其周边旅游区旅游资源同质化比较严重。在总体资源方面，一都镇与青云山同属戴云山脉东北延伸部，直线距离约23km，旅游资源相似；在特色产品方面，莆田枇杷与连城地瓜干驰名中外。此外，一都镇基础设施不够完善，旅游资源主题提炼不鲜明，影响了一都镇旅游总体形象的市场推广。与周边发展较为成熟的旅游区相比，一都镇尚未形成完整的旅游产品体系，旅游市场规模较小，在争夺客源的过程中缺乏竞争优势，发展传统旅游业压力较大。

3. 空间规划的引导性、实施性不强

为响应国家新农村社区建设号召，一都镇于2012年编制完成镇总体规划，同时完成行政区下各行政村村庄规划，两类规划均为《城乡规划法》所确定的法定规划，规划视角均为增量空间建设规划，内容以乡村住区更新、合村并组为主。在规划引导下，一都镇在基础设施建设、房屋质量等方面得到一定改善，但同时也导致楼房风格趋同、农民"被上楼"等现象，一都镇传统村落的历史风貌格局遭到不同程度的破坏。2012年，党的十八大报告明确提出"生态文明"和"美丽中国"等理念，随后江苏、浙江等地开展美丽乡村规划建设的热潮。在此背景下，一都镇东山村、普礼村和王坑村于2016年开始编制美丽乡村规划，乡村生态建设、乡村美化与空间品质提升等得到一定重视。但规划内容仍以物质空间规划为主，注重"蓝图式"表达，产业引导、项目策划等市场引导方向缺失，远远达不到扶贫开发目的。

此外，虽然在《福清市城乡空间发展战略规划研究》等上位规划中将一都镇定位为生态旅游小镇，对其提出了重点发展旅游业等要求，但是在一都镇总体规划及各村村庄规划中并未作出重点回应。针对后溪村丰富的旅游资源，一都镇分别于2014年、2015年编制《福清市后溪生态旅游区总体规划》和《福清一都温泉森林人家总体规划》，

规划对区域内各项旅游资源进行调查分析与详细规划，但景区、景点缺乏项目策划，同时规划多采用封闭性景区详细规划的模式，未能考虑后溪村实际发展需求，社区与景区发展缺乏协调，更没有将景区建设与开发纳入一都镇未来整体发展体系。

目前一都镇各类空间规划编制情况大致如表 7-1。

一都镇各类规划一览表   表7-1

编号	规划名称	规划类型	规划性质
1	《一都镇土地利用总体规划》（2006—2020）	土地利用总体规划	法定规划
2	《福清市一都镇总体规划》（2012—2030）	镇总体规划	法定规划
3	《福清市一都镇东山村村庄规划》（2012—2030）	村庄规划	法定规划
4	《福清市一都镇后溪村村庄规划》（2012—2030）	村庄规划	法定规划
5	《福清市一都镇普礼村村庄规划》（2012—2030）	村庄规划	法定规划
6	《福清市一都镇善山村村庄规划》（2012—2030）	村庄规划	法定规划
7	《福清市一都镇王坑村村庄规划》（2012—2030）	村庄规划	法定规划
8	《福清市后溪生态旅游区总体规划》	景区规划	非法定规划
9	《福清一都温泉森林人家总体规划》	景区规划	非法定规划
10	《福清市一都镇东山村美丽乡村与幸福家园工程规划设计》	美丽乡村规划	非法定规划
11	《福清市一都镇普礼村美丽乡村规划设计》	美丽乡村规划	非法定规划
12	《福清市一都镇王坑村美丽乡村规划设计》	美丽乡村规划	非法定规划

二、一都镇发展面临的困境

1. 服务配套不健全，基础支撑不足

一都镇主要对外交通为县道 X175，为连接永泰县与福清市的主要交通。一都镇内部交通依托 X175 县道，呈叶脉状在谷间分布，串联各村（图 7-6）。因地形限制，大部分乡道路况不佳，存在断头、衔接不畅和道路过窄的情况。总体交通设施现状如下：①镇区西北部有一客运站，主要用于停放公交车辆，由于公交车辆少，客运站使用率低。②目前一都镇只有 1 条公交线，连接福清市区和一都镇。公交班次为一天两班，公交车型为小型巴士，因此公共交通运量有限，镇区未设立公交站牌，即停即下。一都镇交通服务水平尚不能满足区域内部基本生活生产需求，更无法支撑未来的旅游发展。需进一步加强交通体系的梳理，加强对外交通联系。

一都镇公共服务设施配备匮乏，严重制约了镇域统筹发展和城镇化的快速推进。目前，全镇没有独立的消防队，消防工作只能以预防为主，缺乏抵抗地质灾害等生命线安全基础设施；一都镇的文化、医疗设施无法满足人们的需求，各村镇虽配有文化活动场

图 7-6　一都镇综合交通现状图

所，但缺少配套的文化设施；镇上医护人员配备少，医疗设备条件差，但村民求助度高；一都镇的教育设施不够规范，中、小学教学资源基本可满足目前需要，但部分学校用地小，学生活动场所不足；镇内农村幼儿园还很缺乏，且办学不规范。一都镇雨水、污水等基础设施仍不成系统，给镇域可持续发展及人们的生活带来极大的不便。

2. 产业结构不合理，产业支撑薄弱

一都镇农业种植种类单一，农民增收渠道狭窄。种植业占农户全年纯收入的比重较大，其中又以枇杷种植为主。近年来，随着人力成本上升，枇杷收益有所下降。单一结构也导致农户自身的经济抗风险能力极为脆弱。而且，一都镇农户收获的枇杷基本是按初级农产品进行销售，镇上仅有一些简单加工。如枇杷膏、枇杷酒等产品也只是家庭小作坊生产，产品都是"三无产品"，品质和卫生都不能得到有效保证。因此一都镇当地农产品附加值很低，缺乏增收空间和市场竞争力，农户无法通过提高农产品的产量获得更高的回报。长期以来受到生态环境保护的限制，一都镇的工业基础几乎为零，仅有 6 个农民合作组织，但都存在规模小、资金不足、缺乏有效运营管理的问题。因此农民参与合作社的积极性不足，无法从根本上促进村民的增产增收。

3. 劳动力严重匮乏，发展后劲堪忧

一都镇的人口总数约为 11400 余人，在福清 17 个乡镇中排名倒数第二，区划面积位列第二，相对表现出地广人稀的特点。一都镇青壮年劳动力流失严重，根据《一都美丽乡村建设调查报告》分析，一都镇外出人口约占 26%，常住人口约占 74%。外出人口多集中于 24~44 岁年龄段，留守村庄的多为已年过半百的老人或未成年的幼童，人口老龄化、村落空心化特征明显。在人口金字塔图中，不同年龄所对应的人口数量

呈现"中间少，两头大"的结构（图 7-7）。2016 年一都镇的老龄化率为 19.04%，少年抚养比为 0.36，老少比为 0.88，均远超国际标准。这一现象造成一都镇经济发展后续动力不足，人口流失和经济发展落后之间的恶性循环。此外，一都镇常住人口的教育程度极低，除正在上学的人口外，初中及以下学历者占比为 83.79%，较低的人口素质进一步限制了本地生产率的提高（表 7-2）。

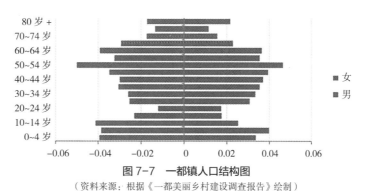

图 7-7 一都镇人口结构图

（资料来源：根据《一都美丽乡村建设调查报告》绘制）

常住生产者的教育结构   表7-2

教育程度	人数（人）	比例（%）
未上学	993	26.40
小学	1175	31.23
初中	984	26.16
普通高中	268	7.12
职高	113	3.00
技校	52	1.38
大专	79	2.10
本科	94	2.50
硕士	3	0.08
博士	1	0.03
合计	3762	100.00

（资料来源：根据《一都美丽乡村建设调查报告》整理）

第二节 一都镇跨越发展的机遇和支撑

一、外部机遇

1. 精准扶贫政策为一都发展扫清障碍

2013 年习近平总书记到湖南湘西考察时，首次提出"精准扶贫"理念。"精准扶贫"

在一般扶贫概念基础上，更加强调扶贫目标的针对性与明确性，更加强调扶贫资源或措施的有效施策与落实。国家文化和旅游部在 2018 年印发了《关于进一步做好当前旅游扶贫工作的通知》（以下简称《通知》），要求各地尽快制定 2018 年旅游扶贫工作要点，压实责任、精准发力，坚决打好新时代精准脱贫攻坚战。《通知》在指导思想部分提出了 8 个"注重"："注重目标对象精准，注重科学规划引领，注重机制体制建设，注重工作举措创新，注重社会力量参与，注重激发内生动力，注重工作作风建设，注重责任监督落实，进一步提高旅游脱贫质量和成效。"

2016 年福清市推出了精准扶贫政策，坚持推进生态文明建设，规划了西北部生态旅游发展区，一都镇是其中的重要组成部分。生态旅游发展区的定位是西北部生态经济发展区，建设美丽玉融生态"后花园"；核心功能在于"着力生态保育，积极发展以旅游、休闲观光农业、特色种植业"（图 7-8）。这一政策为一都镇带来了新的历史性发展机遇，指引一都镇的发展方向，为其发展提供了有力的政策支撑。

2. 旅游发展为一都镇城镇化创造条件

我国旅游发展进入一个爆发性增长阶段，给后发小城镇带来了新机遇。学者陈鹏提出了旅游及其关联产业为主导动力的新型城镇化模式，认为旅游与新型城镇化之间存在着健康的互映关系，即旅游催生新的城镇空间，新的城镇彰显旅游特色与服务功

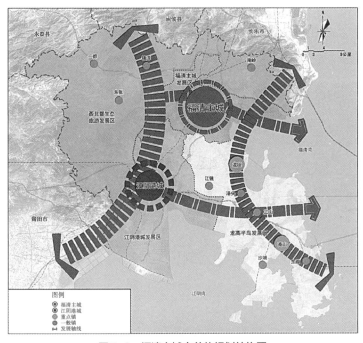

图 7-8　福清市城市总体规划结构图

（资料来源：福清市城市总体规划（2014—2030））

能，反过来又能进一步促进旅游业快速发展。旅游消费需求的增长是小城镇突破传统工业化道路，走绿色可持续发展的难得机遇。

城市居民多样化的空间需求为后发型生态特色小镇带来了新兴动力。随着全民旅游时代的到来，消费成为一种生活方式，休闲旅游潜力无穷。并且休闲旅游模式正在发生着深刻的转型，从景区旅游转向全域旅游，旅游行为方式从游客观光旅游转向全民休闲旅游，旅游消费模式从异地长途旅游转向在地生活旅游，旅游发展方式从封闭的旅游自循环，转向开放的"旅游+"融合发展。抓住休闲旅游兴起和发展的重要机遇，顺应休闲旅游的转型变化，改变单一旅游形态，是一都镇实现经济发展的最大动力。

二、内在优势

1. 丰富的自然资源和深厚的文化底蕴

一都镇山林广袤，风光秀丽，旅游资源丰富（表7-3）。一都镇国土总面积108hm^2，是福清市国土面积第二大镇。其中山地面积有15万多亩，耕地面积8100亩，山地特色明显，素有"九山半水半分田"之称。一都镇域内主要山峰共有45座，群岚中奇峰异石形态万千，亦真亦幻。其次，一都镇传统文化内涵丰富，历史文化底蕴厚重，拥有包括省级文物保护单位东关寨在内的众多文物古迹。镇内分布有许多宋、元、明、清时期的古建筑、古寺庙、古民居、古桥，古街小巷纵横交错，历史风貌保存较为完整。同时，在一都，地上地下文化遗存丰富，寺庙、古塔、石窟、陵墓、石刻、雕塑、壁画遍布全境；佛教、道教、儒教遗址随处可见，文化积淀深厚。

一都镇旅游资源列表 表7-3

主类	亚类	基本类型	主要内容
A 地文景观	AA 综合自然旅游地	AAA 山丘型旅游地	亥字峰、蹴鳌山、龙鳌山、凤山
		AAE 奇异自然现象	骆驼峰、汉堡岩、石门坑、酒壶洞、树抱石、亥字峰、神盔、金瓜石、斗湖
	AB 积与构造		天门山、雁湖山、石门坑、古崖山尾
	AC 地质地貌过程形迹	ACA 凸峰	石门坑、亥字峰、雁湖山、蹴鳌山
		ACB 独峰	
		ACC 峰丛	
		ACD 石（土）林	石门坑、雁湖山、骆驼峰
		ACE 奇特与象形山石	亥字峰、神盔、金瓜石、骆驼峰
		ACF 岩壁与岩缝	汉堡岩、石门坑、金瓜石
		ACL 岩石洞与岩穴	酒壶洞、普礼谷

续表

主类	亚类	基本类型	主要内容
B 水域风光		BA 河段	龙屿十八溪、莒溪
		BB 瀑布	白练瀑、酒仙坛瀑布、普礼瀑布、后溪瀑布
	BC 泉	BDB 温泉	后溪温泉
		BD 天然湖泊与池沼	斗湖、万利水库、雁湖、龟湖、鹅湖、荷池
C 生物景观	CA 树木	CAA 林地	枇杷种植基地、竹林
		CAC 独树	红豆杉、桫椤、古榕
	CB 草原与草地	CBB 疏林草地	斗湖草甸
	CD 野生动物栖息地	CDA 水生动物栖息地	龙屿十八溪、莒溪（青蛙、泥鳅等）
		CDB 陆地动物栖息地	亥字峰、古崖山尾、天门山（野鸡、野猪、野山羊、竹鼠、穿山甲等）
		CDC 鸟类栖息地	亥字峰、古崖山尾、天门山（喜鹊、画眉、黄莺、山雀、斑鸠、鹧鸪等）
		CDD 蝶类栖息	龙屿十八溪、莒溪（枯叶蝶、蜻蜓等）
D 天象与气候景观	DB 天气与气候现象	DBA 云雾多发区	天门山、斗湖、亥字峰、东关寨等地
		FB 单体活动场馆	双福寺、显济庙、上林寺、罗汉寺、上生寺、安福境
		FC 景观建筑与附属型建筑	欧阳修石刻、后溪十八踏、仙篆、太保摩崖
		FD 居住地与社区	罗汉里根据地、状元府遗址、张百万府宅、东关寨、旧寨、龙屿古街、大招古街、三宝庄、保二头古民居、罗汉自然村、畲族村落等大厝古寨
		FE 归葬地	直显谟阁黄公定墓、学士林公泉生墓
	FF 交通建筑	FFE 栈道	唐宋古驿道、大招桥、古廊桥、龙屿石碥桥、创岭铺
G 旅游商品	GA 地方旅游商品	GAA 菜品饮食	融都枇杷、王坑地瓜干、地瓜烧、美垅脐橙、东关寨青红酒、后溪笋干、后溪红菇汤、状元套餐、普礼蜂蜜、状元鱼丸、光饼夹、紫菜饼、鼠曲粿、善山枇杷膏、太平蛋、米时等
		GAB 农林畜产品及制品	
		GAC 水产品及制品	娃娃鱼养殖
		GAE 传统手工产品与工艺品	畲族竹编工艺
H 人文活动	HA 人事记录	HAA 人物	黄定、黄归年、"革命老妈妈"连大妹
		HAB 事件	仙村传说、东关寨历史、罗汉里游击队事迹等
	HB 艺术	HBB 文学艺术作品	盘诗乐
		HC 民间习俗	踏火节、畲族歌会、"会亲节"、三月三"乌饭节"、"祭茶节"

2. 零污染、多样性丰富的生态基底

一都镇四面环山，所在地域属戴云山脉东向支脉，多为低山丘陵，全镇有生态林6万亩，森林覆盖率达到了86.5%，林木蓄积量达30万 m³，拥有植物物种500多种。其中拥有大面积国家一级保护植物红豆杉、桫椤等，百年古榕独木成林，枇杷、青梅、柑橘、橄榄等人工培植的水果漫山遍野，更有罕见的斗湖山顶万亩草原。总之一都镇与镜洋、东张共同组成福清西北部生态旅游发展区，是福清市重要的生态板块，也是福清市天然的后花园。

3. 农业基础较好，农产品品牌效应初显

农业是一都镇最重要的产业。其中，枇杷是一都镇最主要的农产品，全镇66%的农户种植枇杷。另外，种植薯类、稻谷、蔬菜，养殖鸡、鸭的农户均占到所有农户的11%左右（图7-9）。在农产品种植销售过程中，一都镇各村因地制宜，形成了小有成效的品牌效应。一都村盛产枇杷、青梅、柿子，是福州市名优水果示范基地，特别是"融都枇杷"名扬全国。善山村的枇杷被省政府评为"名优农产品"，被农业部评为"绿色和无公害食品"。王坑村的地瓜历史悠久，远销海内外，并注册了"一都王坑地瓜干"品牌。东山村着力开发种植林水果，成立有昊田生态农业观光有限公司，并注册了"东关寨青红酒"品牌商标。

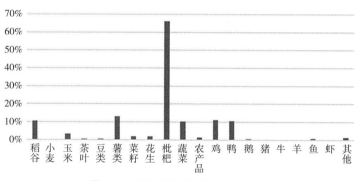

图7-9 农户种植/养殖农产品的比例

第三节 "旅游精准扶贫"：一都镇跨越发展的规划路径

一、"旅游精准扶贫"的理念和思路

不同于发达地区相对完备的基础资料，一都镇现状基础资料十分欠缺。因此，本研究项目启动后，南京大学社会学院和建筑与城市规划学院课题组（以下统称"课题组"）组织30余人进行了近一个月的驻地深入的社会调查，通过挨家挨户的走访、访

图 7-10　现场调研图片

谈和座谈，摸透了一都镇贫困现状、原因以及如何脱贫的潜力和条件，为后续精准规划提供了有力支撑（图 7-10）。

1. 全过程与全尺度的规划指导

课题组将镇—村—点全域统筹兼顾，旅游规划与城市规划统筹协调，形成"1 张蓝图 +6 大发展片区 +25 个项目区 + 若干个具体景点"的全域全局规划，和"总体规划 + 项目策划 + 活动策划 + 行动路径"的全过程规划模式。规划不仅围绕一都镇如何突围和转型开展了宏观战略研究，还从中观层面设置了乡村发展与镇村体系、交通网络体系、旅游产品体系、产业融合发展指引、公共服务体系和旅游标示体等七大支撑体系，同时还针对具体项目开展了详细规划设计。

课题组在规划编制过程中，首先以空间项目为导向，分别编制覆盖全域七大板块的项目策划与空间规划。其次是以行动计划为导向，从近期行动计划、微易行动与社会动员、龙屿溪环境整治与生态景观提升工程、运营保障与精准扶贫、宣传营销模式建议、投资匡算、行动总路线与项目库等七个方面进行规划，为一都镇旅游发展与乡村复兴提供切实可操作的抓手。

2. 精准识别体系与社区扶贫模式

一都镇长期受困于城乡二元结构束缚，缺少发展所需要的资本、政策、人才等机会。旅游业因具有较高的乘数效应，可以给贫困乡村带来更多的发展机会与从业选择，同时能够改善乡村生活环境和基础设施建设。结合一都镇的自身潜质和外部条件，旅游扶贫是一都镇实现跨越发展比较可行的方式。

本项目旅游精准扶贫的规划思路，主要包括精准识别体系构建与社区扶贫模式选择，进而在此基础上进行功能业态选择与项目空间系构建（图 7-11）。其中，精准识别体系包括开发条件分析与识别、扶贫对象识别、扶贫项目选择与层级体。在精准识别体系基础上，根据识别"项目"性质与"社区"现状，选择适合社区发展的旅游扶贫模式，并给予社区参与路径指引。

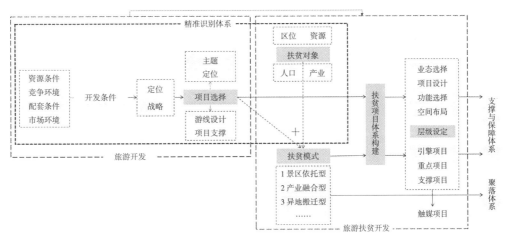

图 7-11 "旅游精准扶贫"的规划思路

二、一都镇跨越发展的目标

课题组结合一都镇真正的优势——净土、醉氧等生态资源、山水资源和深厚的历史文化底蕴，制定了"差异化+特色化+品质化"的发展模式，并且这也是发挥一都镇后发优势的唯一出路。规划充分整合了一都镇当地的生态本底和山水景观资源，融入地方特色历史文化，坚持特色先行，发挥后发优势，提出将一都打造成为"中国首个山地慢城，福建省首个休闲特色小镇"的目标。在开发过程中，强调生态韧性理念，运用低冲击的方法，尽可能保留当地悠闲安乐的生活方式，从悠久的历史文化中挖掘当地的侠客精神，成就名副其实的"逸"都。

规划结合一都镇"山地慢城，天下逸都"的发展定位，将其市场定位按地理空间划分为四个部分：一是重点市场，以一都镇为核心辐射闽中地区（以高速公路为代表的自驾车时间 1h 距离以内）；二是拓展市场，以福清为核心辐射厦门、泉州等福建省沿海城市；三是机会市场，包括长三角、珠三角、京津冀、晋豫鲁等国内其他地区；四是以日韩、东南亚为主要代表的入境客源市场。

一都镇根据目标客源的价值取向，结合自身的产品性质，发展符合市场需求的主题旅游产品来开拓相应的目标市场，包括：为满足本地居民日常休闲需求而开发的周末家庭休闲旅游市场、为自驾露营爱好群体短假休闲而发展的自驾车旅游市场、为以乡村旅游为目的的人群设定的乡村生态旅游市场以及开发了以温泉康养度假、山地生态运动、修学旅游、武侠动漫爱好和新婚情侣为主题的旅游市场。

规划中采用类比法定性分析，结合引力模型和口粒子模型对一都未来旅游人口进行分析，预计近期到 2020 年，一都年接待旅游人数将达到 70 万人次，远期到 2025 年，一都年接待旅游人数将达到 380 万人次。

三、一都镇跨越发展的战略路径

1. 对外——巧借东风，后发先至

一都镇旅游业起步较晚，旅游市场基础薄弱，而其周边存在发展较为成熟的景区。因此一都镇在发展旅游业的过程中，应积极利用周边区域资源，依托福清市以及周边城市和乡村的发展，同时立足一都镇已有的自然及人文景观，南延北扩，对接福清市西部旅游整体规划和永泰旅游资源，吸纳福清、福州周边成熟景区的游客外溢(图7-12)。

2. 对内——全域景观塑造+精致空间生产

（1）从"独立景区开发"转向"全域景观塑造"

未来旅游业发展更注重"综合旅游消费"带动，旅游发展逐渐从人次、总消费量的单一指标评价走向人次、过夜率、停留时间、人均消费、重复旅游次数等多重指标评价，因此，"独立景区开发"模式的旅游业发展将逐渐"力不从心"，全域性的、联动性的旅游发展将成为重点。这种新模式将具有三个优势：一是打破景区与景区之外的二元对立结构，盘活、整合有形空间资源与无形历史资源，将原有的独立的大景区建设变为全域性的、全方位的旅游开发，使全域资源变全域景观；二是打造全时域的休闲旅游体验——春夏秋冬、早中晚，在不同的时间、季节都能形成优质休闲景观氛围，解决目前景区景点存在的冷热不均、淡旺季明显等问题；三是满足"全主体"的需求，确立"促使全民参与"的发展思路，使得旅游业的发展从"政府指导，投资商明白，从业者服从"拓展到"全民皆知旅游发展特色，全民改变服务思路，全民都可

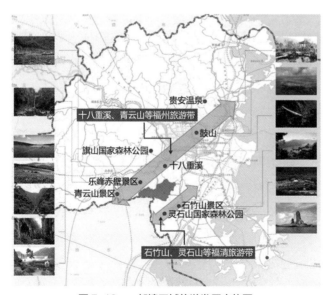

图7-12 一都镇区域旅游发展态势图

（资料来源：《一都镇旅游发展暨乡村复兴规划》）

作'导游'"。通过全民发展真正将本地特色与本地文化做活、做生动，提升游客的体验感与参与感。在满足游客多元化需求的同时也改善了本地居民的居住体验。

（2）从"粗放低效开发"转向"精致空间生产"

一是旅游融入生活，参与互动型发展。旅游模式从观光游转向休闲度假、深度游，为游客塑造全方位的旅游体验，营造出短期"回家"的感觉。二是资源"一对一"梳理+量身定制，基因提炼+特色先行，精确定位、精确规划，打造个性化的产品。根据目标客源的价值取向与一都产品性质，发展符合市场需求的主题旅游产品，保持景观与当地环境的融合，保证每处景观各具特色，满足不同主体个性化的需求。三是产品链延伸，深度挖掘，最大限度地发挥效应，即以"旅游+"的思路去发展旅游。一方面，将旅游发展与产业发展结合起来，通过产业内核丰富"旅游消费"的内容，提升旅游的核心竞争力，挖掘旅游的附加值，带动本地区"多元产业"的发展；另一方面，通过旅游业的宣传、推广作用，提升地区品牌和产业环境，辅助产业招商。

四、一都镇跨越发展的重点策略

1. 建构多类型、立体化的产业项目库

一都镇地域广阔，单个项目辐射与带动的能力有限，必须使各个项目紧密关联，才能实现一都镇旅游资源的资本化、旅游效益的最大化和最广化。本规划充分挖掘各类、各级资源，尝试构建多层级项目体系，最终形成引擎项目、重点项目和支撑项目相互连接的层级体系（图7-13）。其中，各引擎项目间通过道路交通及集散中心产生联系，建立引擎项目间的辐射联系通道。然后，根据引擎项目主题划定功能区，功能区内包括重点项目与支撑项目。重点项目和支撑项目通过绿道与引擎项目建立连接，由引擎项目诱导发展，同时在功能片区间形成良好的联动，最终实现一都镇全域旅游发展。

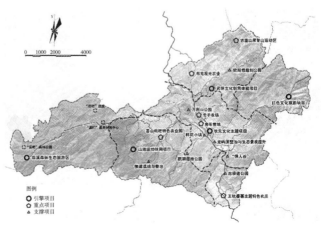

图7-13 一都镇项目总体布局图

（1）引擎类项目选择

①状元文化主题项目

围绕"状元黄定"历史文化资源，以状元府、龙屿老街为中心，依托状元峰、状元公园、龙屿溪等山水生态资源，整治、更新与利用历史街巷、建筑空间，紧扣状元主题，打造"爱拼才会赢"的地方特色状元文化，通过状元文化元素的植入，活化物质空间和非物质产品，产生"文化+"效应，重点吸引学生、家长等社会群体。

②后溪森林生态旅游区

后溪项目区位于一都镇生态旅游资源最为丰富、最为密集的地区，并且具有一定旅游发展基础。目前依托项目区温泉、斗湖、汉堡岩等自然生态资源优势，树抱石、土匪寨遗址、清代梯田等优质景观资源，以及现有漂流产业基础。规划以生态旅游为导向，以休闲娱乐为吸引，以养生度假为核心，融入地方文化，打造成集自然山水观光、漂流娱乐休闲、温泉康体养生功能于一体的省内著名、全国知名的生态旅游区，并最终实现其国家4A旅游景区、福州市著名旅游景区的最高目标。

③武侠文化创意体验项目

项目区主要依托东关寨历史建筑，根据5个大厝（古寨）建筑现状及利用状况，将东关寨、旧寨、下宅、垅下、三宝庄5个自然村打造成为武侠文化体验区。项目融入主题元素，提炼武侠文化要素——侠、儒、女、醉、佛，使之各具鲜明特点，同时又彼此联系，风格整体统一，形成一个整体性、组合式的武侠休闲旅游产品。同时将田野风光、艺术村、大昭寺等资源整合成为武侠文化创意区，利用自然风光与艺术创作空间吸引艺术家以及游客。

④山地运动休闲项目

依托一都镇山地特色，围绕山地景观、崎岖山路、枇杷园林、古厝古木，设计养生越野体验环，串联善山枇杷农业园与森林探险基地、山地自行车主题乐园、丛林游乐园等山地运动项目，适时举办越野骑行、登山步行、自行车赛事、山地马拉松等赛事活动。

⑤红色文化旅游项目

普礼罗汉自然村是闽中特委第一支游击队的根据地，村中的双福寺是游击队的司令部，将"文物旅游"转变为以红色年代生活体验为核心的"文化旅游"，形成以情境化为基础的参与式、体验式旅游模式。规划以山水自然特色为背景，以罗汉里根据地红色文化为主线，结合罗汉里村民俗文化和原始生态文化，将本旅游区建设成为集观光、纪念、休闲、教育、探险等功能为一体的主题型红色文化旅游区，使其成为闽中地区红色文化旗帜、福清市爱国主义教育基地。

（2）重点类项目选择

重点项目主要依托三、四级资源，形成农旅类、民宿类等项目，包括善山枇杷特色农业园、王坑番薯主题特色农庄、房车营地、布宅观光农业、"古家乐"系列民宿、古崖山尾登山运动区、欧阳修题刻公园、亲子农场等8个项目。村民掌握主要生产资料，能够直接带动社区或村民参与。

（3）支撑类项目选择

支撑项目主要依托二、三级资源，挖掘与利用一都镇小微资源，促进景村融合发展，提升乡村空间品质与环境建设。包括鲜花小镇、"情人谷"、古驿道公园、慢道选线与整治、龙屿溪整治与生态景观提升、万利山公园、鹅湖湿地公园、文化厝垾与微田园建设等。

（4）项目实施的触媒选择

根据一都现状旅游发展基础与市场环境，东关寨目前已经完成整体重新修缮改造，需要功能补入与业态策划，故选择武侠文化创意体验项目作为引擎项目中的触媒，吹起一都整体旅游发展的号角。枇杷产业是一都镇特色产业，具有良好的产业基础与市场基础，目前已经实现一定程度上的内生发展，选择善山枇杷特色农业园作为重点项目的触媒。另外，龙屿溪流经一都镇大部分村落，是一都镇对外展示客厅，也是一都山地特色中重要景观符号。古驿道已经成为一都村民与当地政府的文化自信与文化符号。所以选择龙屿溪整治与生态景观提升工程和古驿道公园建设为引擎项目中的触媒。

2. 制定"项目＋社区"精准选择的扶贫模式

以一都镇各行政村为研究对象，分析各行政村收入状况、生产经营状况、资源状况，并对所属自然村进行人口与地理定位分析（表7-4、图7-14）。

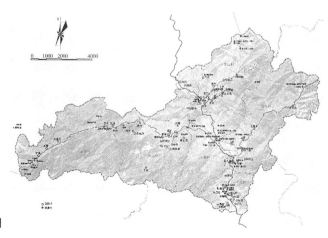

图7-14 一都镇社区及资源分布图

一都镇社区现状一览表　　　　　　　　表7-4

行政村（人）	下属自然村（人）	收入状况（元/年）	生产经营状况	资源
镇区（3057）		人均农业收入中位数4000；人均经营性收入均值2167；人均工资性收入中位数4000；人均收入中位数8333	土地流转率0.48；常住生产者1295	状元厝、张百万宅、五楼厝、旗杆厝、下里洋张厝等古厝民居、协济庙、状元墓、龙屿石磴桥、宋代古街
东山村（2438）18个自然村	塔艎后（100）、大招（108）、洋尾岩（196）、下洋（104）、观音洋（121）、龙门（101）、黄垅（112）、坑斗（68）、三宝庄（109）、东关寨（85）、垅下（104）、下宅（92）、旧寨（124）、长城厝（425）、里坪（112）、布宅（243）、内洪（137）、外洪（97）	人均农业收入中位数3450；人均经营性收入均值1261；人均工资性收入中位数4000；人均收入中位数7750	土地流转率0.14；常住生产者598	东关寨、旧寨、三宝庄等大厝民居、欧阳修题刻"遗照台"和"三生石"、大招古街、古桥、古庙、雁湖景区、"东关寨青红酒"、生态农业观光
普礼村（2094）7个自然村	新山厝（272）、普礼厝（350）、保二头（556）、下林（239）、上云（153）、罗汉（262）、王厝底（262）	人均农业收入中位数3333；人均经营性收入均值1070；人均工资性收入中位数3750；人均收入中位数8000	土地流转率0.63；常住生产者588	罗汉里革命根据地、"十里画廊"、保二头民居、普礼厝、古榕树、普礼瀑布
后溪村（436）7个自然村	岭寺（64）、庄厝（86）、莒溪（31）、庄店（75）、火烧仑（84）、尾厝（30）、过溪（66）	人均农业收入中位数2000；人均经营性收入均值308；人均工资性收入中位数2000；人均收入中位数4375	土地流转率0.00；常住生产者147	漂流景区、森林公园（古驿道、汉堡岩、斗湖、瀑布等）、温泉
善山村（1747）15个自然村	万利（221）、后满（71）、亭山顶（123）、蔡林底（98）、蔡林（90）、松山（41）、牛斜（39）、新村底（145）、底斜（101）、山尾厝（146）、新厝（102）、桐籽头（101）、丹凤洋（41）、田万（51）、桥头（377）	人均农业收入中位数5450；人均经营性收入均值132；人均工资性收入中位数3333；人均收入中位数8000	土地流转率1.00；常住生产者705	"融都枇杷"、仙村传说
王坑村（1574）12个自然村	路边厝（150）、林厝（194）、新厝（185）、山尾（107）、西岭（123）、后厝（124）、旧厝（224）、尚里（80）、芦民（61）、坝口（130）、坞坪（126）、南湖（70）	人均农业收入中位数1143；人均经营性收入均值338；人均工资性收入中位数2500；人均收入中位数4850	土地流转率0.81；常住生产者419	"古廊桥"遗址、母子榕、"梅岩"古崖刻、枇杷、地瓜干

（资料来源：根据《一都美丽乡村建设调查报告》等整理）

通过分析得出，①王坑村、后溪村经济收入状况明显低于其他村落，并且从地理区位及人口数量来看，两村处于一都镇的边缘位置，极易在旅游发展上处于被动局面。为了避免在今后旅游发展中继续呈现该局面，需要根据两村状况，通过规划等手段，

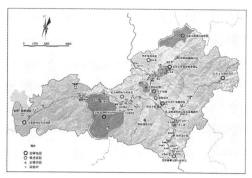

图7-15 一都镇社区与项目布局叠合分析图

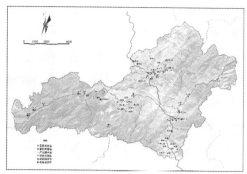

图7-16 一都镇社区扶贫模式分类

赋予两村足够的旅游发展参与机会。②善山村虽然旅游资源条件相对缺乏，但农业基础较好，人均农业收入及土地流转率均居一都镇第一位，并且已经具备"融都枇杷"等品牌效应，适合走"旅游＋农业"的发展路径，促进农业产业升级，带动周边社区参与。③普礼村、东山村具备丰富的文化、自然资源，且东关寨、罗汉里革命根据地具备一定市场吸引力，可以此类项目带动发展。④一都村人口规模大、资源丰富、经济基础条件较好，适合打造文旅特色小镇。⑤后溪村旅游资源丰富，具有可观的市场竞争力，适合以此带动一都整体发展。

规划围绕一都旅游发展总体定位，统筹考虑各村落资源特色、地理空间、发展潜力，并对各村旅游发展进行差异化分工，明确各村核心发展思路和产品发展导向，最终形成一都全域旅游空间发展合力。根据项目识别结果与层级系统构建，叠合社区（自然村）的地理分布图（图7-15）。最后根据项目类别，选择确定适合不同行政村的一都镇社区旅游扶贫模式及实施路径（图7-16）。通过旅游扶贫模式选择，一都镇各自然村均明确了自身发展定位，以及自身参与旅游扶贫的路径。此外通过与扶贫项目建立联系，一都镇实现乡村聚落体系的重新梳理与组合。最后，在实践过程中，每种扶贫模式并不是独立实施，社区与项目关系也不是固定不变。一方面，多种模式要相互融合，复合发展，社区通过多维参与路径实现脱贫致富；另一方面，要依据扶贫工作中产生的具体问题，对社区扶贫模式作出适时调整与修正，从而实现从扶贫到致富的可持续发展。

3. 设计空间功能业态与微易行动计划

（1）空间功能业态

基于一都镇6个村的资源条件与特色差异，打造"山地慢城体验核心区、山地慢生活休闲观光区、武侠文化创意体验区、红色文化旅游区和番薯特色休闲农业区"5个特色鲜明的功能板块（图7-17）。并且规划在全域有机组织24个功能区和多个具体景点（图7-18）。在每一个功能板块中，均明确了主题概念策划、项目业态策划、空

图 7-17　一都镇五大功能板块

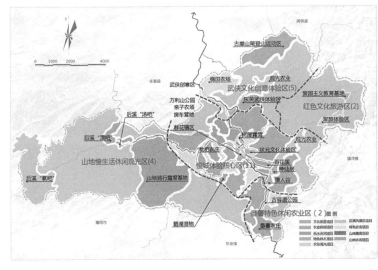

图 7-18　一都镇 24 个功能区

间布局设计、建筑设计指引。例如东山板块，规划充分挖掘和利用东关寨这一历史文化资源，确立了"精彩且经典的穿越式武侠文化创意区"主题，并定制设计"东关群侠传"这一武侠故事，将虚拟的武侠世界转化为真实的旅游和空间产品。

（2）微易行动计划

乡村旅游开发与旅游扶贫要重视社区与群众的主观能动性，在引擎项目与重点项目招商引进之前，依靠社区力量，在政府与村集体带领下，尊重乡村本土特色与地方生态优势，主动完成部分支撑类项目的整治与修缮。

①整治提升镇区、村落、田野等生态环境

"干净是美丽乡村的底色"，重点治理脏、乱、差等环境问题，制定整治措施，完善基础设施配套建设，为新社区提供一个舒适宜人的居住环境。

②村庄出入口景观提升

整治村庄出入口处景观，彰显地方特色，利用当地乡土特质的原材料，使入口空间设计更好地彰显地方特色，体现乡土气息（图7-19）。主要通过绿化景观和标识牌设计强化门户标识性。

③文化厝埕与微田园

规划选择公共场所作为"文化厝埕"主要场地，突出当地特色，用活文化资源，定期举办文化活动，丰富乡村生活娱乐，带动村民旅游参与的积极性。此外，充分利用民居前庭后院和村落其他可利用空间，根据地方气候条件等种植瓜果蔬菜，形成小规模、生态化的微田园改造，展现乡村田园风光和建筑景观风貌（图7-20）。

④道路与绿道整治提升

旅游经济的发展必须要具备客流的快速进入，规划通过方案比选，对一都与外部的交通联系作进一步优化，保留原规划福州外郊高速环，东接沈海高速，西连福永高速，同时改造升级原175县道，修建区域主干路横六线与175县道交接。

此外，整治提升内部道路与交通系统，加强项目与社区之间的交通联系。加强镇区旅游集散中心至四周各散点旅游区的旅游专线网络，重点提升X175（王坑村—镇区—东山村段）与一都镇后溪段道路，并进行局部线路改造，主要建立起镇区集散

图7-19 村庄入口整治提升示意图
（资料来源：《福清市一都镇旅游发展暨乡村复兴规划》）

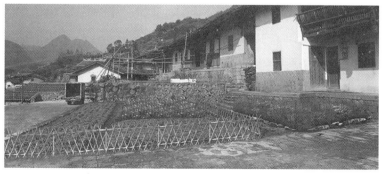

图7-20 微田园整治示意图
（资料来源：《福清市一都镇旅游发展暨乡村复兴规划》）

中心与后溪森林生态旅游区和山地运动休闲项目的连接。整治美化东山村—古崖山尾、一都镇—罗汉里两段次要道路，重点连接武侠文化创意体验项目与红色文化旅游区两大引擎项目。此外，各级项目都需预备一定的停车场地以满足游客停车需求，同时结合市场、商店、饭店及农家院落等配备一定的停车位，停车场规模以及停车方式应视具体的景区而定，旅游旺季时可通过临时停车场、路边停车位等途径予以解决（图7-21）。另外，规划提出通过慢道系统的建立，串联各个吸引力区域，为绿色健康的出行方式创造条件，使一都真正成为一座适合慢行、享受慢行的小镇（图7-22）。

⑤龙屿溪整治与生态景观提升

龙屿溪是一都镇主要水系与"母亲溪"，是一都镇主要展示窗口与客厅。采纳浙江河长制经验，划分龙屿溪各段负责主体与负责人，整治河流水系卫生与环境，并制定相应整治措施，处理好滨水景观与行洪空间的矛盾，进行水域功能划分与项目植入，再造与活化滨水空间与功能（图7-23、图7-24）。

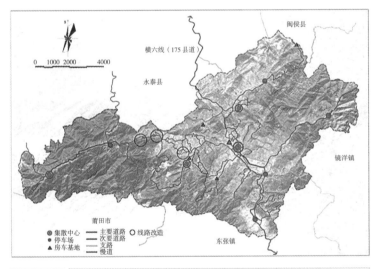

图7-21　一都镇交通系统规划图

（资料来源：《福清市一都镇旅游发展暨乡村复兴规划》）

图7-22　一都镇慢道选线示意图

（资料来源：《福清市一都镇旅游发展暨乡村复兴规划》）

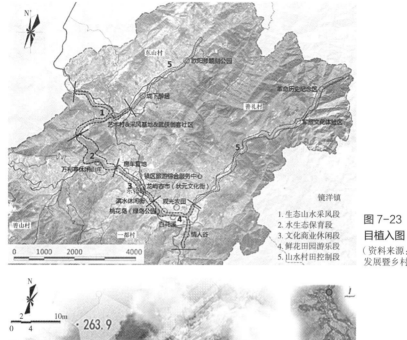

图 7-23　水域功能划分与项目植入图
（资料来源：《福清市一都镇旅游发展暨乡村复兴规划》）

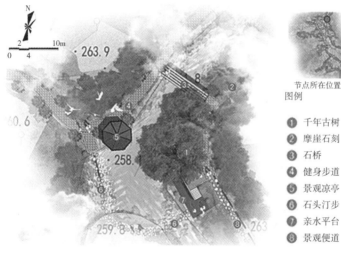

节点所在位置图例

❶ 千年古树
❷ 摩崖石刻
❸ 石桥
❹ 健身步道
❺ 景观凉亭
❻ 石头汀步
❼ 亲水平台
❽ 景观便道

图 7-24　滨水空间节点设计
（资料来源：《福清市一都镇旅游发展暨乡村复兴规划》）

4. 系统完善市场运营等支撑保障机制

（1）运营组织模式

1）近期——扶贫社区"前台"模式

①模式机制

该模式适用于开发经营农户和农村集体控制能力较强的资源，如特色农林生产门类、农家乐/民宿等。由农户或农村集体经济组织直接从事各类乡村旅游接待服务经营活动。地方政府将相关专项财政资金连同一部分税款，以精准扶贫和转移支付专项补贴的形式，反哺农户和农村集体。农户或农村集体经济组织获得全部经营收入，并依法纳税；精准扶贫专项补贴解决人际公平问题；转移支付专项补贴用以改善公共设施，并向因旅游开发而发展受限的农户倾斜。

②"前台"模式下的"专业合作社"组织形式

在一都镇政府引导下，在农村家庭承包经营基础上，以农村集体为单位，由同类乡村旅游产品和服务的生产经营者自愿联合、共同成立、民主管理、互助发展专业合作社。如一都古家乐民宿合作社、枇杷休闲农业合作社、手工艺合作社等乡村旅游相关专业合作社。专业合作社以其成员为主要服务对象，提供乡村旅游相关资源的保护利用、相关设备工具的购买共享、各类人力资源的统筹调配、各类产品和服务的联合营销与促销，以及与乡村旅游开发经营有关的技术、信息等服务。

2）中期——扶贫社区"后台"模式

①模式机制

该模式适用于开发经营农户和集体投入能力不强的项目，如旅游景区、度假设施、农业基地等。由专业企业组织经营活动，农户和农村集体在其中就业。地方政府向企业征税，将其一部分连同相关专项财政资金，以精准扶贫和转移支付专项补贴的形式，反哺农户和农村集体。农户或农村集体经济组织获得工资收入及来自企业的农地、宅基地、居所等资产租金。精准扶贫和转移支付专项补贴解决人际公平问题和改善公共设施。

②"后台"模式下的"企业+农户"组织形式

该模式应用于一都镇尚未形成产业化规模的生产门类，以及资金投入需求较大的自然和文化资源，由一都镇政府引导，各种所有制企业投入资金、技术、品牌和市场资源，当地农民以土地等要素入股，共同发展乡村旅游。村民以土地承包经营权入股，获取收益分红，并通过在企业中就业获得工资收入，还可获取房屋租金和其他经营性收入。企业负责总体经营，包括建筑设施建设、旅游吸引物开发、市场营销活动、日常事务管理等。

③"后台"模式下的"企业+合作社"组织形式

当一都镇已经形成一定产业化规模的农林业生产门类，并且农村集体具备一定自然文化资源开发经营能力时，由福清市政府引导，各种所有制企业和农村专业合作社各自投入优势资源，合理划分管理权和分红比例，签署正式合约。专业合作社负责统筹组织农业生产、旅游产品和服务供应、旅游资源和景观环境维护、日常生产秩序维护等。外来企业负责投入资金、技术、品牌和市场资源，针对专业合作社生产的初始产品和服务，输出质量管控标准，并进行高水平、持续性包装营销，不断开拓市场渠道，令这些产品和服务实现更高市场价值。

3）远期——脱贫社区"平台"模式

该模式适用于农户和农村集体已经具备一定发展能力和经验，且对核心旅游资源控制力较强的情况，即一都镇已经通过乡村旅游发展实现脱贫，开始更大规模和更高质量发展的阶段。由社区居民、政府、投资企业共同建立所有权企业，负责对土地、资源、资金等的监管和对经营收益的分配。所有权企业可下设"社区基金"，在社区会议的监督下，统筹管理和分配社区所得股权收益，除向社区成员分红外，还可用于基础设施、教育培训、养老保障等方面。村民除通过"社区基金"获得分红和其他收益外，还可通过在经营权公司参股及就业，获得更多收入渠道。

（2）乡村土地资源保障

①政府适度引导，进行有限干预

按照法律、政策，要突出"农民自主"，坚持政府"有限干预"，引导土地流转和农民专业合作社的正态发展。一都镇政府应该在"利益均衡"的原则之下，协调好自身与开发商、农民等各利益主体之间的关系。土地流转之后，根据土地收益，建立有效的利益分配机制，提升政府和旅游投资企业的公信力。

②建立用地评估标准，保障流转规范

乡村旅游用地评估标准应当建立在以土地作为旅游资源的价值基础之上。除了实行价格申报、公示制度外，还有必要建立最低保护价、评估价格确认制度。与此同时，要及时进行动态调整，对流转后集体建设用地的利用作规范化管理。

③引导闲置房有序流转和资本有序"下乡"

一是流转流程的引导。首先由村集体经济合作社统一收购闲置房，农民在获得一次性补偿之后，资源永久放弃宅基地使用权；然后由承租人和村集体协商租赁价格和租期，并签订房屋租赁合同。二是对承租人的要求。第一类是具有根植性的人群，如因就学、创业、参军等在外就业的人群和曾经在本村常住过的城市知识青年；第二类是城市中产阶层，如机关离休干部、国家公务员、社会知名人士、央企或者上市公司中层以上人员等。

（3）农户参与机制

①参与决策咨询机制

充分尊重乡村村民的主人地位，充分调动村民的主观性与能动性。让其广泛参与到一都旅游扶贫的各项决策之中，成为名副其实的决策主体，参与乡村旅游发展中的重大决策制定以及解决旅游发展中各种问题，其中包括旅游扶贫规划编制全过程的参与，广泛吸纳村民的意见和建议。

②参与旅游经营机制

参与旅游经营是农户参与机制的核心，也是实现参与利益分享的前提。经济参与主要包括两种方式：一是以企业员工的身份参与乡村旅游的经营接待活动；二是直接以经营者的身份参与经营吃、住、行、游、购、娱等乡村旅游项目。鼓励有条件的农户以经营者的身份直接参与旅游经营接待，行业协会及地方政府应对开展旅游经营的农户予以积极的指导与帮扶，提升其参与经营能力。

③参与利益分配机制

参与旅游利益分配是农户参与机制的最终落脚点，也是考量旅游扶贫成效的重要指标。在利益分配方面，首先应该明确地方政府的公共服务角色，不得从事旅游经营活动，与民争利；其次，在引进外部旅游企业投资时，需要严格规定企业应尽的社会责任和义务，严禁企业的过度开发行为，明确乡村居民的利益。

④参与教育培训机制

由地方政府与当地村委等建立长效的旅游扶贫培训机制，因地制宜、灵活多样地进行旅游扶贫培训，实现培训主体的全覆盖。将旅游扶贫工作作为一种常态，持续推进，提升一都镇的乡村旅游发展水平。

第四节　规划实施与成效

由于一都镇旅游发展与乡村复兴规划是对一都精准扶贫的量身定制，其针对性、精准性、可操作性特征得到了福清市、一都镇当地政府和村民的一致好评，也得到了曹德旺先生的积极肯定。在制定《福清市一都镇旅游发展暨乡村复兴规划》的过程中，相关人员自2016年8月现场踏勘开始，不断与当地居民、政府进行交流，前后踏勘调研与汇报交流近十余次，旅游开发和居民参与情况初见成效，触媒类项目已经开始落实。

一、引擎项目开始启动

通过开展东关寨乡村文化旅游节活动，进一步擦亮东关寨这张历史文化名片，加速推进旅游产业引领乡村振兴的进程，打造一都乡村文化旅游新亮点和新的经济增长点，助推全域旅游发展。2018年3月10日，首届东关寨乡村文化旅游节以"畅游传奇古寨，乐享山地慢城"为主题，分为旅游推介区、茶艺古琴区、民俗物件展览区、逸都美食区等9个区全面开展（图7-25）。其主要目的就是更好、更快地对外推介招商，实现一都旅游市场化，提升整体竞争力。

二、重点项目逐步展开

围绕一都特色枇杷产品，福州市农业局、福清市人民政府在2019年4月顺利

图 7-25 首届东关寨乡村文化
旅节
（资料来源："慢城一都"微信公众号）

图 7-26 2019 第二届福州（福
清）枇杷节宣传海报
（资料来源："慢城一都"微信公众号）

图 7-27 龙屿古街——"福清美
食街"开街前后对比
（资料来源："慢城一都"微信公众号）

主办 2019 第二届福州（福清）枇杷节。本届枇杷节以"一都枇杷行·东关宴天下"为主题，设置了 1 个主会场和 6 个分会场，并结合摄影展、枇杷宴、慢谷徒步行、枇杷集市美食等，实现了枇杷一、二、三产业的相互融合。新浪网、腾讯网、福州日报、今日头条等国内各大新闻媒体也都进行了跟踪报道（图 7-26）。此外，依托龙屿古街，融入一都美食文化，"福清美食街"文化美食大道开街（图 7-27）。其中包括：①品牌区，携手枇杷企业、合作社，展出富含文化底蕴的枇杷王市集；②精品区，推出枇杷茶、枇杷酒、枇杷膏、枇杷蜜、枇杷果酱、枇杷露等主题产品；③美食区，集齐福清当地美食等。

三、支撑项目全面铺展

在政府干部与社区志愿者带领下开展龙屿溪"万人巡河清障活动"，志愿者们用实际行动整治河流卫生与环境，恢复龙屿溪整体生态，重点整治局部溪段，基本实

图 7-28　支撑项目实施行动

现河畅、水清、岸绿、景美的生态新景象（图 7-28）。在后溪村，村集体组织发动居民进行村庄美化与整治，如运用当地材料与存量建材进行景观桥搭建，利用屋前宅后空地进行微田园改造等。普礼村、东山村进行美丽乡村建设，重点依托丰富景观历史资源，进行美化与微设计改造，成功入选福建省第二批省级传统村落。王坑村集体自发进行古驿道路线开垦、整治、修建、美化，已经成为村民公共活动与娱乐主要场所。

第八章
精致规划引领产业转型：
常州市礼嘉镇转型发展模式研究

苏南"村村点火、户户冒烟"的工业化以及相伴随的城镇化模式，造成了建设用地碎片化、镇村界线模糊、城镇化水平低等一系列问题。经过多轮转型与提升，一些明星镇、特色镇已成功突围，但绝大多数一般小城镇仍面临着如何蜕变的难题。礼嘉镇就是苏南地区一般工业小城镇的典型：在苏南经济活跃的常州板块中，它的特色并不突出，这种"平凡"代表了苏南模式中大量一般工业小城镇，及其发展所面临的共性问题。因此，在苏南地区已经跨入后工业化、后城镇化时代的背景下，以礼嘉镇为案例进行深度剖析，对大量一般小城镇转型发展具有借鉴意义。

第一节 困惑：曾经的工业强镇"风光不再"

一、区位交通的"两面性"博弈

1. 优越区位引发的疑问

礼嘉镇位于中国最具经济活力的长江三角洲中部，隶属于常州市武进区（图8-1）。礼嘉镇全镇总面积58.23km²，2015年末总人口8.78万人，其中本地户籍人口4.86万人，外来人口3.92万人。礼嘉镇辖3个社区（礼嘉、坂上、政平）、14个行政村、454个村民小组，是由原坂上镇、礼嘉镇和前黄镇管辖的政平居委会及部分村委会合并而成（图8-2）。

从宏观区位看，礼嘉镇处在一个生长的大都市区内，未来发展充满弹性。它位于长三角城市区域网络中部，又是武进区东南翼、常（州）武（进）都市区的重要组成部分。长三角城市群镇处于都市化提升阶段，其中苏南地区的现代化是尤为显著的趋势，常

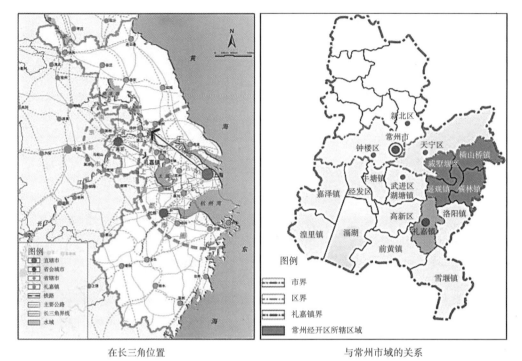

在长三角位置　　　　　　　　　　　　　与常州市域的关系

图 8-1　礼嘉镇区位条件

图 8-2　礼嘉镇行政区划

武都市区正面临整合提升和适度扩张的时机，礼嘉镇理应获益于这种稳健的发展形势。从微观区位看，礼嘉镇位于常州市武进区湖塘中心城区东南侧，东北与常州经济开发区隔河相望，向东、东北分别毗邻武进区的两个明星镇——洛阳镇（全国千强镇）和雪堰镇（常州市 9 个中心镇之一），向西南毗连前黄镇，向西与武进国家级高新技术开发区、湖塘中心城区接壤。从交通条件看，礼嘉镇坐拥锡溧漕河、常澄高速、232 省道、武进大道、青洋路水陆立体交通，距武进城区仅需 15min 车程，到常州主城区仅需半小时车程，区域联系便捷。尽管礼嘉镇具备了优越的发展土壤——紧挨中心城区、国家级高新区等重大战略平台，且交通便捷，但是礼嘉长期以来的综合实力一直处于武进区的第三梯队，并且还面临着进一步下滑的趋势，这又是为什么？

2. 都市区边缘的"灯下黑"

常州武进区的小城镇发展水平可以分为三个梯队，第一梯队是武进城区（高新区、湖塘镇），第二梯队是武进城区、常州城区接壤镇（遥观镇、横山桥镇、邹区镇、郑陆镇、牛塘镇、横林镇、洛阳镇），第三梯队是其他单独发展的镇。然而，夹在中间的礼嘉镇是个例外。礼嘉的经济总量、资源条件等方面都算不上足够有特色，因此在《常州市城市总体规划（2011—2020）》中，礼嘉被确定为一般镇，成为全市总体规划图纸上"被忽略"的部分。与武进区其他镇相比，礼嘉镇GDP总量长期以来处在中等偏后的位置，增长率排名在倒数三位之内（图8-3、图8-4）。

因此判断，礼嘉镇实际上处在大都市的阴影区，出现了所谓的"灯下黑"现象。作出这一判断的理由有三。第一，以常州中心城区、武进中心城区构成的常武都市区正处在扩张阶段，需要从周边腹地吸收大量资源要素以支撑其发展。这个阶段都市化的极化效应明显大于溢出效应，尽管礼嘉处于常武都市区的影响范围，但是承担了资源被袭夺的结果。第二，礼嘉离武进中心城区过近，通勤距离不到10km，通勤时间在20min以内，从空间尺度上看恰好处于极化作用最大的位置。第三，礼嘉镇本身的

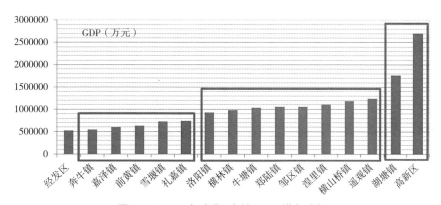

图 8-3　2013 年武进区各镇 GDP 横向对比

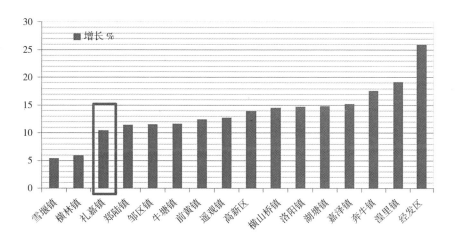

图 8-4　2013 年武进区各镇 GDP 增长率横向对比

规模比较小，难以形成对抗极化效应的"反磁力"中心。

所以，对于正处在集聚发展阶段的常武都市区而言，由于受到袭夺引力的作用，周边地域的社会经济要素表现出强烈的向心集聚特征，各种发展要素越过与中心城市邻近的小城镇，直接进入中心城市，使得小城镇尽管看起来有区位优势，但实际上却处于"灯下黑"的状态。这样的结果不仅制约了小城镇的发展和提升，更加削弱了小城镇的发展动力。

3. 大区域交通流中的"过道"

在礼嘉镇域范围内，常合高速、武南路、武进大道、南环线等区域性骨架交通横贯东西，232省道、青洋路贯穿南北。这种几乎成网的区域交通线路看似极大地改善了礼嘉的对外交通联系，然而事实上，礼嘉镇承担的多是区域与中心城区交通联系的"过道"功能。一方面礼嘉缺少吸引各种要素流的平台，人流、物流和经济流很少在礼嘉发生交换；另一方面，这些区域交通的"过道"使得礼嘉镇域空间被零散分割，造成了镇域空间沿不同"过道"发展的板块分割现象。

二、产业发展的"后劲"堪忧

快速工业化是苏南小城镇在全国取得率先发展的最主要路径，礼嘉镇也不例外。然而在逐步进入后工业化、后城镇化阶段后，礼嘉镇产业发展的持续动力明显不足。

1. 立镇之本的工业发展受限

礼嘉镇具有很好的工业基础，它的主要产业门类包括农机动力、制冷器材、轻工塑料、电子电器。礼嘉还是国内制冷器材和箱包包装面料的最大生产基地，并且形成了雨具制造和游艇制造两个特色产业。礼嘉镇各个产业门类均包含数量众多的、不同发展层级的大小企业（图8-5）。2015年礼嘉镇共有1585家工业法人企业，总产值过亿元的企业共有14家，利税总额超过1000万元的工业企业共15家。其中，常发集团、百兴集团和丰润集团都是各自行业的龙头企业（图8-6）。

2015年礼嘉镇实现GDP83.6亿元，同比增长仅为1.9%。各项经济指标在武进全区排名均处于中等或偏下位置，但工业总产值的排名相对靠前，且高于GDP排位（第九）（图8-7）。另外，从科研项目数量、经费和高新技术产业投资额来看，礼嘉镇处于中游水平，高于多数GDP、工业产值处于同一梯队的乡镇（图8-8）。

2. 强镇之源的服务业水平偏低

与武进全区相比，礼嘉镇服务业增加值绝对量仍然处于相对较低的水平。2015年礼嘉镇完成服务业投入6.51亿元，服务业增加值31亿元，重点服务业收入1.03亿元（图8-9）。一方面，礼嘉镇的服务业主要以生活性服务业为主，大多服务于外来人口及本地居民的日常消费需求，商业平均规模较小，沿街建设的小饭馆、小商店数目较

图 8-5 礼嘉镇现状工业企业分布与评价

图 8-6 礼嘉镇产业概况

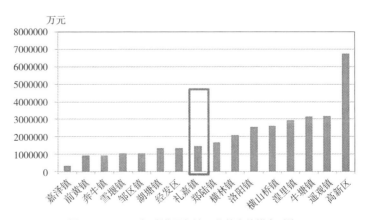

图 8-7 2015 年武进区各镇工业总产值横向对比

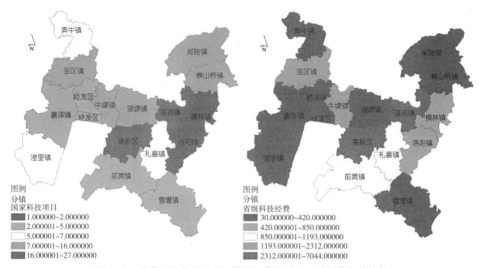

图 8-8　武进区国家科研项目数量和省级科研项目经费总数比较

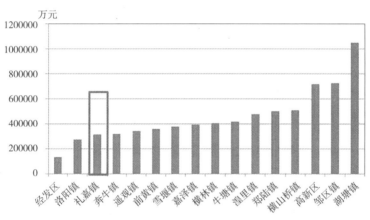

图 8-9　武进区各镇服务业增加值横向比较

图 8-10　礼嘉的商业设施（仅满足外来人口的日常消费）

多。大型超市数量少，档次较高的休闲、购物场所缺乏（图 8-10）。礼嘉镇商贸服务业、文化产业、健康产业、法律服务产业、房地产等发展潜力较大的生活性服务业均处于低水平阶段。另一方面，礼嘉镇面向生产性的服务业也较为缺失。礼嘉镇工业企业众多，产品丰富，交通运输业和现代物流业的发展现状相对较好，能够满足产业发展的基本需求。但由于礼嘉镇与周边地区相比，仍然处于较低的经济发展水平与环境建设水平，因此礼嘉镇的金融服务、信息服务、商务服务等需求大多被武进或常州所吸纳，对于本地生产性服务业的发展十分不利。

三、城镇建设的"中低端锁定"

1. 城镇建设魅力不足

礼嘉镇现状镇区的建设品质和风貌不高，呈现出"中低端锁定"的趋势。主要体现在如下几个方面：

①城镇空间呈现"块状—碎化"模式。镇域面积 58.23km²，中心建成区面积不到 4km²，空间集聚度较低。工业园区成为城镇空间扩展的主体，以块状形式向外蔓延。随着人口向镇区集中，城镇居住空间进一步拓展，但仍以农民自建房为主，碎化现象十分明显。

②城镇居住环境一般。礼嘉镇区主要有四种住房类型，分别为 2~3 层农村自家房、拆迁安置小区（包括位于坂上的建设花苑、坂上花园，位于政平的真博苑等）、近期开发的商品房小区（包括嘉苑小区、百兴花园、礼嘉嘉苑、东海花园、礼乐花园等），分布在老镇区外围，以及兼容部分居住功能的工业用地。由于礼嘉镇域人口结构倒挂，外来人口数量超过本地户籍人口，大量工厂内部的职工宿舍成为外来工人主要的居住场所。除了近期由市场开发建设的商品房小区外，其他三类的居住条件都一般，有些地区（例如乐安老街）甚至存在危房（图 8-11）。

③礼嘉镇区的各项公共服务和商业服务设施层次不高，以提供基本公共服务为主，高层次的消费场所、文化活动空间基本空缺。

④礼嘉镇区内缺少大型公园设施空间，绿化空间大多为街头广场绿地，且多因年久失修，利用率不高。公园绿地总面积 15.64hm²，仅占城市建成区总面积的 1.58%。礼嘉大河、武南河穿镇而过，由此生成较为发达的水系网络，为礼嘉创造了江南小镇特有的水乡景观环境。但无序的开发建设不仅污染了部分水体，还填埋了部分水系，使得水网不成系统，景观优势不能完全体现出来。

2. 城镇化动力流失

礼嘉镇半城镇化特征明显，未来其市民化的潜力原本是相当可观的。礼嘉镇大约有 3 万人居住在镇区，户籍城镇化水平仅为 34%，大部分非农业人口仍然散居在农村，镇区人口集聚水平较低。但是，若以非农人口占总人数比重计算城镇化率，礼嘉镇 2014 年的城镇化水平已达到 61%。此外，礼嘉镇工业基础雄厚，吸引了众多外来人口在此工作（约 5 万人），其中部分已举家搬迁，在此定居，成为"新礼嘉人"。若举措得当，

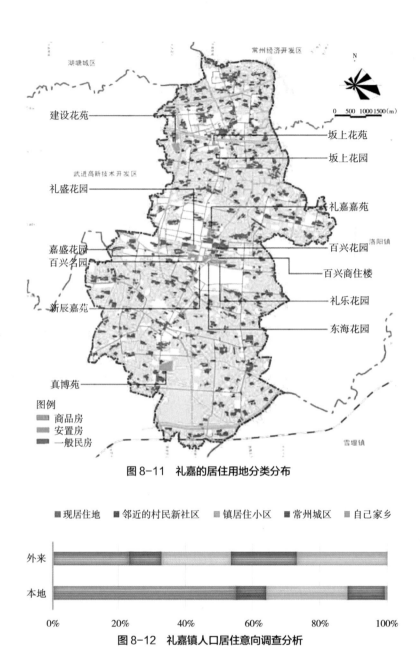

图 8-11　礼嘉的居住用地分类分布

图 8-12　礼嘉镇人口居住意向调查分析

本地农村人口与外来人口的市民化将为礼嘉镇发展提供巨大活力。

　　然而，从居民落户意愿上看，外来人口却更倾向于返回家乡或落户常州城区而非留在礼嘉镇，留不住人的关键原因在于礼嘉镇严重滞后的城镇建设水平（图 8-12）。相比居民日益强烈的居住、公共服务、景观、环境等方面诉求，礼嘉镇所能提供的却只有是为数不多的几处居住小区（居住用地仅占现状城市建设用地的 7.63%）和欠账较大公共服务设施（门类不全、层次不高），绿地与景观资源严重短缺，亟待补充。如果仍没有较高品质的城镇建设，礼嘉镇将很难留住人，还将持续面临被城镇化"跳过"的尴尬。

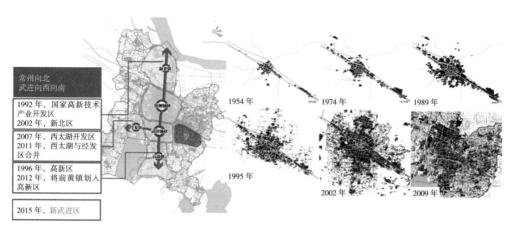

图 8-13　常州市城区的空间演化过程

第二节　思考：礼嘉转型发展的时代机遇

一、新区划：战略地位宜凸显

　　常州市行政区划长期以来处于不甚合理的状态——常州市域强，但中心主城弱。规划编制前，常州市进行了新一轮行政区划调整：原武进区的奔牛镇划归新北区管辖，郑陆镇划归天宁区管辖，邹区镇划归钟楼区管辖；新武进区包含原武进区（不含奔牛镇、郑陆镇、邹区镇）和江苏常州经济开发区（原戚墅堰经发区）。武进区历次行政区划调整的过程，实际上是常州中心城区逐步"蚕食"武进的历程（图 8-13）。

　　行政区划调整的实质是资源配置控制权的调整，常州通过这次行政区划变更，理顺了城乡资源调控的关系，有希望向高水平大都市迈进。那么新的区划格局对礼嘉意味着什么呢？一方面，礼嘉必定得到更多来自武进的资源支持。原武进区空间结构为"一核五元，两湖两带，分片统筹"，其中"五元"除去被划给主城区的奔牛镇、邹区镇"二元"之后，只剩"三元"（图 8-14）。武进区为寻求新的增长极，必定将发展中心南移，而礼嘉镇是最好的发展预选地。另一方面，礼嘉镇在 2.0 版本的常州都市区中战略地位将得到凸显。总之，礼嘉居于潜力都市的边缘、多个增长极辐射下的交错地带，战略价值有望凸显。

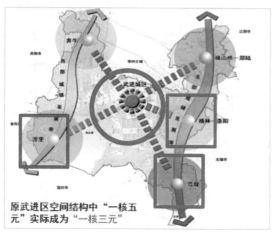

图 8-14　新武进区"一核三元"结构

二、新常态：城镇用地巧收敛

改革开放前"从宏观到地方"的发展理念可以归结为"现代化1.0"，在经济社会宏观环境发生巨大变化的今天，小城镇的发展模式需要从"现代化1.0"升级到"现代化2.0"。而与之对应的就是城乡发展的新常态（图8-15）：外延粗放发展空间不复存在，真正符合市场需求、市场机制而又符合社会、资源与环境友好的产业方向和发展模式将在新一轮发展竞争中领跑。"新常态"下城镇化的主要挑战之一是小城镇人居环境退化和人口流失。小城镇衰退不仅会引发更为严重的大城市病，而且会弱化其作为"三农"服务总基地的作用，影响农业现代化进程。

与此同时，新常态下的小城镇增量空间面临着强约束，如土地、生态、财力等指标均受到严格管控。小城镇发展的有效出路之一很可能是要更加"收敛"，即要有效统筹"存量"，并医治"存量"中由于粗放发展而遗留的问题，这也是礼嘉镇需要重点突破的问题。

现代化1.0 ⟶ 现代化2.0——一般供给过剩、需求升级

短缺经济 ⟶ （一般产品、要素）过剩经济，区位、政策扁平化，需要寻找新兴产业、短缺需求

产品经济 ⟶ 消费经济

工业经济 ⟶ 服务经济，精神产品、文化产品，包括生态产品经济

数量经济 ⟶ 质量经济

外生经济 ⟶ 内生经济

大批量型项目 ⟶ 差异化、个性化

一招制胜 ⟶ 综合优势竞争（经济、社会、生态、人文、和谐……）

图8-15　现代化的深刻转型内涵

三、新型城镇化：功能价值当提升

近十年来，中央对新型城镇化形成渐趋完整的战略表述，定调"要增强中小城市和小城镇产业发展、公共服务、吸纳就业、人口集聚功能"，并提出"构建科学合理的城市格局，大中小城市和小城镇、城市群要科学布局"等重大决策，为中小城镇的发展开辟了崭新的机遇和广阔的空间。国家发改委明确表示，将一些具备条件的特大镇尽快发展成为中小城市，并出台一些具体的配套政策。例如，鼓励社会资本参与城市（镇）公用设施投资运营，拓宽中小城市设置通道，加快出台设市、设区标准，增加中小城市数量等。这一系列举措都表明，新型城镇化给小城镇的发展带来了前所未有的巨大契机。小城镇不仅是吸纳农业人口转移的主要载体，也是优化我国城镇体系的战略关键。礼嘉镇在这一轮建设热潮中，可以从提升城镇制造功能、创造更大价值的角度出发，寻求发展路径。

四、新规划改革：实施方法应定制

规划编制阶段正是全国总体规划改革的特殊时期，这一改革需要最基层的试点，礼嘉镇则可以充当定制化小城镇规划的范本。传统的城市总体规划擅长蓝图而非行动，擅长抽象的、重构式、标准（现代化）模式的物质空间规划，但缺乏多样、丰富、创造性的空间想象力，且空间与社会、生态、产业、制度、机制统筹不足。

站在小城镇的层面看，传统城镇化的内涵注重城镇而不是乡村，注重聚落而不是空间，注重等级而不是功能，始终在打造扁平的城镇网络。而事实上，真实的、需要统筹考虑的空间要丰富得多，例如各种人性交通空间、微小生产生活空间、健康运动空间、绿色与可持续性空间等，故小城镇空间的立体性、系统性要远比扩张重要（图8-16）。在编制方法方面，传统的小城镇总体规划简单套用大城市标准和规划办法，规划实施效果比较差，因为蓝图式规划在"只有事权没有财权"的小城镇这里，总是无奈陷入"编一套做一套"的困境。

图8-16　礼嘉镇总体规划（2007—2020）

（图片来源：《常州市武进区礼嘉镇总体规划（2007—2020）》）

那么，礼嘉镇最需要做到的是立足小城镇自身的切实需求，确立能够实现的蓝图和理想，同时有效解决小城镇的实际问题。这种规划的创新应当打通城乡鸿沟，按照区位资源统筹的思路组织功能。具体要做到以下几点。①面向市场，即从资本的视角来重新审视礼嘉的资源，让更多的社会资本参与到小城镇发展和乡村复兴中来。因此必须思考市场需求什么，投资者需求什么，礼嘉能够或有潜力提供什么，最终提供能够合理实现共赢的方案。②面向存量，做小城镇的更新型规划，从现有存量空间中寻找土地资源，优化现状城镇建设的品质。③面向实践操作，规划既要完成一套理想蓝图，又要策划一套务实行动。④面向实施，完成多规合一的具体落实，即"总规"统领"土规"、"发规"、"环保"等相关规划，实现发展与管控的结合。

五、资源新价值：转型发展有支撑

在新常态、后工业化、新型城镇化以及区划调整等背景下，礼嘉镇的水系、历史文化以及丰富的都市农业资源都展现出前所未有的价值，为礼嘉转型发展奠定了良好的基础。

1. 水系资源

礼嘉镇水系众多，境内河流属长江流域太湖水系，纵横交错的水网北通运河，连接长江，南往太湖，西襟漏湖（图 8-17）。梅雨季节，水位上涨，可向长江、太湖宣泄；天旱无雨，河水枯浅，能由江湖补溢；能吐能纳，旱涝相资。镇域周边和境内的横向骨干河道有采菱港、武南河、禹城河、走马塘河、锡溧漕河等，纵向骨干河道有礼嘉河、永安河、小留河、周陈河等。全镇河流水面面积 321.54hm²，另有坑塘水面面积 434.47hm²，养殖水面面积 109.6hm²，合计 865.61hm²，占全镇总面积的 14.87%。

2. 历史文化资源

礼嘉镇人杰地灵，自古以来人文荟萃。梁湘州刺史何之元好学有才思，著有《梁典》30 卷；宋代翰林学士、两部尚书孙觌才华横溢，诗文雄冠一时，著作和手迹入编《四

图 8-17 礼嘉镇的水系资源

库全书》和《三希堂法帖》；明末探花管绍宁，因誓不事清，惨遭灭门之灾，生为人杰，死亦鬼雄；清代文学家邵长蘅学识渊博，工山水，通音韵，古文与侯朝宗、魏叔子齐名，述著卷帙浩繁；清漕运总督管干贞，为官鲠直无私，干练公允，恤丁爱民，谙诗文，精史学，善绘花鸟，得常州画派真传；清末民初管凤和学识宏博，才干过人，主政县、府，造福一方，操办实务，业绩卓著。自宋代以来，境内产生进士14人、举人30人。礼嘉镇历史积淀深厚，文物古迹众多。全镇现有省级文物保护单位2处、市级文物保护单位6处、百年以上古桥10座（图8-18）。

3. 都市农业资源

礼嘉镇农业底子深厚，2014年农业产值42484万元，较上年增长23%，耕地面积为34790亩，实现种植业、养殖业多重经营，"三品一标"的建设也卓有成效。农业对于礼嘉这类制造业主导的小城镇的发展仍然具有重要的意义。一方面，礼嘉镇仍然具有一定数量的农业人口以及较为优质的农业资源；另一方面，经济和社会的

图8-18 礼嘉镇的历史文化资源分布

发展正在赋予农业本身更多功能的可能性以及产值的提升空间。此外，优质的农业基底可以成为礼嘉镇城镇空间品质提升的支撑，为塑造田园式的精致家园提供保障（图8-19、图8-20）。

图8-19　礼嘉镇嬉乐湾现代农业园

（图片来源：http：//js.chinaso.com/tt/detail/20160922/1000200033002281474501139312553283_1.html；
http：//www.sohu.com/a/159932406_667418）

图8-20　礼嘉镇前巷村景观种植和宅前宅后的果园蔬菜种植

第三节　转型重塑：不止于"制造业"的新礼嘉

一、理念重塑：都市化，特色化，精致化

苏南小城镇总体上已经迈过了低水平的发展阶段，进入了更高水平的"都市化"发展阶段。但目前小城镇建成区的品质、乡村的品质、工业的持续活力欠佳，而这也造成了人口的流失，以及进一步城镇化动力的不足。反观国外都市边缘的小城镇案例，品质卫星城需要具备合适的区位、便捷的交通联系、充足而多样的就业岗位、多元化的公共服务、相对独立性和本土特色性、良好的生态环境、丰富的文化娱乐活动等。例如美国卡尔斯巴德小城遵循"打造优美环境—吸引人才—围绕田园运动的相关制造业—企业总部为主的服务业"的发展路径，建设了花园型总部。德国巴伐利亚地区的小城镇经历了"优美环境—文化提升—引智后的制造业发展—欧洲高新技术、欧洲新经济中心"的成长，实现了从农业为主到高科技和发达服务业的巨大转变。礼嘉镇已

经具备了其中的很多要素，但没有找到适当的发展思路，而是一味遵循以制造业谋求经济提升的粗放型旧方法。

本次规划用"三化"来定义新时代礼嘉镇的发展理念，即都市（一体）化、特色化、精致化。

①礼嘉的都市（一体）化体现在：位于紧密圈层，受中心城市辐射，是城市未来空间扩展的可能区域。主动实现与中心城市功能的整合，将区位优势转化为发展优势，积极吸引中心城市要素的扩散，以自身发展的特色与独特的功能确立不可或缺的地位。

②礼嘉的特色化体现在：回归江南小镇应有的浪漫，将特色产业与城镇建设有机融合，树立城镇品牌，做大、做精、做强农机、游艇、雨披等特色制造产业。

③礼嘉的精致化体现在：打造精致化的空间尺度并融于生活居住形态，杜绝大城市的大体量、大马路、大广场建设，避免高密度、高强度的开发。

二、定位聚焦：活力制造，精致家园

1. 礼嘉镇发展目标

首先，充分发挥礼嘉多年积累起来的制造业优势，逐步淘汰"低、小、散"的乡镇工业，依托龙头企业，推动制造业升级转型，无缝对接武进高新区，打造充满活力的制造业名镇（区）。其次，发挥乡村田园景观的复合效应，传承江南水乡的特色基因，推动城乡精致化改造，促进全域整体空间品质的提升，将礼嘉建设成为常武都市区的特色都市组团和精致小镇。最终，实现以品质化城乡空间为载体，以活力制造产业为支撑，吸引礼嘉本地人回归、外来新市民落户，将礼嘉建设成为"强富美高"的精致家园。

2. 礼嘉镇城镇性质

在"活力制造名镇、精致家园礼嘉"的总目标下，将礼嘉镇的城镇性质重新确定为"常州市近郊的特色功能组团，城乡一体化绿色创新发展名镇"，突出强调礼嘉镇作为都市近郊特色功能组团的职能。

三、战略前瞻：市场思维，品质导向

1. 总体发展战略——"三资"引领下的新型城镇化与乡村复兴

以"资源化、资本化、资金化"理念盘活礼嘉城乡资源，优化功能布局、空间管制与建设时序，明确管控边界，引导市场化主体参与，使镇区成为新型城镇化的战略平台，乡村成为区域可持续增长的活力来源。以下主要以乡村资源为例，简要介绍"三资"发展模式。

（1）资源化

盘点礼嘉乡村现有资源，从生态基底、自然水系、历史文化、乡村风貌等方面挖掘乡村特色，识别出具备发展潜力的村庄。例如位于蒲岸村委的大蒲岸村，村庄整体肌理保存良好，水系环绕，建筑滨水而建，水乡特色浓郁。建筑以江南传统民居为主，粉墙黛瓦，年代久远，别具风韵。但随着城镇化加速发展，村庄空心化问题严重，建筑年久失修，面临搬迁改造的风险。

（2）资本化

资本化的首要任务是确权，以乡镇各级政府为主导，确定农村宅基地及附属建筑物、集体经营性建设用地、农用地的权属与规模，明确产权主体，从而保障资本拥有者的权益，保障资金化过程的有序推进。部分年久失修的宅院可适当修缮，以提升其资本价值。在这一过程中，政府起着重要的统筹支撑作用。

（3）资金化

市场导向下，利用社会资金推动发展。资本总是需要转化为资金，才能活化资本价值。可以从以下几个方面着手转化：①居住环境较好、服务设施相对便利的乡村住宅，可流转给有意愿的开发主体，通过适当改造，经营成乡村养老住宅，发展乡村养老产业；②对于年久失修且具备一定历史风貌的旧宅，可租借或转让给外来创业人士，以相对低廉的租金满足创客、艺术家的需求，重新激活乡村空间；③借助现状武南现代农业产业园的良好发展态势，探索多元合作经营模式，如返聘土地原属农民参与农业产业园的生产工作，或鼓励农民参与产业园入股，共同建设等。

2. 都市一体化发展战略

加快融入常武都市区，主动承接常州、武进城区的要素转移；全面对接武进高新区，理顺土地、产业、财税等政策机制；加强与周边地区的产业分工与协作，实现区域发展联动。打破城乡二元分割，积极推动农业转移人口落户城镇，逐步解决外来人口在劳动就业、子女就学、公共卫生、住房租购、社会保障等方面的实际问题，加快建设覆盖城乡、功能完善、分布合理的基本公共服务体系。

3. 产业升级发展战略

首先，确保龙头企业根植于礼嘉，形成更多的本地化产业链接关系，给予小微企业发展引导和自主空间，形成龙头企业与小微企业长效的互动机制（图8-21）。其次，以制造业为基础，以生产性服务业和生活性服务业为依托，以都市景观农业、休闲农业为特色，丰富和延伸产业链，实现"农业＋旅游""农业＋房地产""制造业＋物流""游艇＋房地产""雨具＋服装"等产业体系的"链"式发展，培养工匠精神，专注产品质量和品牌，打造百年老店。第三，实现园区与城镇的和谐共生，将工业园区镶嵌于

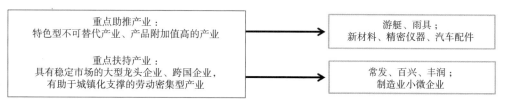

图 8-21　重点助推和重点扶持的产业门类

城镇景观之中，形成错落有致的整体性空间，通过产业的转型促进园区绿色化，降低负面环境效应。要形成活力、韧性、层次、潜力的礼嘉产业生态圈，激发科技红利、文化红利、生态红利、创意红利等多重复合效益。

4. 有机更新发展战略

①存量提升战略。梳理和评估城乡存量建设用地的风貌品质、使用效益和产权情况，精准识别有条件更新的存量空间。以"微创规划"为主要手段，精品项目为示范引导，实施"点穴式"精准干预，提升居民的生产、生活品质。

②快速交通引领与慢性交通提质发展战略。以青洋路、武进大道建设为契机，加快阳湖路、南湖路东西通道建设，引导并优化空间布局。规划建设城乡绿道体系，形成通而不畅的乡村慢行交通网络，有机串联城乡特色空间与节点。

③特色与品牌营销发展战略。以小留河生态休闲旅游片区、武南现代农业产业园等为载体，挖掘历史文化资源，打造一批特色村与都市农庄，建设美丽乡村生态休闲片区，加强品牌营销与推广，提高礼嘉的区域知名度。

四、成果转化：统筹城乡，全域蓝图

1. 镇域空间结构

规划礼嘉镇镇域空间形成"一心两区两片"的布局结构（图 8-22）。"一心"即礼嘉中心镇区——礼嘉精致空间的核心载体，规划成为高品质精致小镇、先进制造业与现代服务业的集聚地。"两区"即坂上、政平两个集镇社区。两区要充分利用现状基础，推动有机更新与微易改造，促进坂上与武进城区的全面对接，加快政平往南与武南现代农业产业园联动发展。"两片"即北部生态休闲旅游片区、南部都市景观农业片区。其中，北部休闲旅游片应逐步修复水域生态环境，整治周边村庄环境；沟通水系，塑造"岛式"整体意象，挖掘孙觌与苏东坡的历史渊源，彰显江南水乡风貌与历史文化特色。南部都市景观农业片结合礼嘉万顷良田工程，以武南现代农业产业园为载体，打造特色鲜明的绿色健康农业示范园、智能科技农业示范园、生态休闲农业示范园。

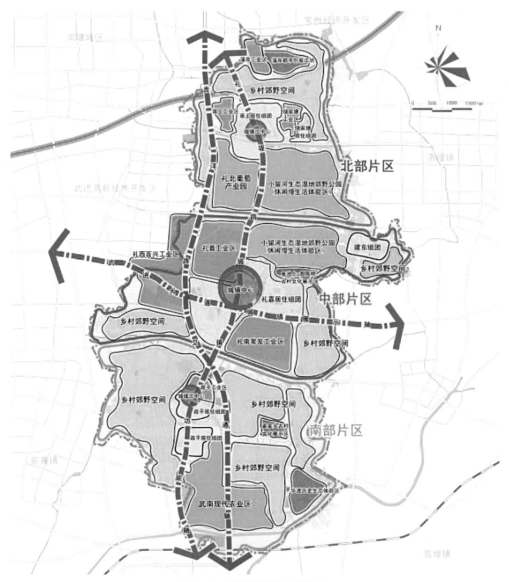

图 8-22 礼嘉镇镇域空间结构

2. 镇域土地利用

首先，明确建设用地、基本农田保护双总量。依据《常州市武进区礼嘉镇土地利用总体规划（2006—2020年）》，确定礼嘉镇2020年各类建设用地总量控制在14.96km² 以内，基本农田保护面积不低于27.98km²。其次，调整建设用地功能结构。包括根据产业发展生命周期逐步清退乡村低效工业用地；优化城乡用地功能结构，提高公共服务设施和商业用地比例；结合滨水景观资源布局公园绿地和居住用地；以及通过乡村低效用地整理，收储建设用地指标，主要向镇区及重点发展的功能区集中（图8-23）。

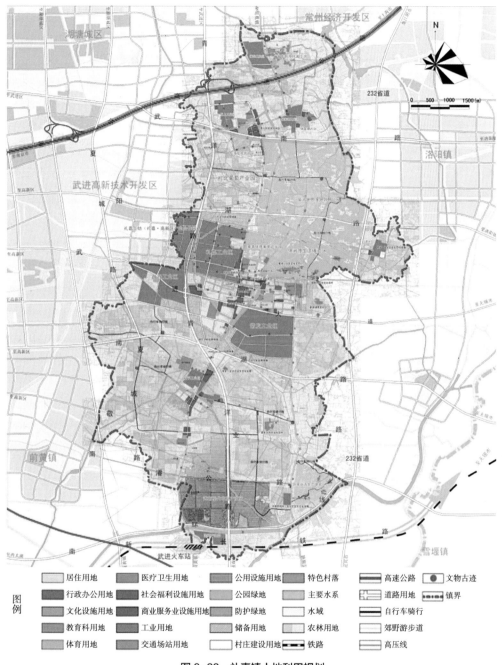

居住用地	医疗卫生用地	公用设施用地	特色村落
行政办公用地	社会福利设施用地	公园绿地	主要水系
文化设施用地	商业服务业设施用地	防护绿地	水域
教育科用地	工业用地	储备用地	农林用地
体育用地	交通场站用地	村庄建设用地	铁路

高速公路　●文物古迹
道路用地　▬▬镇界
自行车骑行
郊野游步道
高压线

图 8-23　礼嘉镇土地利用规划

（1）居住用地方面

首先，确定居住用地规模为 286.91hm²，占建设用地总面积的 22.24%，此外还赋予大量村庄建设用地居住职能。其次，划分不同的居住社区（图 8-24）：高品质生态社区针对高端消费人群，在城市公园周边、主要河流沿线等环境优越的区域布局，如

北部片区
规划城镇居住用地：72hm²
村庄建设用地：74hm²
规划城镇人口：2.6 万
规划农村人口：1.1 万

中部片区
规划城镇居住用地：160hm²
村庄建设用地：61hm²
规划城镇人口：4.5 万
规划农村人口：0.8 万

南部片区
规划城镇居住用地：54hm²
村庄建设用地：70hm²
规划城镇人口：2.1 万
规划农村人口：0.9 万

高品质生态社区　保障性住房
普通商品房社区　保留的乡村社区

图 8-24　礼嘉镇居住空间规划

游艇社区；普通商品房社区针对中等收入人群，结合公共交通和周边功能在各片区相对均衡布局；保障性住房社区主要为农民还建房，保障性住房规划与周边居住社区混合布局，共享公共设施和社会服务。

（2）产业空间布局方面

制造业将形成"一园七区"的产业格局（表 8-1）；现代都市农业形成礼北葡萄产业园、秦巷优质葡萄产业园、武南现代农业产业园三大农业园区（图 8-25）。其中，礼北葡萄产业园将以现代农业园为载体，突出发展壮大葡萄产业，集中流转土地，建设优质葡萄示范园，实现传统农业向现代农业、平原农业向景观农业的转变。秦巷优质葡萄产业园将拓展提升现有园区规模与功能，与礼北葡萄产业园一起组成礼嘉葡萄农业景观示范区。武南现代农业产业园将以智能设施为平台，搭建集高科技研发、科普培训、加工配销为一体的智能科技农业示范园，以知识普及、观光休闲、养生为延伸，打造生态休闲的农业示范园。

礼嘉镇制造业规模与主导产业规划　　　　　　　　　　表8-1

名称	规模（hm²）	建议主导产业
蒲岸工业区	29	机械制造、电子电器

续表

名称	规模（hm²）	建议主导产业
坂上工业区	27	机械制造、电子电器
储家塘工业区	19	电子电器、纺织工业
礼西百兴工业区	134	塑料包装、电子电器
礼嘉工业区	124	雨具、电子电器
礼南常发工业区	136	农机动力、机械制造、制冷、电子电器
政平工业区	25	农机动力、塑料包装
游艇特色产业园	15	游艇产业

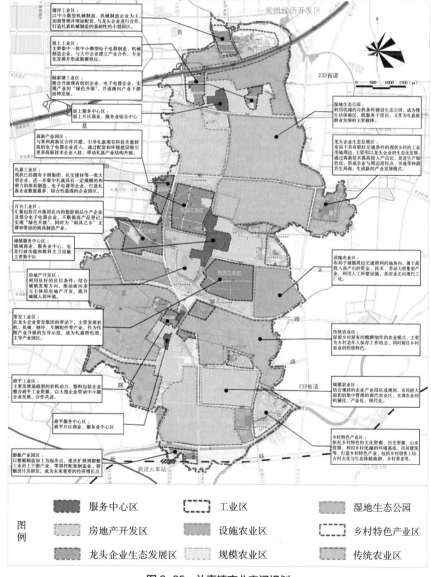

图8-25 礼嘉镇产业空间规划

（3）生态人文景观格局方面

规划将形成"三核、五带、多点"的结构（图8-26），以"尊重自然，保护生态，彰显历史文化特色"为理念，充分整合河流水系资源，建设生态农业景区，开发江南占村历史文化资源，将城市融合于自然、人文景观之中，让城市充满生机和灵性，打造宜居礼嘉。"三核"为小留河湿地公园、武南农业产业园、白云尖历史仿古生态体验区。其中，白云尖依托生态湿地景观优势，发掘屯兵城历史价值，打造东南部历史仿古生态体验区。"五带"为依托主要水系网络打造包括礼嘉大河、小留河、武南河、政平大河、锡溧漕河在内的滨水生态景观带。此外，以城市公园、历史街区、特色村落为景观节点，补缀完善镇域生态人文景观体系。

3. 镇村体系布局

规划礼嘉镇镇村体系分为三级：城镇社区、重点村、特色村与一般村。其中，城镇社区包括礼嘉精致镇区（东、中、西三个社区）、坂上集镇社区和政平集镇社区。2020年，规划城镇社区人口6.0万人。重点村包含邱家塘、毛家桥等共30个村，2020

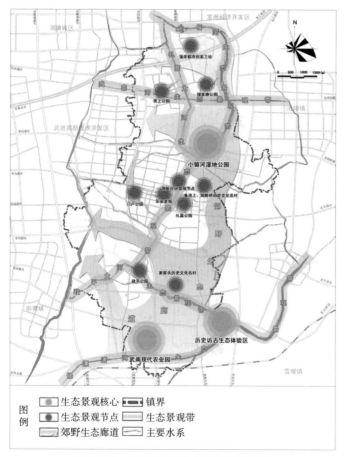

图8-26　礼嘉镇生态人文景观空间规划

年容纳人口约 1.9 万人。此外，规划打造大蒲岸、刑溪桥、何四房（孙觊村）、鱼池上、周成桥、姜家头 6 个特色村，2020 年容纳人口约 0.3 万人。特色村的具体建设应与周边农业园区、特色农庄开发有机统筹。至 2020 年，规划保留一般村 47 个，人口规模约 1.8 万人。

五、项目落实：积极策划，悉心雕琢

1. 明确近期建设重点

主要包括以下五点：①加快中心镇区建设，补齐中心镇区居住、公共服务短板，提升服务能级；②龙头企业引领，重点建设五大工业园区，提高外围小型工业集聚区土地利用效率，引导乡村低效工业用地逐步退出；③完善坂上、政平集镇社区，推动城镇存量空间的有机更新；④建设礼嘉郊野公园，进一步提升武进现代农业产业园品质；⑤打造特色乡村，推进宅基地改革试点。此外规划梳理镇域近期主要建设项目 30 个，中心镇区近期主要建设项目 18 个。规划近期建设项目如表 8-2。

礼嘉镇规划近期建设项目一览表　　　　　　　　　　表8-2

片区	序号	名称
中心镇区	1	礼嘉门户地块综合开发项目
	2	易家塘片区居住小区开发项目
	3	游艇社区开发项目
	4	陆庄居住小区连片开发项目
	5	南房村更新改造项目
	6	农机站及周边地块更新改造项目
	7	乐安街南侧低效工业更新改造
	8	新科公司配套宿舍建设项目
	9	武进大道北侧门户商业开发项目
	10	礼嘉医院扩建项目
	11	礼嘉敬老院扩建项目
	12	新市民小学建设项目
	13	礼毛路幼儿园建设项目
	14	礼嘉公园建设项目
	15	礼嘉综合体育中心建设项目
	16	新科工业区建设项目
	17	礼嘉—高新区产业合作园建设项目
	18	百兴工业区建设项目

续表

片区	序号	名称
集镇社区	19	牌楼下幼儿园新建项目
	20	坂上工业区配套公寓建设项目
	21	坂上社区中心更新改造项目
	22	坂上建筑公司低效工业用地改造项目
	23	真博苑二期建设项目
	24	政平文化中心
	25	安息公园建设项目
乡村	26	姜家头特色村落
	27	大蒲岸特色村落
	28	刑溪桥特色村落
	29	小留河湿地休闲旅游片区
	30	武南现代农业产业园

2. 落实分区具体项目

落实分区具体项目见图 8-27、表 8-3~ 表 8-5。

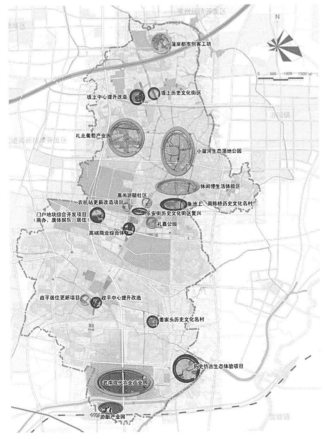

图 8-27　礼嘉镇具体落实项目的分布

礼嘉镇北区落实项目指引　　　　　　表8-3

项目名称	项目概况
蒲岸都市创客工坊	利用蒲岸村现有建筑、水岸景观资源，提升建筑质量，改善整体环境，为都市创客提供创意空间载体
坂上中心提升改造	提升现中心商业业态、建筑品质，构建精致活力的坂上中心
坂上历史文化街区	理清现有建筑的风貌、肌理，以有机更新为手段，再现坂上历史街区活力
礼北葡萄产业园	依托现有葡萄产业优势，集中建设为产业园，成为礼嘉农业新景点
小留河生态湿地	整理现状水、塘、荡及周边各生态景观要素，构建以生态农业为导向湿地郊野公园

礼嘉镇中区落实项目指引　　　　　　表8-4

项目名称	项目概况
休闲慢生活体验区	结合小留河生态湿地，现有村道整合，构建生态慢行交通体系，创造宜人的农业生态景观环境
鱼池上、周陈桥历史文化名村	充分挖掘王氏宗祠、周陈桥等历史古迹的价值，整合现状资源优势，打造历史文化名村
高尚游艇社区	利用礼嘉河开敞的河面景观更新粮管所周边用地，建设独居礼嘉特色的游艇社区
农机站更新改造项目	更新现有荒废农机站及低品质工业用地，新建居住小区
乐安街历史文化街区复兴	尊重礼嘉老街的历史脉络，以有机更新为主要手段，丰富服务业态，打造最具礼嘉明面效应的特色街区
礼嘉公园	落实已有公园规划，梳理并沟通水系，建设礼嘉集中绿地景观空间
门户地块综合开发项目	于武进大道接清洋路入口地块，综合开发商业办公、精品酒店、高端居住等业态
高端商业综合体	更新武进大道、礼坂路东北角低品质工业，建设高端商业综合体，形成礼嘉重要的现代建筑景观节点

礼嘉镇南区落实项目指引　　　　　　表8-5

项目名称	项目概况
政平中心提升改造	提升现中心商业业态、建筑品质，构建精致活力的政平中心
政平居住更新项目	提升改造现有居住空间，置换低品质工业，建设高品质居住小区
姜家头历史文化名村	充分挖掘孙觌墓、禹城文化的历史价值，整合现状资源优势，打造历史文化名村
武南现代农业产业园	深刻落实现有武南产业园规划，加快产业园项目建设
游艇产业园	依托礼嘉现有的游艇制造业基础，充分利用基础设施优势和土地资源优势，打造游艇产业生产基地
历史访古生态体验园	依托生态湿地景观优势，发掘屯兵城历史价值打造东南部历史访古生态体验区

3. 制定实施保障政策

首先，加快推进城乡全覆盖的土地确权工作，并基于确权试验"城乡一体的土地制度综合改革创新""宅基地流转制度创新"等政策。其次，通过容积率奖励与差别化财税等其他公共政策相结合，引导社会、市场参与存量建设用地的有机更新。此外，明确政府权力清单，明晰各方权利与义务的对应关系，引导不同主体参与城乡建设，共同建设精致礼嘉家园。

第四节 总结：工业小城镇转型的规划理念与工具

一、从"中心镇区规划"转向"镇域城乡全覆盖"

长期以来，我国城乡经济社会发展形成了严重的二元结构，传统小城镇规划重视中心镇区的建设，而忽略了广大乡村区域。在规划内容上，传统小城镇总体规划涉及镇区性质、规模的确定，以及镇区用地功能组织、总体结构布局、道路交通构架、配套设施安排等多方面内容，内容相对全面详尽。而镇域规划的内容则简单套用城镇体系规划的范式，采用"三结构一网络"外加重点乡村引导规划的模式，忽视了村域土地利用规划，缺乏村庄产业发展、住房建设等方面的具体引导，对乡村发展的指导意义薄弱。

本次规划重视全镇域一体化发展，从关注"空间变化过程"和"空间集聚过程"转变为关注"空间关联过程"和"空间重组过程"，将城镇与乡村结合起来，把城乡统筹发展、城乡一体化发展作为一个地区城乡有序发展的前提条件，作为指导一个地区城乡发展全过程的基本模式。此外，本次规划是"全域性""同深度"的。"全域性"是指综合镇域空间，统筹空间布局，统筹产业发展，统筹公共服务、综合交通、公用设施等方面的规划建设；而"同深度"则是在城乡全域统筹的基础上，深化城乡空间规划，不仅包括传统规划中的城镇建设区的规划和引导，还包括同样详细的乡村空间建设指引。在此基础上，礼嘉镇全域空间布局不再是"青绿底色"（乡村地区）上的城镇，而是一个更加多彩的空间。乡村与城镇一样，规划多处"亮点"，使得乡村地区也真正"活"起来。

二、从"政府控制"转向"市场主导，增长联盟"

1. 市场导向下小城镇规划模式需要转变

传统小城镇规划可以称为地方政府控制下的规划，政府在整个规划的编制、实施和管理全过程中掌握着主导权。然而，长期的政府主导规划模式，导致地方政府"事权重负，而财权紧缺"。同时由于未能提供给其他社会主体充分参与建设的途径，其他主体的建设热情未能被调动。2014年《国家新型城镇化规划（2014—2020年）》公布，提出了"市场主导、政府引导"的基本原则，指出要"坚持使市场在资源配置中起决定性作用"。市场导向就是以市场机制为主导，充分利用社会资源投入城镇建设。因此，市场主导下的小城镇规划可以充分利用市场的能动性，通过资本的力量"活化"城乡发展的方方面面，同时减轻政府压力，实现"多赢"。

2. "三资"引领：资源化—资本化—资金化，盘活礼嘉资源

"三资"即"资源化""资本化"和"资金化"，指将现有资源进行整理、确权或流转，转变为各主体拥有的发展资本，而后在市场经济作用下，利用社会资金活化资本，通过资金流动推进城乡发展。"三资"模式是在充分认清礼嘉镇发展潜力的基础上，进行的发展路径创新，旨在充分利用市场力量撬动礼嘉镇的发展。

三、从"增量扩张"转向"存量更新"

增量规划是以新增建设用地供应（政府垄断的"一级市场"）为主要手段，主要通过用地规模扩大和空间拓展来推动城市发展的规划。虽然就整体而言我国大部分城镇仍处于快速城镇化阶段，城市扩张性发展的趋势还将持续。但在珠三角、长三角、京津冀等城镇化水平较高的城市带中，增量扩张型规划所带来的土地低效使用、产业发展与城市功能不匹配、人口城镇化滞后等问题日益显现。依靠土地增量扩张的城镇化形式已不再适应发达地区的小城镇。同时，国家严控新增建设用地指标的政策刚性约束，中心区位土地价值的重新认识和发掘，建成区功能提升、环境改善的急迫需求，历史街区保护和特色重塑，城市发展空间面临紧束的形势下，传统增量规划的编制内容、编制方法、工作重点难以继续。增量规划转向存量规划的要求愈发迫切。

存量规划是在保持建设用地总规模不变、城市空间不扩张的条件下，主要通过存量用地的盘活、优化、挖潜、提升而实现城市发展的规划。城市在增长，就必然有增量；城市有历史，就会形成存量。增量与存量是城市空间两个不可分割的组成部分。存量规划适应了转变城市发展模式的要求，是对于单纯依赖增量空间扩张的规划思路的纠偏，重新唤起规划对存量空间的关注。

礼嘉镇同很多苏南都市化小城镇地方政府一样，没有建设用地指标，而这种困境演变成倒逼存量的最现实因素。而事实上，礼嘉镇现状有不少可用的存量空间，它们分布在城镇和乡村各处，例如废弃的小学、粮站、厂房等，可以说是城镇更新和乡村复兴的"曙光"。因此，本次规划中礼嘉镇存量更新的重点就是"城镇更新＋乡村复兴"，这也将是本次总体规划的一大方法创新。

四、从"100%蓝图"转向"行动规划"

首先，传统城市总体规划擅长增长主义，以大型机动交通、产业与中心功能大片区和扩张主导的巨型、重构性标准规划模式，似乎是"100%蓝图"。这种传统"静态规划"思维忽视了城镇的运行发展，缺乏对推动城镇由现状走向理想途径的过程分析，最终陷入"纸上画画，墙上挂挂"的窘境。传统小城镇总体规划一般又是简单套用大城市标准和规划手法，效仿蓝图式规划，并期望一张总图能够完全指导未来建设。然而，结果往往是"规划编一套，现实做一套"。

其次，规划落实离不开具体行动。针对蓝图式规划的种种弊端，已出现了一系列关于"动态规划"理论与实践的成果。与传统规划相比，它把规划看成一个过程，而不是结果，既注重建设行为的协调性，更注重运用政策杠杆，更加关注近期的需要并强调灵活性。因此，可以说行动规划是由蓝图走向实施的"箭头"，它从目标到策略，从方案到实施，提供一套城镇空间建设的解决方案，并通过时序安排，寻求最适宜发展的现实路径，循序渐进地引导城镇建设，将"蓝图"真正落实到未来的小城镇之中。

五、从"部门规划"转向"多规合一"

随着规划改革的深入发展，多行业的规划整合工作势在必行，"多规合一"将是未来城乡总体规划不可回避的问题。当前城乡规划领域涉及的"多规合一"主要指国民经济与社会发展规划、土地利用总体规划、城市总体规划的"三规合一"，此外也包括与环保、产业等其他相关专业规划的对接。其本质是基于城乡空间布局的衔接与协调，是平衡社会利益分配、有效配置土地资源、促进土地节约集约利用和提高政府行政效能的一种手段。随着2014年《关于开展市县"多规合一"试点工作的通知》的下发，"多规合一"的地方实践正式展开。由国家发改委、国土资源部、环保部、住建部四部委分别牵头，选取全国28个市县陆续开展了"多规合一"的试点工作。试点工作主要围绕城乡一张图管控、空间坐标统一、技术标准协调、行政事权划分等方面在县市层面展开，尚未触及基层乡镇，但却是新一轮乡镇总体规划修编务必考虑的内容，礼嘉镇有潜力成为"多规合一"最基层的试点与示范。

礼嘉镇总体规划的编制遵循了"多规合一"思路，从编制和实施两个环节着手实现"合一"。编制环节要统筹协调现有各项规划要求，同时兼具对后续规划的指导作用。重点对接土地利用规划，不突破土地利用规划建议用地总量限制，原则上不占用基本农田。实施环节应探索并建立长效的工作机制，按照总体规划中的时序和分类，落实到具体的行动、控规和设计中去，同时保持适度的弹性。

第九章
品质规划引领动力重塑：
上饶市沙溪镇特色发展模式研究

沙溪镇是我国中部地区资源、区位、历史等各种条件都较为突出的传统中心镇，但由于发展方向不明确，而在城镇化的浪潮中前行乏力。沙溪镇规划实践可以为类似的中部潜力镇提供转型的范本和参考，回答在一般性"空间产品"大量过剩的情况下，如何通过生产具有竞争力的品质空间让沉睡的古镇焕发新活力的问题。

第一节　矛盾：亮点与桎梏并存的中部小城镇

一、逐渐失去魅力的传统中心地

沙溪镇位于江西省上饶市信州区东北部，东涉信江与秦峰镇、广丰区壶峤镇隔河相望，南与灵溪镇相连，西北与上饶县的煌固镇接壤，北与玉山县的下塘乡、文成镇毗邻，东北与广丰县的湖丰镇相邻（图9-1）。沙溪镇域总面积75.39km^2，南北长13.5km，东西宽12km。中心镇区建成区面积1.8km^2，镇区位于镇域东侧边界。沙溪镇现辖2个居委会（沙溪街道社区、胜利社区）、13个行政村（向阳、龙头、英塘、宋宅、西坂、铅岭、白石、油麻坞、李家、五里、青岩、东风、何家）（图9-2），共计113个自然村，户籍总人口5.6万人。

1. 传统中心镇

从地理和交通位置上看，沙溪镇是一个典型的中心镇。沙溪镇处于信州区、上饶县、广丰区、玉山县四地的地理中心，距上饶市区22km，距玉山县城18km，距广丰区20km。在县级层面，沙溪镇作为四县交界的地理中心，天然具备成为次级中心地的条件（图9-3）。而在镇级层面，由于交通优势突出，沙溪镇中心地的特征更为明显。

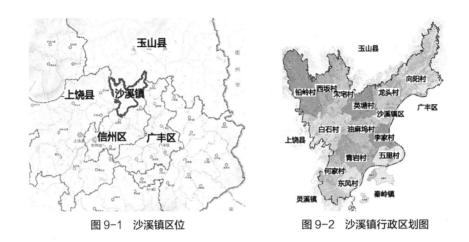

图 9-1 沙溪镇区位　　　　　　　　图 9-2 沙溪镇行政区划图

在水运时代，沙溪镇是二级中心市镇，地位仅次于玉山、河口等一级中心市镇；在铁运时代，沙溪建成火车站，成为周边乡镇的商品客运集散地；而在高铁时代，沙溪镇距离高铁站仅有 5km，成为当前及未来长时间段内的重要枢纽镇（图 9-4、图 9-5）。

从城镇经济发展水平看，沙溪镇一直表现突出。2013 年沙溪镇成为江西省首批

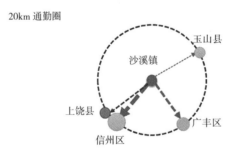

图 9-3 沙溪镇位于四县交界的地理中心

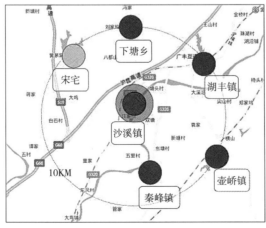

图 9-4 沙溪与周边乡镇距离示意图

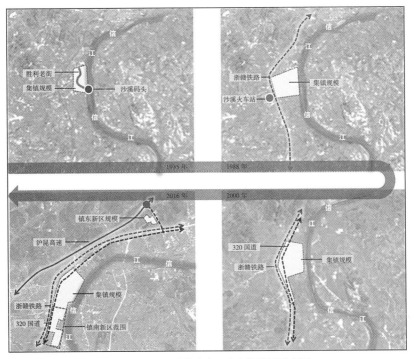

图 9-5　沙溪镇作为交通中心的发展示意图

百强中心镇，2014 年沙溪镇被列入全国重点镇建设名单，沙溪镇位列全省产业升级乡镇 50 强。2017 年底，江西省确立在全省 30 个镇深入推进"经济发达镇"行政管理体制改革，其中沙溪镇为 12 个上报中央认定纳入改革范围的镇之一，被赋予县级权限。在规划实施之前，沙溪镇经济增速保持平稳较快增长。较 2010 年，沙溪镇国民生产总值实现翻番，2015 年底达到 18.7 亿元，年均增长 20.1%。同时，财政收入 2015 年底达到 1.98 亿元，年均增长 26%，是 2010 年的 3.17 倍。此外，农民纯收入突破万元，2015 年底达到了 11000 元，年均增长 12%，是 2010 年的 1.76 倍。沙溪镇综合实力在周边乡镇范围内最为强劲，镇区商业服务业用地占比较高，商业设施门类齐全，是周边乡镇的商业中心。与信州区内其他镇及街道相比，沙溪镇占有一定的优势。以 2015 年信州区各镇、街道财政收入为例，沙溪镇占据第三位置，而且与前两名差距并不大，未来发展潜力较为充足。此外，沙溪在人口数量、产业水平、历史文化和生态基底方面均位于区域前列，综合而言是传统意义上的典型中心镇。

2. 城镇化进程缓慢

尽管拥有以上优势，但沙溪的"中心"地位却在日益失去实际效用。按照传统理念，作为中心镇，沙溪镇理应通过提供相对优质的城市公共服务设施来吸引周边区域广大农业人口。但事实是，沙溪镇的城镇化步伐并没有想象的那么轻快，相反面临着建设不足、人口流失的窘境。统计数据显示，2015 年期末，沙溪镇总人口 5.6 万人，其中乡村总人口 4.7 万人，户籍非农化率仅 16%（图 9-6）。由于规划中所获取的仅为户籍非农人口统计数据，与真实的城镇常住人口数量存在较大差距，故通过城乡建设用地面积比重估算城镇化率。经过估算，沙溪城镇化率约为 24.2%，与全国平均值 57.35% 相比仍有较大差距，属于城镇化的起步阶段或初级阶段（表 9-1）。

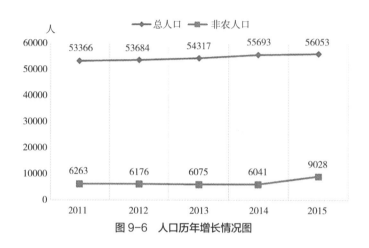

图 9-6 人口历年增长情况图

沙溪城镇化发展历程　　　　　　　　　　　　　　表9-1

年份	总人口（人）	非农人口（人）	城镇化率（%）
2011	53366	6263	12
2012	53684	6176	12
2013	54317	6075	11
2014	55696	6041	11
2015	56053	9028	16

（数据来源：2011~2015 年《沙溪镇统计年鉴》）

受地形与交通廊道的影响，沙溪人口密度分布向信江沿岸地区集聚，随地形圈层式递减。规划之前沙溪镇人口外流严重，2015 年外出务工人员达 1.5 万人，其中向阳、五里和东风村的人口流出现象最为严重，有接近半数的人口流向外地，绝大部分流向省外（图 9-7、图 9-8）。并且，规划在对其人口密度和土地面积的分布进行空间分析时发现：铁路以西人口密度较低，存在大量的农田和自然景观，以农村风貌为主；铁路以东人口密度较高，基础设施较为充足，以城镇景观为主。铁路的分隔可以看作一条类"胡焕庸"线，两侧地区发展差异显著（图 9-9）。总的来说，沙溪镇作为传统中心镇的光荣和魅力正在渐渐流失，尽管自身始终努力谋求发展，但最终抵不过传统发展模式的局限，以及更高等级城市的资源虹吸。

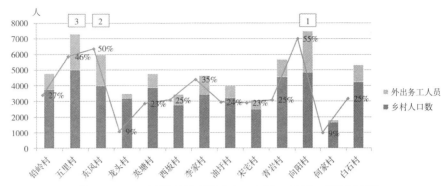

图 9-7　2015 年沙溪镇各村外出务工人员、乡村人口数及其比例

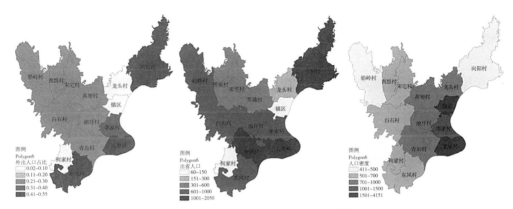

图 9-8　沙溪镇外出人口、出省人口、人口密度分布图

图 9-9　沙溪镇各行政单位人口密度和土地面积分布

二、被遗忘的"准品质"空间

1. 低品质建设问题

沙溪镇现状城市建设用地面积为177.37hm²，人均130.88m²。镇区用地集约性较高，布局较为紧凑，以居住用地、工业用地、商业服务业设施用地为主，分别占城市建设用地的46.49%、18.98%、10.98%。用地情况主要面临以下几大问题。①商业用地方面，镇区商业服务业设施用地总量较大，并建有多处商业集聚点，商业类型以生活性服务业为主，立足三农。在满足本镇居民需求的同时，辐射周围乡镇，反映商贸型小城镇的特色，但因为常住人口不足，导致商业设施整合度不高，人气也相应缺乏。②居住用地方面，镇区居住用地比重较高，但人口流动性大，空置房现象普遍，镇区（特别是镇南新区）人气不足，缺乏活力。③工业用地方面，现状沙溪镇尚未形成良好的产业集聚，工业用地比重偏低。受沙溪镇工业发展缓滞、生产性服务业缺失的影响，物流仓储用地不成规模。其中镇东新区建设搁置，未达到规划预期，现状已经建设的少量企业则主要为化工、铜业、装饰材料、竹木交易市场等。老镇区内的工业用地面积为9.71hm²，集中布置在镇区沙溪大道南侧镇政府北侧，现状多为石材加工、旅游用品、建材、服饰纺织等企业。④沙溪镇公共设施配套标准不高，设施体系不健全（缺少体育、文化设施），缺乏一定规模和档次的大型公共设施。绿地与开敞空间极度匮乏，景观不成体系，城镇部分地段建成环境品质较低，急需优化与补充。信江滨水两岸整体处于未开发的状态，景观优势未能体现。

2."准品质"空间储备

撇开粗放的用地表象，深入探访这看似普通的小城镇，其实可以发现充足的亮点与隽永的内涵。如果将这些"准品质"空间从居民的记忆深处寻找出来，把人们习以为常的生活画卷渲染成沙溪名片，则会对沙溪的发展产生新的启发。

（1）历史依稀可见的千年古镇

沙溪古镇立于汉代，唐朝武德年间已出现店铺，拥有千年历史，文化深厚，是信江岸边保存较好的古镇老街。古镇地处三县交界，五府通衢，旧时老街商店鳞次栉比，文化经济繁荣，为江南著名古镇之一。目前，沙溪老街整体格局保存完整，仍维持着较好的城镇风貌，已成为沙溪重要的传统手工艺承载地与夏布文化传承地（图9-10）。

老街内文化遗存丰富，街巷肌理完整，是沙溪城乡发展、精致空间营造的重要空间资源。主要文化节点包括龙门寺原址、园门口与古埠头。其中龙门寺原址为古龙门寺，近代曾是上饶师范、地区农校；江西共大前身校址，现为国有企业宿舍，具备更新改

图 9-10　沙溪老街实景

图 9-11　逐步衰落的沙溪老街

造的潜力。园门口上有石刻横额"玉带风环""饶东古镇"，概括了古镇老街的地理风貌和渊源历史，具有重要的历史价值。沙溪古时埠头虽然比不上长安那"万户捣衣声"的景象，却有"五蟹过江"之美称，古时商贩云集，是饶东重要的商贸码头。然而今天古街已经风光不再，甚至成为居民意图拆改的萧蔽之所（图 9-11）。

（2）尺度宜人的山水生态小镇

沙溪镇青山绿水、秀丽畅旷，湖光山色兼备，亲水览胜咸宜，主要生态资源包括信江、岩底水库、饭甑山与铅石山。这些天然基底不仅是为沙溪人生活增色的点睛之笔，更是沙溪成为品质之城的优良基础（图 9-12）。铅石山位于镇北 8km 处，海拔389.8m。山势萃然挺拔，怪石嶙峋，葛溪水蜿蜒流经其下。在海拔 200 多 m 处有 7 个凹形组合的山谷，约有 500 多亩，古时在此建有寺庙。其中，饭甑山因其形像饭甑而得名，座落于沙溪镇区的北边约 1km 处，原名黄岩山，现有黄岩寺一座，已形成宗教建筑群，主要有天王殿、乐师宝殿、大雄宝殿等宗教建筑。除此之外，还有石洞一处，洞有一人多高，可供两人并排直走，是上山的必经之路。信江发源于浙赣边界仙峡西侧及怀玉山玉京峰东侧平家源。其水从沙溪镇向阳村龙门额沿该镇与广丰县接壤处南

图 9-12 信江和饭甑山

流，至沙溪镇下李家与秦峰镇上湖头接界处流入市境，经灵溪镇、北门街道于城区与丰溪汇合后，始称信江，信州区境内河道长度为 3.8km。此外，岩底水库是上饶市信州区唯一的 1 座中型水库，坐落在沙溪镇宋宅村境内，距沙溪镇区仅 6km。

三、粗放模式"失灵"的村镇产业

规划之前，沙溪乡村主要产业为农业，少部分村庄如宋宅存在一定规模的服务业，绝大部分村庄没有工业企业。农产品仍以谷物和蔬菜等粮食性作物为主，经济类作物数量较少，高附加值种植业更加稀少。随着沙溪耕地流转的加速，部分大型农业企业通过合作社的形式将农民的土地集中起来进行农业产业园建设，目前在沙溪镇已经取得较好成果。位于镇区南部的信州区现代农业示范园已经建设完成，着力发展以蔬菜、菌菇、高端花卉、苗木种植为主导的特色农业。

另外，沙溪镇在"十二五"期间共引进各类项目 51 个，其中工业项目 17 个，5000 万元以上项目 9 个，为全镇经济发展注入新的活力。除轻工纺织外，本地企业以金属加工、食材加工等初级原料加工产业类型为主，效益低，污染大。在人力成本、土地成本日益高涨的当下，位于产业链下游的一般制造业生存空间进一步被压缩，进入企业生命周期中的衰退期。2010~2015 年通过招商引资、扩大工业用地规模赢得高速增长的发展模式逐渐失灵，开发停滞的镇东工业园即是例子。镇东新区工业集中区借助于高速公路出入口的交通区位优势发展起来，主要有波诗明化工、宏丰铜业、竹木交易市场等污染较为严重的企业。但几年后由于经营不善，企业大多处于停工状态，厂房空置。

镇区南部是现状沙溪工业企业较为集中的区域，沙溪境内主要的苎麻生产企业均集中于此。除此之外，还有一些石料、大米、旅游用品等加工企业（图 9-13）。同时，在老镇区北侧也分布有一定数量的工业企业，主要为一些石料加工厂等低、小、散工业企业，生产效益有限，并且尚未按照"企业进园"的要求统一搬迁至工业产业园。

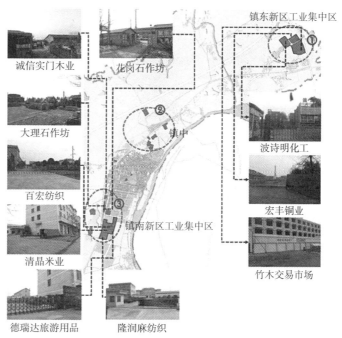

图9-13　沙溪镇主要工业产业分布图

四、"编织"新希望的千年夏布

在发展乏力的形势下，沙溪具备一个历史悠久、得天独厚的突破口，即特色鲜明、产业链具有高端化延伸潜力的夏布产业。夏布生产的上游产业——苎麻是沙溪镇目前与之相关的重点产业，尽管发展仍然较为粗放，效益尚未升级，但不可否认的是，沙溪的夏布具有以下突出的优势。

1. 沙溪夏布产量占全国三分之一

苎麻夏布作为沙溪传统特色产业，传承了古越先民的苎麻耕种和手工编织的文化。沙溪的夏布较为有名，曾经是我国江南最大的苎麻集散地之一，产量占全国的三分之一左右。素有"江南麻埠""夏布之乡"的美誉（图9-14）。

2. 沙溪夏布企业规模大

沙溪镇现有苎麻企业 10 余家，其中规模以上企业 5 家（隆润、和原、百宏、宏鑫、顺利），2015 年产值达 10 亿，纳税额约 5300 万元，企业用工 1000 余人，通过公司＋农户的模式，共辐射周边 2000 余户农民从事苎麻夏布行业。

3. 沙溪夏布工艺——文化遗产

沙溪夏布工艺已被列入省级非物质文化遗产名录。2013 年 11 月省工信委授予沙溪镇"江西省苎麻纺织产业基地"称号，并成立了信州区麻纺织行业协会，目前已初步形成产业集聚效应。

图 9-14　沙溪夏布传统生产工艺

4. 重大项目：夏布产业基地

溪镇夏布产业园蓄势待发,进一步促进产业集聚。2013 年 11 月省工信委授予"江西省苎麻纺织产业基地",并成立信州区麻纺织行业协会。规划夏布产业园项目选址于沙溪镇向阳村,项目总投资 10 亿元人民币,建设周期 3 年,规划用地总面积约 1000 亩,一期规划用地面积 331 亩。2017 年 6 月,沙溪镇组织编制了《沙溪苎麻(夏布)特色小镇概念规划暨核心区控制性详细规划》,意在打造以夏布生产、商贸、研发为主导的综合产业基地,兼具文化、旅游功能的特色小镇(图 9-15)。同时,沙溪下步计划

图 9-15　沙溪夏布产业园平面图

(图片来源:《沙溪苎麻(夏布)特色小镇概念规划暨核心区控制性详细规划》)

狠抓项目招商，着力引进一批体量大、带动强、上下游关联的苎麻产业项目，同时巩固做强现有苎麻夏布企业，加快形成产业链完整、结构合理的产业聚集地，努力打造省内一流、全国知名的苎麻产业园区。

第二节 机遇：面对"两化"，如何重返聚光灯下？

沙溪这个中部传统中心镇面临低质化、低速化发展的难题，通过工业化吸引周边乡镇人口来激活城镇动力的路径显然已经不再奏效。那么，集秀美田园、文化符号和夏布之乡等多重"品质型"身份于一体，而未经雕琢的沙溪镇，是否有机会重拾中心镇的魄力，成为当前时期真正意义上的中心镇呢？这就要放眼更大区域的可能性——新型城镇化和都市化将是沙溪聚焦的转型契机。

一、新型城镇化：承转移，纳回流

1."中部崛起"战略推进，沙溪具备承载回流人口条件

《促进中部地区崛起规划》实施多年后，我国区域发展格局已经发生显著变化，从"中部塌陷"向"中部崛起"迈进。根据相关统计资料，江西省至2015年，外出务工人员连续6年回流，返乡人数同比增加，跨省劳务输出人数同比下降，"逆差"十分明显。目前沙溪1.5万外出务工人口中，未来也将逐步回流，成为沙溪实现快速发展的重要支撑。同时，沙溪镇自身具备承接人口回流、吸引乡村人口就地城镇化的条件。沙溪镇依托传统中心地优势已经发展具备了较好的商业服务设施与公共服务基础，在周边地区具有比较优势，成为村民、回流民工落户的首选地。

2.新型城镇化明确小城镇作为吸纳农业人口转移的载体

2014年《国家新型城镇化规划（2014—2020年）》出台，要求紧紧围绕全面提高城镇化质量，加快转变城镇化发展方式；以人的城镇化为核心，有序推进农业转移人口市民化；创新体制机制，通过改革释放城镇化发展潜力，走以人为本、四化同步、优化布局、生态文明、文化传承的中国特色新型城镇化道路。规划重点提出，要推动大中小城市和小城镇协调发展，并全面放开小城镇落户限制，促进约1亿农业转移人口落户城镇。小城镇作为吸纳农业人口转移的主要载体，成为新型城镇化建设中的重要组成部分。地处中西部的沙溪镇具备良好的人口集聚条件，推动传统城镇化模式向新型城镇化转变，成为沙溪发展新契机。

二、都市化：借扩容东风，逆边缘之境

1. 广丰县撤县设区，上饶城区扩容升级

2015 年 2 月，广丰撤县改区获国务院批复，成为上饶市第二个建制区。调整后，上饶市区面积由 309km² 增加到 1687km²，是调整前的 5.5 倍；常住人口由 42.2 万人增加到 118.5 万人，是调整前的 2.8 倍；国民生产总值由 165.6 亿元增加到 405.6 亿元，是调整前的 2.4 倍。如果再加上已经与市区连绵发展的上饶县城，"上广信"地区（上饶县、广丰区与信州区）的常住人口规模达到 186.9 万人，在江西省各市及四省交界地区城市中位列第二，仅次于南昌市区的人口规模。城市规模扩张，中心能级将逐步提升，城乡一体化趋势大大加快，都市化趋势渐显。

2. 都市区从极化走向扩散，沙溪远景将从边缘走向中心

遵循城市发展规律，中心城市一般都会从最初的极化发展阶段，逐步向扩散发展阶段迈进。中心城区周边小城镇也从发展资源被袭夺，走向主动承接城区功能外溢，从而逐渐进入高水平一体化阶段（图 9-16）。上饶市目前正处于极化生长时期，都市区雏形正在形成，对都市区郊野地区的城镇产生了更为多样化的功能需求。沙溪镇作为信州区"一主两副"空间结构中的副中心，在保证城市生态空间的前提下，积极融入上饶主城区都市一体化的格局中，承担城区生产、居住、休闲旅游功能，成为上饶都市区近郊的特色功能组团与发展战略备用地。

3. 上饶市提出"风景提升"战略，沙溪融入其中大有可为

新版上饶市总体规划明确上饶市城镇性质为"具有国际影响力的著名旅游城市、四省交界地区中心城市和交通枢纽、江西省域副中心"，城市功能定位转型升级，将

	案例	发展阶段、特征	模式图
情境 1：都市区城郊型小城镇	广州钟村镇	中心城区人口、功能外溢的承接地	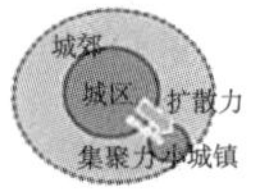
情境 2：大都市"城中村"	广州新塘镇、狮岭镇	准入低门槛，接纳外来人口的蓄水池	
情境 3：都市区卫星型小城镇	河北燕郊镇	都市区外围，承接扩散的城市功能，自身基础良好，动力充足	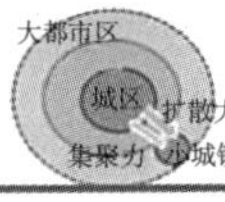
情境 4：都市区特色组团（生态农业／休闲旅游／特色业……）	南京谷里镇	高水平城乡一体化	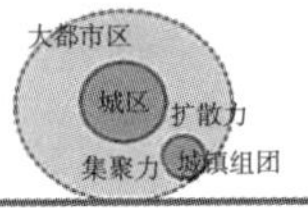

图 9-16　都市区内小城镇发展示意图

旅游功能作为城市主导功能培育，加强品质提升与精致空间生产。新版上饶市总体规划围绕旅游发展，提出打造"秀美活力上饶"的总体发展目标，力争把上饶建设成为新兴经济门户、旅游营运中心和最美田园城市，推进风景提升战略，促进旅游业提升，并全面实施"美丽上饶"计划。

2014 年上饶市旅游接待量和旅游总收入同比增长迅猛，接待旅游总人数首次突破 7000 万人次，比 2013 年同期增长 30%。沙溪依托高铁交通优势与自身生态文化资源，具备呼应风景提升战略，融入上饶市区、婺源、三清山等上饶主要景区发展，承接景区部分旅游人口溢出与周边上广玉地区近郊旅游人口的条件。

第三节 重生：从"传统中心地"到"都市精致后花园"

一、华丽转身：都市化格局下高品质新城区

党的十九大提出，中国由高速发展阶段转入高质量发展阶段，传统投资驱动、规模工业的增长方式已经难以为继，全国范围内自上而下均在寻找新的增长动力。对于沙溪而言，传统商业中心地模式已举步维艰、困难重重，亟须找到新模式、新路径。规划认为在《国家新型城镇化规划（2014—2020 年）》明确将小城镇作为吸纳农业人口转移的主要载体以及"中部崛起"的战略背景下，沙溪镇经济发展的关键仍在新型城镇化上。结合沙溪镇最真实的潜在优势——特色鲜明且文化附加值高的夏布工艺与制造，以及相对充足的适建空间，可以拟定其城镇品质发展的基本思路为从"传统中心地中心镇"转型发展为"都市化格局下高品质新城区"。

1. 寻找新模式，确定新目标定位

新时期，沙溪应从上饶大都市区格局出发，由传统中心地中心镇发展模式向都市化格局下高品质新城区转变。在传统中心镇模式中，中心镇主要依靠发展农业、工业，尤其是商贸服务业来吸引周边乡镇人口流入。结合沙溪实际分析可知，商贸服务业主要吸引了数量巨大的日流动人口，但这些日流动人口并没有转化为本地城镇化动力，他们从周边乡镇而来又回到周边乡镇。工业企业也容纳了一部分半城镇化人口，虽然相对而言，这部分人口在镇区内居住时间较长，但是落户意愿并不强。再加上本地人口大量流出，加剧了城镇化不足的问题，导致服务设施不足与整体品质不高等现象，从而也使得传统中心镇模式难以为继。

所以，沙溪必须跳出中心镇的局限，在更大的视角下探索沙溪未来发展的可能性。要借助上饶城区扩容升级的机遇，在保证城市生态空间的前提下，积极融入上饶主城

区都市一体化的格局中，承担城区生产、居住、休闲旅游功能，成为上饶都市区近郊的特色功能组团与发展战略备用地。

综上所述，沙溪镇应从传统中心镇模式转型至都市化格局下高品质新城区模式，即从原来注重与周边乡镇的协调，通过土地资源的流转，转向注重与上饶中心城区的协调。一方面，重点发展服务于都市区次区域的休闲农业、工业升级、文化旅游事业，满足中产化需求人口外溢，同时承接发达地区的人口回流；另一方面，强化公共服务设施供给与整体环境品质提升，着力增加沙溪镇为周边乡镇的吸引力，从内而外地增加沙溪的城镇化质量与水平（图9-17）。坚定以"新模式"促"新动力"，牢牢抓住本地新型城镇化的刚性需求和都市化格局下的品质需求，通过全域景观塑造空间精致生产。

2. 立足大区域，优化城乡空间格局

宏观上，沙溪的发展需与上广玉地区统筹协调，在区域都市化发展格局下，分析沙溪面临的机遇与挑战和职能分工，继续发挥沙溪镇靠近上饶中心城区以及县级中心地的优势，通过高品质、特色化的环境与产品体系供给，满足信州区、广丰区、上饶县、玉山县的长短期休闲需求，做好服务配套（图9-18）。中观上，沙溪需与信州工业园区统筹协调，统筹沙湖新区内部空间资源与产业布局，优化空间布局，协调产业分工，以沙湖新区平台建设为契机，打通新旧320省道之间的联系通道，以信江景观带缝合两岸功能，推动行政区划优化调整，引导区域一体化共赢发展。微观上，沙溪镇区要与周边乡镇统筹协调，继续发挥沙溪镇对周边乡镇的中心引领作用，以沙溪高品质镇区（城区）打造为核心，补齐匹配副中心职能的公共服务设施，吸引周边地区人口向

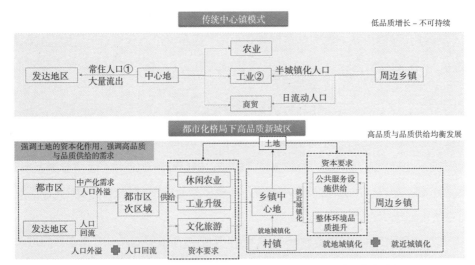

图9-17 传统中心地中心镇模式与都市化格局下高品质新城区模式对比图

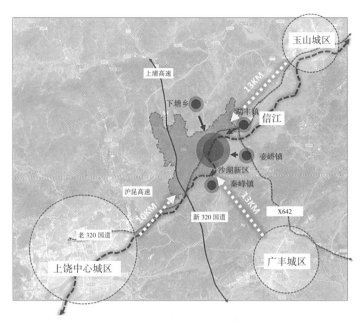

图 9-18　沙溪镇立足大区域的多尺度协调示意图

镇区集中。此外，沙溪镇区还需与乡村空间统筹协调，注重"整风貌"和"升内涵"，从物质空间环境提升与产业持续发展两点出发，统筹城乡一体化发展，推动乡村特色化发展，推动镇区品质化发展，优化城乡空间格局。

3. 转变空间生产方式，提升全域品质

沙溪本身面临人口净流出、区域交通廊道分割的现实，城乡发展有亮点但总体品质不高。沙溪需要通过新型空间生产找到新动力，新空间生产的目标是提供"现代化2.0"的空间产品。规划认为可着重从以下四个方面展开。

首先要优化城乡空间格局，推动全域旅游发展，实现战略空间的"资源化、资本化和资金化"过程。沙溪本身面临人口净流出、区域交通廊道分割的现实，城乡发展有亮点，但总体品质不高。因发展环境与诉求的变化，上版总体规划已不能适应新的发展需求，新规划须优化镇域城乡空间结构与功能布局，构建合理的城乡空间秩序，突破发展瓶颈。落实"风景上饶"战略，整合城乡优势资源，推动全域旅游发展，实现新型增长。

二是提升城镇空间品质，探索千年古街保护、更新与活化实施路径。大力推动镇区环境品质提升，解决沙溪城镇景观环境较差、城镇特色不足等问题。以沙溪古街改造为契机，深入挖掘、保护与传承沙溪古镇文化，探索科学合理的更新方案，在有效保护和展现沙溪地方特色历史风貌的同时，又能成为城镇品质提升、功能再造的样板，从而实现古镇复兴。

三是加强苎麻产业转型升级，借力特色小镇平台，塑造沙溪品牌与形象。苎麻产业是沙溪当地特色产业，但是现状发展模式较为粗放，效益较低，已经陷入发展瓶颈。规划充分发掘苎麻产业文化内涵，借力特色小镇平台，延伸产业链，引导苎麻产业高端化发展，塑造沙溪的品牌与形象。

四是落实信江一江两岸景观塑造，谋求治水与景观、产业相结合，释放滨水空间价值。信江一江两岸始终是沙溪镇发展的重要生态资源、景观资源和战略资源。规划应紧紧围绕信江水利改造工程提上日程，谋求治水与景观、产业相结合，提出信江沿线景观改造的发展策略与空间方案，充分发挥水利改造的复合效应，释放滨水空间价值，带动两岸城镇空间有序扩张。

二、特色定位：全国综合名镇和活力宜居新城

1. 城镇性质与功能

沙溪镇城镇性质定位为中国夏布之乡、江西省历史文化名镇和上广玉地区核心城镇。其核心功能有三。一是打造集工业、文旅、居住为一体的综合型名镇，以生态工业为主导产业，以文旅为核心功能，以本地居民为主要社会支撑，集工业、文旅和居住为一体的综合型名镇。二是成为夏布主题文化旅游与产业基地，突出夏布文化的引领作用，依托夏布特色小镇的建设，完善"夏布文化旅游"产业布局。三是提供滨江宜居宜业高品质精致城区，紧紧围绕信江沿岸景观资源，建设高品质居住区，满足上饶中心城区的人口外溢与旅游需求。

规划提出，沙溪镇应当坚持特色化、品质化发展，整合并优化夏布产业、古镇风貌、滨江环境、生态资源、人文条件等方面的优势，深入贯彻乡村振兴战略，将沙溪建设成环境优美、社会安定、生活舒适、美誉度高的宜居城镇，成为江西省乃至国家综合型名镇。同时，沙溪镇还应当协调好与信州工业园区的发展关系，推动生产、生活、生态全面融合，完善基本服务设施供给，提升镇区环境品质，全面承接上饶城区的人口外溢与乡村振兴下的人口回流，使沙溪成为富有活力的宜居新城区。

2. 城镇化水平预测

结合沙溪镇传统中心地的现状以及未来都市化的高品质城区目标，未来沙溪镇的总人口将由户籍人口、外来人口、中心地吸引人口以及旅游人口转化四部分组成。预计沙溪镇2025年、2035年常住人口规模分别为6.9万人和7.5万人。综合判断，规划至2025年沙溪镇常住人口数量为6.9万人，其中城镇人口3.5万，乡村人口3.4万，城镇化率为51%；2035年常住人口为7.5万人，其中城镇人口5.5万，乡村人口2.0万，城镇化率为73%（表9-2）。

沙溪镇人口预测（单位：人） 表9-2

年份	现状（2016年）	近期（2025年）	远期（2035年）
户籍人口	5.6	5.4	5.6
外来人口	—	0.5	0.7
中心地吸引人口	—	0.7	0.8
流动人口转化	—	0.3	0.4
年份总人口	5.6	6.9	7.5

三、战略施展：增长动力重塑，特色空间引领

战略一为区域协调共赢，即以沙溪高品质镇区（城区）打造为核心，补齐匹配副中心职能的公共服务设施，吸引周边地区人口向镇区集中；以沙湖新区平台建设为契机，打通新旧320省道之间的联系通道，以信江景观带缝合两岸功能，推动行政区划优化调整，引导区域一体化共赢发展；继续发挥沙溪镇县级中心地的优势，通过高品质、特色化的环境与产品体系供给，满足信州区、广丰区、上饶县、玉山县的长短期休闲需求。

战略二为空间生产转型，即以"资源化、资本化、资金化"理念盘活沙溪城乡全域空间资源，促进镇区向南精明拓展，向北有机更新；有序引导资本"下乡"，建立多主体参与的增长联盟，打造秀美乡村建设的"升级版"。

战略三为主题产品引领，即有机整合沙溪古镇、夏布、生态三大优势，形成主题鲜明的特色产品和产业链，避免低品质、零星式建设，通过旗舰产品引导经济转型升级。

战略四为交通"双道"引导，即快速交通精明引导，加强与各城区之间的快速交通联系；慢行绿道柔性重构，引导上饶城区绿道向沙溪延伸，并建立与之相对应的城乡绿道体系。

战略五为特色风貌塑造，即以滨水景观、古镇风貌、夏布文化为底色，引导沙溪特色景观和风貌塑造（滨水界面、古镇、天际线）。

四、空间描绘：从宏观到微观，促共融享共荣

1. 宏观层级——"沙湖新区"

（1）"沙湖新区"的缘起

2013年上饶市编制《上饶市"1+5"信江河谷城镇群规划（含中心城市发展战略规划）》，规划范围包括信州区、上饶县、广丰县（现广丰区）、玉山县、铅山县、横峰县、弋阳县，总面积为10062km^2，首次提出"沙湖新城"，辖沙溪、秦峰、湖丰三镇。2016年，《上饶市城市总体规划（2016—2030）》开始编制，该规划沿袭《上饶市"1+5"信江河谷

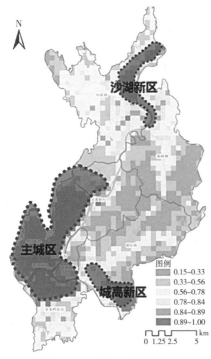

图 9-19　信州区可建设用地分布图

城镇群规划（含中心城市发展战略规划）》的相关内容，在"沙湖新城"的基础上提出"沙湖城镇簇群（沙湖城镇板块）"。同年，《上饶市信州区区域经济与空间发展战略规划》提出"沙秦湖组团"。

"沙湖新区"的提出与信州区自身发展有很大关系，缺少建设用地是根本原因。2015 年之前上饶市仅有信州区一个区，多年发展重点一直局限于信州区内。经过多年发展，限于行政区划及土地建设适宜性等问题，可建设用地已经明显不足（图 9-19）。为了解决这一问题，信州区审时度势选择沙溪镇作为承接信州区建设用地的最佳备选地。2015 年信州区城乡规划局文件将沙溪镇确立为信州区副中心。

沙湖新区对于信州区发展具有重大意义，自沙湖新区提出以来，相关上位规划都十分重视"沙湖新区"的定位与发展，但设想却各不相同。主要体现在三个方面。第一，沙湖新区涉及乡镇不明确：《"1+5"信江河谷城镇群规划》强调沙溪、湖丰、秦峰抱团紧凑发展，《上饶市城市总体规划》强化四乡镇的合作协调与联动发展，《信州区区域经济与空间发展战略规划》提出沙溪与秦峰、湖丰共同打造"沙秦湖组团"。上位定位含混，具体用地范围不明。第二，沙湖新区的功能定位不明确：《"1+5"信江河谷城镇群规划》提出现代商贸集聚区定位，其余两个规划对沙湖新区发展均无明确定位。但是《上饶市城市总体规划》给出了滨江宜居区域中心城镇、文化商贸镇这一对关键词；《信州区区域经济与空间发展战略规划》提到沙溪镇作为苎麻为主导的特色小镇。第三，沙湖新区的用地范围不明确：《"1+5"信江河谷城镇群规划》强调将英塘村并入主城区；《上饶市城市总体规划》并未将大量农业用地并入主城区，只强调四乡镇的交通联系；《信州区区域经济与空间发展战略规划》强调了壶峤工业园的用地。

尽管"沙湖新区"处于争议之中，但是三大上位规划仍然存在两大共识。第一，以信江组织沙溪、湖丰和秦峰城镇发展空间，虽然沙湖新区具体用地范围并不明确，但是通过信江两岸生活空间的黏合作用实现沙溪、湖丰和秦峰的联动发展是这三个上位规划的共识。第二，沙溪在沙湖新区的核心地位，虽然沙湖新区具体功能定位并不明确，但是通过强调沙溪镇在沙湖新区的核心作用实现沙湖新区内部的协调发展是这三个上位规划的共识。

（2）沙湖新区的地域范围和目标确立

站在沙溪镇的视角，要想最大限度地实现共荣，必须首先明确共融组团的地域范围，依据地理空间距离和经济社会联系密切程度分析得出，最佳选择是以沙溪镇作为发展核心，主要围绕沙溪、秦峰、湖丰镇、壶峤镇等四镇进行建设，共包含沙溪镇域全部、秦峰镇北部（主要包含下湖村、东塘村、新塘村、五石村、老坞村、管家村、秦峰镇区等）、壶峤镇西北部以及湖丰镇东部，总地域面积约 114.20km²。

为最大限度地协调各乡镇的利益公平，沙湖新区的建设必须保障成果共享，但是建设阶段的划分仍是必要且科学的（图 9-20）。需要理清的是，沙湖新区各乡镇的建设问题"不是发不发展的问题，而是谁先谁后的问题"。规划建议近中期优先推进"沙秦"一体化发展，落实"都市化格局下的高品质都市新区"发展模式，优化现状镇区环境，推动镇南开发（地块 4），同时沙溪工业园区（地块 5）开始建设。远期逐步推动"沙秦湖"一体化发展，通过大力推动行政区划调整，着力跨江发展地块 3 与地块 2，使地块 1（湖丰）向沙溪工业园区拓展，秦峰镇区向北延伸，落地信江沿岸，并择机建设秦峰工业园区（地块 6）。

沙湖新区的主要发展目标是以沙溪镇区为新区核心区，依托信江滨水景观带，带状整合湖丰、秦峰镇区，以工业制造、现代商贸、休闲旅游为主，将沙湖新区打造成为服务于周边乡镇和上饶市区的集居住、旅游、生态、产业功能于一体的上饶东部综合型新城区。

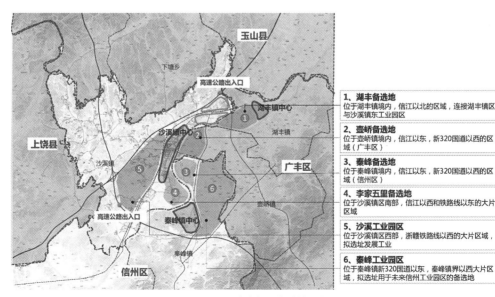

图 9-20 沙湖新区备选地分布

（3）沙湖新区的空间结构

沙湖新区总体布局方案将坚持生态、生产、生活三生融合，"产城人文"四位一体，构建"内生活，外生产"的功能分区结构，将生活与生态用地沿信江布设；生产用地布置在新区外围，并以浙赣铁路与新320国道为天然界限，尽量减小生产与生活两者之间的干扰与影响（图9-21）。

在生态文明建设与可持续发展的总体要求下，建设"多心开敞、三生融合、跨江发展"的新区空间布局，彰显"山、水、城、林、田"的生态特色，形成"一核两轴四节点，四廊五楔五组团"的空间布局结构（图9-22）。

其中，"一核"为沙湖新区核心，以现状沙溪镇区为基础，推动沙溪镇区跨信江发展，形成沙湖新区行政、商业、文化等各种功能及基础设施服务中心。

"两轴"分别为信江滨水景观带与沙湖大道新区功能拓展轴。以信江为轴，带状整合湖丰镇区、沙溪镇区、秦峰镇区，依托信江优良的景观岸线与资源，合理布置生活与生态功能用地；以沙湖大道为重要的东西向联系通道，串联沙溪工业园区、秦峰工业园区（信州工业园区备选地），远景可继续向东延伸至壶峤工业园区。

"四节点"为沙溪工业片区、秦峰工业片区两大片区中心及秦峰片区、湖丰片区的两个服务节点，位于各功能组团中心，坚持以各组团为支撑，构建网络化空间结构的重要节点，形成未来发展新区经济的主要空间载体与重要的形象展示窗口。

"四廊"为沙湖新区生态绿廊，实现生活空间与生产空间的有效隔离，互不干扰。

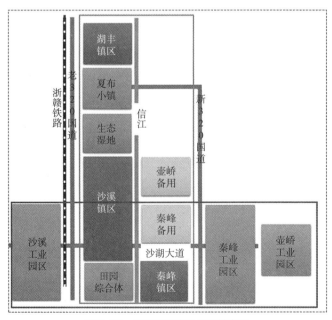

图9-21　沙湖新区中心区用地布局

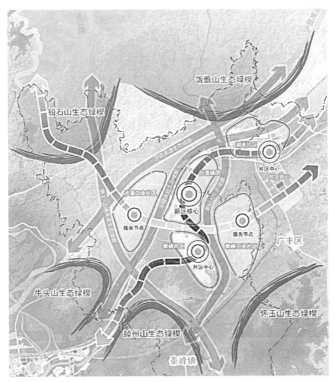

图 9-22　沙湖新区空间结构规划图

分别为德上—上浦高速生态绿廊、沪昆高速生态绿廊、浙赣铁路生态绿廊、新 G320 生态绿廊。

"五楔"为沙湖新区生态绿楔,结合地形地貌,采用"基质—斑块—廊道"布局方式,以山体为底,形成铅石山生态绿楔、饭甑山生态绿楔、牛头山生态绿楔、睦州山生态绿楔、怀玉山生态绿楔五大生态绿楔。

"五组团"为沙溪镇区、湖丰片区、秦峰片区、沙溪工业片区、秦峰工业片区。其中沙溪镇区为五组团的中心,推进跨信江发展,形成一江两岸总体格局;湖丰片区与秦峰片区分别以湖丰镇区与秦峰镇区为载体,推动两片区用地向沙溪镇区集聚,形成一个有机整体;沙溪工业片区位于沙溪镇区西部,以浙赣铁路为界,以发展工业为主;秦峰工业片区位于秦峰镇域东北侧,以发展工业为主,是未来信州工业园区的备选地。

（4）沙湖新区发展策略

沙湖新区的发展应强化以生态保护为先的总体思路,实施生态引领战略,优先确定生态用地,有效解决经济快速发展与生态保护之间的矛盾与冲突。理顺行政体制关系,加强城市规划设计工作,避免出现各城镇发展各自为政、园区建设无序开发、高污染企业对环境造成污染、城镇建设千城一面等问题。同时还要集约利用资源,整合区域各类自然、人文景观要素,串联绿色开敞空间,与上饶旅游发展体系融为一体。

综合交通发展方面，应利用上浦高速建设契机，协调好沙湖新区高速出入口位置，推动沙溪工业片区、秦峰工业片区、夏布小镇片区各设置一个高速出入口。其次应优化新老320国道路况，拉近与上饶中心城区的时空距离，尤其注重老320国道沿线改造问题，形成形象窗口。还应注重新区东西向交通联系，推进沙湖大道建设，建设两个跨浙赣铁路立交。最不容忽视的是完善慢行交通与静态交通，一方面建立具有沙湖新区特色的慢行体系，并协调好新区与上饶慢行系统的关系，另一方面构建科学合理的新区停车体系，满足新区停车需要，解决好新区客运和货运的关系。

为保障沙湖新区共融，规划还创新性地提出了政体系改革策略，意在推动行政区划调整，理顺行政管理体制。从沙湖新区所涉及的四个乡镇来看，一方面沙溪的发展动力最为充足，实力也最强，但另一方面沙溪镇域内部的可建设用地也最为稀缺，由此可见未来沙溪镇超出行政区域向信江对岸发展的可能性极大。而同时，壶峤备用地远离壶峤镇区且不是壶峤发展的重点。基于此，规划建议以沙溪镇为主导来推进沙湖新区建设，同时利用江西省"经济发达镇"的优势，推动沙溪镇进行行政区划调整。即在市级层面将壶峤镇域新320国道以西区域划入沙溪镇，由沙溪镇负责该块新增用地的建设与管理。由于秦峰镇同样受到可建设用地的限制，又考虑到秦峰镇与沙溪镇未来合并的可能性不大，规划建议秦峰备用地由沙溪镇与秦峰镇共同开发，秦峰备用地不纳入沙溪镇。

同时，可以借鉴国家级新区管理体系，成立沙湖新区管委会，助力各镇协调发展。由于沙湖新区涉及四个乡镇，主体太多，各镇差距又比较明显，为了更好地推进区域一体化发展，规划建议在上饶市区层面成立沙湖新区管委会，针对沙湖新区进行总体规划，协调各镇建设活动，推动沙湖新区形成有机整体。

2. 中观层级——沙溪镇域

（1）沙溪镇域的空间利用准则

在落实空间规划之前，沙溪镇需明确以下几个重点。一是合理控制村庄发展规模，引导乡村人口向镇区集中，并逐步整理乡村低效建设用地，收储建设用地指标。二是坚持以信江为轴带引领城镇空间扩张，构筑滨江带型城镇。三是优化城镇功能布局。整合商贸功能，强化沙溪"中心地"服务职能；振兴文化功能，加快沙溪老街更新改造；调整产业功能，向东部产业园区集聚；结合江岸资源布局居住功能与游憩功能。四是战略预留上浦高速出入口发展空间，协调沙湖新区空间布局与设施衔接。

（2）沙溪镇域的空间结构

沙溪镇域的空间规划重点在于统筹全域发展，推动城乡一体，合理配置空间资源，引导发展要素向中心镇区与重点村集中，并形成与资源配置重点相适应的空间组织模式。规划建议沙溪镇域形成"一带三轴，四心三片"的空间结构，打造"三大乐园"的城乡功能板块（图9-23）。

"一带"为信江滨水景观带。信江滨水景观带既是信州区绿道延伸的重要组成部分，又是展示沙溪城镇风貌的重要区域，下一阶段将着重以信江滨水景观带的打造组织沙溪建设用地的拓展。一来协同秦峰镇，加快一江两岸景观带建设；二来塑造滨水公共空间，补齐城镇游憩功能短缺；三来构建沿江生态功能纽带，缝合城镇与郊野、新区与老城，促进城乡高质量发展。

"三轴"分别是老320国道城镇发展轴、七沙公路秀美乡村发展轴与沙秦山地旅

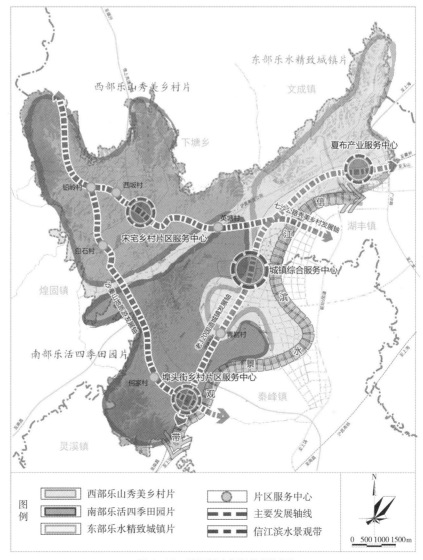

图9-23 沙溪镇空间结构规划图

游发展轴。老320国道城镇发展轴主要承担疏解老G320国道过境交通职能，作为联络内部功能组团的重要通道，从北向南依次串联工业区、生态区、老镇区、新镇区、现代农业示范园（东风村、青岩村）。七沙公路秀美乡村发展轴借助于现状七沙公路，连接沿线英塘村、宋宅村、西坂村、铅岭村，重点展现沙溪的田园风光，重点工作是加快七沙公路沿线乡村特色风貌塑造，打造沙溪秀美乡村风景线。沙秦山地旅游发展轴梳理镇域西部村道，串联铅石山与牛头山，促进沙溪山地旅游协同发展，在沙溪镇内连接东风村、何家村、白石村、铅岭村。在沙秦层面，沟通秦峰镇区、农示园、沙溪乡村。

"四心"即城镇综合服务中心、夏布产业服务中心、宋宅乡村片区服务中心与埠头街乡村片区服务中心。城镇综合服务中心是沙溪行政、商业、文化、绿地等各种功能及基础设施的服务中心。夏布产业发展中心是夏布及相关产业集中发展区域。宋宅乡村片区服务中心依托现状宋宅村的商业服务本底，面向西坂村、铅岭村、白石村打造西部乡村旅游的服务中心。埠头街乡村片区服务中心将落实上饶总规区域级绿道规划，将埠头街打造为信江绿道进入沙溪的门户起点。

"三片"即南部乐活四季田园片、西部乐山秀美乡村片、东部乐水精致城镇片。南部乐活四季田园片以信州现代农业示范园为重点，升级打造现代田园综合体，并逐步整合何家花卉示范园区，形成以农业生产为特色的郊野片区。西部乐山秀美乡村片利用内部山地资源，以铅石山、岩底水库为重点，推进乡村旅游发展，完善旅游服务配套，形成以乡村休闲旅游为特色的郊野片区。东部乐水精致城镇片以品质营城为方向，合理保护、利用沙溪老街，彰显城镇文化特色，充分挖掘信江景观资源，突出城镇生态特色。协调郊野空间发展，植入城市休闲功能，统筹城镇空间发展，合理布局生产、生活功能。

3. 微观层级——中心镇区

根据沙溪镇区现状空间发展格局以及城镇规模要求，规划拟定中心镇区范围为西至浙赣铁路线—沙秦大道，南至信江，东至信江—沙溪工业园区，北至沙溪镇界，总面积约10km²。规划形成"一主三副、两带五片"的空间结构（图9-24）。"一主"即城镇综合服务中心，依托玉带路与玉华路，打造沙溪商业、文化、旅游综合服务中心。"三副"是北部产业中心、中部行政中心、南部服务中心。依托夏布小镇，打造产业中心；依托沙溪镇政府，打造行政中心；依托沙湖体育公园，打造南部中心。"两带"包括老320国道城镇发展带，串联工业区、生态区、新老镇区等发展组团，形成城镇功能南北向发展的主要脉络；以及信江滨水景观带，加强一江两岸景观设计，打造滨江绿道串联城镇主要景观节点。"五片"包括南部城镇拓展片，围绕城镇新中心，

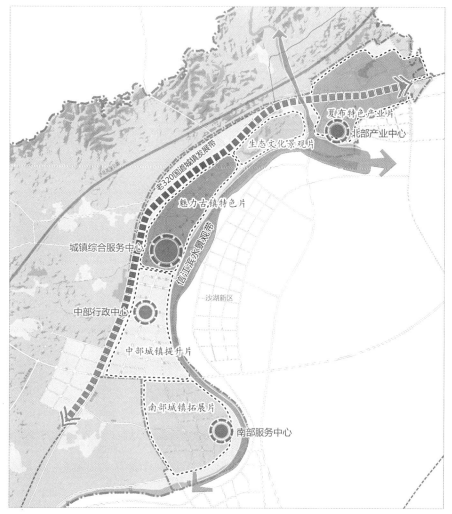

图9-24 镇区空间结构规划图

建设高品质住区；中部城镇提升片，围绕镇政府周边进行精明发展，增加新区人气；魅力古镇特色片，提升现状建成区品质，重点关注沙溪老街更新改造；生态文化景观片，重点打造龙门额山水渔村、黄家溪湿地等项目；夏布特色产业片，重点发展夏布产业，打造夏布特色小镇，完善服务配套功能。

五、纷呈亮点：挖掘核心魅力，重塑增长动力

1. 夏布特色产业专题

沙溪的产业发展突破现有桎梏的要点在于其如何从低端走向高端。旅游发展背景给了我们"融合"的启发，产品高端化需求又告诉我们"品牌"的重要性，因此，沙溪产业发展的大路径是多产融合与夏布符号化，即充分发挥苎麻产业基础和文化特色，在考

察市场新需求的基础上，引入产业新要素，既要适当保留的传统一、二产业，又要大胆更新原始业态和产业链，多层次、全地域地串联各个产业，形成高效活力的产业网络。

（1）三产突破策略

农业上从基础农业依次提升转型为观光农业—休闲农业—创意农业，以文化为灵魂，以创意为手段作为效益提升的路径，打破传统的以生产、销售农产品为主要形式的农业经营模式，将初级的农产品转化成高附加值的服务产品；多次增值，通过深加工使农产品产生第一次增值，再通过时尚性的创意对产品进行文化包装产生第二次增值，最终成为综合性服务产品。

工业上应当首先反思现有产业基础，即苎麻工业虽然能够保证沙溪镇第二产业的稳定发展，但经济增长过于平缓，效益仍旧无法实现突破。进而意识到针对沙溪镇主导产业的文化特性，找到合理的途径进行持续的产业文化输出是后续工作的重中之重。结合工艺产品、旅游产品、教育产品、体验产品等热门工业生产门类，敲定沙溪的工业突破路径是选择重点发展文化型工业，挖掘传统工艺的多重价值，结合旅游发展，实现经济效益和文化输出。

（2）夏布产业链构建

沙溪镇定位为省级苎麻纺织综合产业基地、文化创意产品展销窗口、夏布主题文化旅游目的地，以"农业"为基础，以"旅游"为禀赋，以"文创"为黏合，以"科教"为助力，并提出"悠悠沙溪情，夏布织古今"的形象口号。把苎麻夏布这一原材料和文化元素融入食宿、旅游、娱乐体验、教育体验、审美体验等个性化、定制化、差异化的产品和服务（图9-25）。

2. 乡村振兴专题

针对沙溪镇域数量众多且特色各异的乡村，规划还特别深入补充了一个乡村振兴

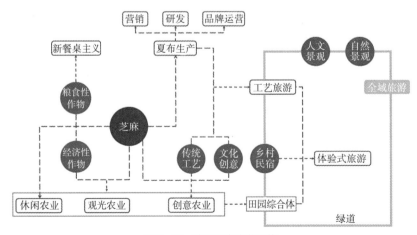

图9-25　沙溪夏布产业网络

专题作为建设指南，为当地政府提供最为实用、鲜明的素材箱和行动库。规划以行政村为单位，划分沙溪镇村体系为三级：中心镇区—中心村—基层村，形成"1+2+11"的镇村体系结构（图9-26）。此外规划较为创新地以自然村为对象，对沙溪乡村提出分类发展指引，包括重点发展型、特色引领型、限制发展型与搬迁改造型。

重点发展型村庄应依托自身基础条件集聚周边分散的村庄人口入驻，并进一步加强基础设施和公共服务设施的投入，完善服务功能。允许重点发展型村庄增加建设用地面积，并进一步优化建设，推进重点发展型村住宅流转，减小乡村住宅空置率。特

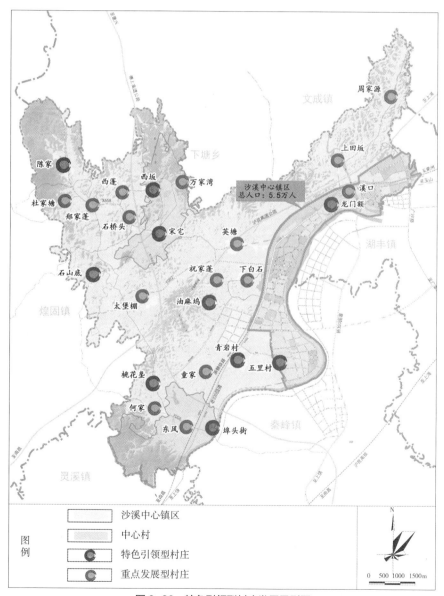

图9-26　特色引领型村庄发展导引图

色引领型村庄应适度控制人口与用地规模，围绕自身山水、产业条件，引导特色化发展，结合周边旅游目的地开发，适度发展乡村旅游，配套旅游服务设施。限制发展型村庄应规划近期予以保留、远期逐步搬迁的村庄，严格限制建设规模扩张及住宅更新，引导居民向镇区或重点发展型村庄集聚。搬迁撤并型村庄由于区域性基础设施、城镇建设等需要整体搬迁撤并的村庄，居民搬迁至镇区或重点发展型村庄集中安置。

其中，特色引领型村庄是沙溪吸引旅游人口的重点建设对象。基于现状乡村的资源条件，规划选出了10个有一定基础且发展潜力较大的特色引领型村庄进行重点打造，进而带动周边一般乡村的转型振兴，包括龙门额、油麻坞、埠头街、桃花垄、石山底、陈家、宋宅、西坂、青岩、五里。在此基础上将这10个特色引领型村庄分为自然风光特色村、乡村旅游综合服务村、历史文化特色村和休闲农业特色村四大类来引导其开发建设，并规划三条不同休闲主题的乡村旅游线路。

3. 老街整治专题

针对沙溪老街保护利用不当的问题，规划单设老街整治专题，在对建筑进行分级分类保护改造的基础上，确定老街的开发主题为"编织古今，醉美沙溪"，并通过连接古与今，即将古色古香的老街空间与现代商业业态相结合；连接内与外，即使沙溪老街与外部区域相关联；连接内与外，即连通内部院落与外部景观绿环；连接水与街，即沙溪依水而生，重塑水街联系，交融水景街景这四个策略来打造核心节点，带动街巷发展，联动片区发展。

空间结构为三轴，即夏布历史文化一条街、慢生活游玩街、历史风貌古街；一带，即滨江景观绿带；四区，即高品质文化创意展示区、深体验湿地康养旅居区、慢生活休闲娱乐游览区和原生态小镇生活体验区。

4. 一江两岸品质提升专题

针对信江两岸景观品质潜力未被激发的现状，规划特立一江两岸品质提升专题，拟定信江滨江岸线优化的主题为"市肆·小舟·水春，明韵信江"。营造策略主要有以下三点：一是活力空间策略，即沿江整体形成丰富的空间景观层次过渡；二是魅力天际策略，即立足现状，显山露水，控制建筑物轮廓线的美感；三是潜力堤岸策略，即针对不同区段的特质，设置不同类型的堤岸形式，以满足其防洪、生态、亲水、美观及慢行交通的功能。岸线根据功能和景观营造风格分为生态涵养段、明韵古镇段、现代风情段、郊野休闲段和城镇门户段。

5. 环境整治提升专题

针对中心镇区的环境品质欠佳问题，规划还专门拟定了环境整治提升专题，针对三大整治内容提出了详细切实的改造计划和丰富示例（表9-3）。

环境整治行动总览 表9-3

整治内容	具体行动内容
整治环境卫生	重点区域环境卫生整治
	环卫设施建设提升
整治城镇秩序	道乱占整治
	线乱拉治理
	房乱建治理
	摊乱摆治理
	服务设施及周边环境整治
整治乡容镇貌	重要节点景观提升
	城镇标识系统优化
	"城市家具"建设
	街道整治改造
	镇区亮化整治项目

第四节 真知：中部潜力镇转型的实践范本

一、提出了沙溪镇转型发展的新模式

面对工业发展停滞、人口大量流失、城镇化动力明显不足的沙溪，规划认为首先应从理论高度挖掘沙溪发展的潜力，寻找沙溪下一阶段发展的动力。在深入调研了沙溪现状发展情况之后，规划将沙溪的发展模式总结为"传统中心镇模式"，其特征是商业服务不仅面向沙溪镇，同时也面向周边乡镇，但是商业发展并不能持续支撑沙溪下一阶段发展。为此规划立足区域，提出沙溪镇应从"传统中心镇模式"转向"都市化格局下的高品质新城区"模式，从重点面向周边乡镇转向重点面向上饶中心城区，在都市一体化格局下，满足上饶中心城区的部分旅游、居住等需求，从而成为上饶城区消费升级后中产阶层的首选目的地。

二、构建了沙溪镇区域协调的三级体系

规划站在区域角度，从沙湖新区的结构规划入手，呈现了沙湖新区空间利用规划—沙溪城镇土地利用方案—中心镇区土地利用方案等多层次空间规划成果。例如首先考证了不同的信州工业园区选址方案并确定最佳选址，提出园区分为夏布小镇、沙溪工业园、秦峰工业园三大片区，形成"三横四纵"的交通体系。其次研究提出沙湖新区发展基本思路为：以信江为轴，带状整合沙湖新区（生活与生态）；以沙湖大道为轴，

串联沙溪、秦峰工业园（生产）；整合湖丰、沙溪、秦峰三镇的镇区，并扩展到广丰区（湖丰和壶峤）、信州区（秦峰）。最后从区域多元人口预测和分配的角度切入到沙溪城镇的发展规划当中来。这种区域视角是明确中心镇地位和功能的良好切入点。

三、建立了覆盖沙溪城乡的规划成果体系

行动总路线是将沙溪 2040 年的战略蓝图转化为可操作的一揽子项目，以镇级政府为主体，引导形成"政府—市场—社会"协同合作的城乡发展联盟，共同推动城乡发展水平有序、稳步提升。近期至 2020 年，中期至 2030 年，远期至 2040 年。规划采取"以行动落规划、以项目带实施"的方式，将总体规划内容进一步落实到详细设计与行动规划，以确保规划的实施落地。在多元参与和收集行动项目库的基础上，综合分析梳理，提出了镇区活力重塑与品质提升、沙溪老街有机更新、"一江两岸"景观改造、夏布产业提升和秀美乡村建设与乡村振兴发展五大行动计划。

第十章
统筹规划引领城镇跃迁：
马鞍山市博望镇统筹发展模式研究

区划调整既是城市发展到一定阶段统筹城乡资源、优化城乡治理的客观需要，也是拓展城市空间、提升城市等级及增强区域竞争力的主动战略，尤其是快速发展的30年间，区划调整更是地方政府推动城市经济发展和城镇化的重要手段之一。国内目前的区划调整多聚焦于大城市或区域层面，绝大多数区县层级区划调整不涉及小城镇，与小城镇直接相关并且最普遍的区划调整就是乡镇撤并。但由于小城镇无法从中获得自主管理权限与公共服务职能的升级，因而很难得到成长，然而实际上，在中国存在大量借助行政区划调整实现城镇化的小镇样本，马鞍山市博望镇就是由行政区划调整实现跃升发展的典型代表。这样的区划调整对小城镇内部将带来怎样的直接作用，以及区划调整效应持续作用下小城镇的发展路径将如何调整演变，在当前的规划研究中尚不明晰，因此通过博望镇的案例，分析由镇升区这一区划调整举措作用下的小城镇成长影响机制及其就地城镇化效应，将丰富区划调整研究的小城镇样本，并为新型城镇化目标导向下小城镇体制改革创新提供新参考。

第一节 现状与背景：苏皖边界小镇的"双重瓶颈"

一、区位——苏皖边界的门户

博望镇位于安徽省马鞍山市博望区最东部（图10-1），是博望区政府所在地，距马鞍山市中心区、当涂县城均为约30km。博望镇地处南京与马鞍山两市交界地带，位于南京都市圈核心圈层（图10-2），北部、东部、南部分别与南京市江宁区、溧水区、高淳区接壤，距离南京禄口国际机场、市区分别为0.5h、1h车程。同时，博望镇东连

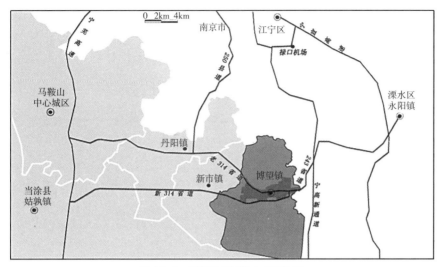

图 10-1　博望镇在马鞍山市区位图

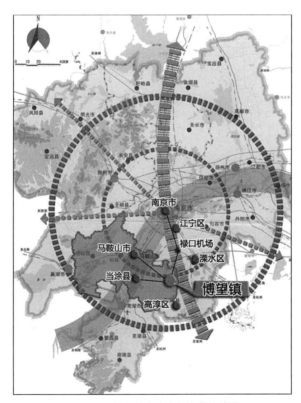

图 10-2　博望镇在南京都市圈的位置

宁杭高速，西近长江黄金水道，314 省道横穿境内，是安徽省通向苏浙沪等长三角发达地区的一个重要门户。另外，南京市地铁 S1 号线二期的建成开通，将博望镇纳入南京市 1h 都市圈，拉进与城市都市区的距离。

二、产业发展——结构亟须优化

博望镇综合实力位居当涂县第一（博望区成立之前）（图10-3），民营经济发达，工业基础雄厚，刃磨具和剪折机床制造业历史悠久，特色鲜明，享有"中国刃磨具之乡"的美誉。但目前其二产比重超过80%，在地区生产总值中占据绝对主导地位，呈现工业单轮推动经济增长的特征，产业层次较低。从产业内部看，博望仍然主要依赖刃模具、机床、铸件制造等传统制造业（图10-4、图10-5），产品档次不高，技术含量较低，企业创新能力不足，企业之间同质化竞争严重。并且处于价值链低端的小微企业比例高达78%（图10-6），规模以上企业数量偏少，工业园区的科研孵化平台建设也仍然处于初级阶段。

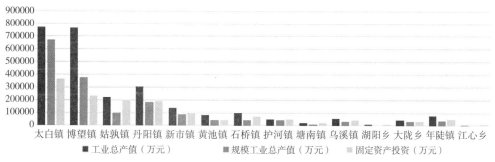

图10-3　当涂县各镇工业总产值与固定资产投资比较

图10-4　博望镇传统制造业车间

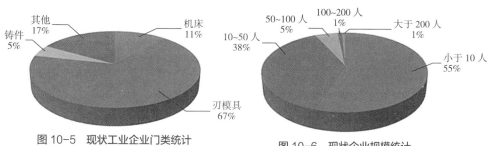

图10-5　现状工业企业门类统计　　　　图10-6　现状企业规模统计

与二产相比，博望的一产和三产发展更显滞后。目前农业生产仍然以传统的小农经济为主体，规模化农业尚处于起步阶段，难以支撑新型城镇化和区域进一步发展的需要。同时服务业发展缓慢，功能水平较低，无法满足居民的生产生活需求。

三、城镇化——低品质低效益

1. 城镇化严重滞后于工业化，隐形城镇化现象突出

博望镇经济发展迅速，2011年人均GDP已接近7000美元，二产比重高达86%，农业就业人口仅占总就业人口的20.5%。根据经济发展阶段理论，博望正处于由工业化中期向后期转变的阶段（表10-1），与此阶段相匹配的城市化水平应该是60%左右，并且城市化质量较高。然而，目前博望镇城镇化率仅为33%，严重滞后于工业化，且远低于全国51.6%的平均水平（图10-7）。与此同时，房价过高阻碍了普通农民迁居进城，且镇区偏低的综合服务水平难以产生足够的城镇化拉力（图10-8），导致绝大多数农民倾向于"留守"农村（图10-9），农民职住空间分离现象突出，隐性城镇化人口数量庞大，占到农村总人口的70%。

2. 城乡空间格局不尽合理，土地利用粗放、无序

博望城乡空间现状格局不合理，集中体现为土地利用的粗放和低效。从镇区来看，作为一个典型的以乡村工业化自下而上推动形成的城镇化地区，空间发展长期缺乏科学规划引导，目前形成了沿S314自组织带状延伸的状态，各类建设用地比例失衡，工业用地面积占总建设用地比重高达48%（图10-10），与居民生活密切相关、体现城镇服务水平的公共设施、道路交通和绿地的用地面积严重不足，镇区建设较为无序、杂乱，城镇景观风貌整体较差。土地利用集约程度较低，城镇人均建设用地面积达236m²/人，远超国家标准。

博望镇发展阶段判断表　　　　　　　　　　　　表10-1

基本目标	前工业化阶段	工业化实现阶段			后工业化阶段	博望发展情况
		工业化初期	工业化中期	工业化后期		
人均GDP（2011年，美元）	830~1670	1670~3340	3340~6690	6690~12550	12550以上	7000
三次产业结构	——	一产高，二产低，三产高	一产<20%，二产>三产且比重最大	一产<10%，二产保持高水平，三产持续上升	一产低，二产相对稳定或下降，三产比重最高	一产<4%，三产<15%
城市化水平	30%以下	30%~50%	50%~60%	60%~70%	75%以上	33%（2010年）
一产就业比重	60%以上	45%~60%	30%~45%	10%~30%	10%以上	20.50%

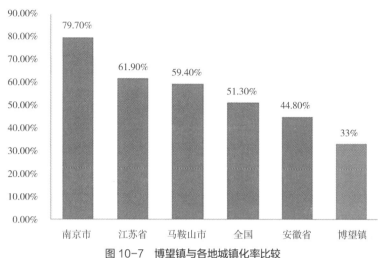

图 10-7　博望镇与各地城镇化率比较

图 10-8　博望镇镇区风貌

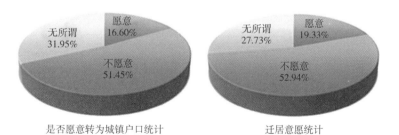

图 10-9　博望镇农民城镇化意愿调查统计图

　　就乡村而言，博望镇域自然村数量众多，共 161 个，密度高达为 1.24 个 /km²，且自然村规模较大 80% 的自然村人口数量大于 200 人（图 10-12），开展农村宅基地整治的成本较高。镇域自然村落呈均质、散点状分布，呈现典型的传统乡村聚落特征。在村庄内部，受传统农村居住模式的影响，村民住宅大多占地较大，农村土地利用较为粗放，人均建设用地达 161m²/ 人。

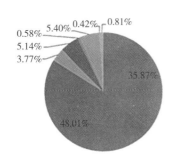

居住用地（35.87%）
工业用地（48.01%）
公共管理与公共服务用地（3.77%）
商业服务业设施用地（5.14%）
公用设施用地（0.58%）
道路与交通设施用地（5.40%）
物流仓储用地（0.42%）
绿地与广场用地（0.81%）

图 10-10 博望镇镇区建设用地平衡表

图 10-11 博望镇景观风貌

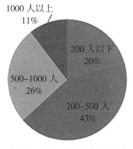

图 10-12 博望镇自然村人口数量分布

3. 城镇综合服务功能尚不健全，城镇吸引力不足

目前，镇区基本公共服务设施数量较为不足（图 10-13），公共管理与公共服务设施用地和商业服务设施用地分别仅占城镇建设用地的 3.86% 和 5.24%；基础设施建设明显滞后，污水处理、环境卫生等设施建设严重缺失；现代服务功能水平整体偏低，尚处于"亦城亦乡"阶段。屡弱的服务配套、较低的生活品质，使得镇区难以对周边农民形成足够的吸引力，从而制约了镇域城乡统筹发展和城镇化的快速推进。

第二节　机遇与形势：区域一体化的城镇发展新动力

一、新型城镇化成为国家战略

《国家新型城镇化规划（2014—2020 年）》提出从区域协调发展以及人民幸福生活来看，就近、就地城镇化应该成为新型城镇化的主体模式。就地城镇化，是指农村劳动力未离开户籍所在地而实现向二、三产业的转移，居住、身份、思想观念与文化逐

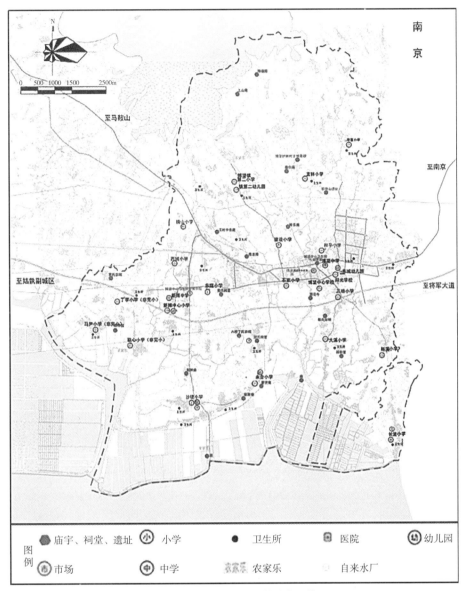

图 10-13 博望镇公共设施分布现状图

图 10-14 博望镇匮乏的基础设施状况

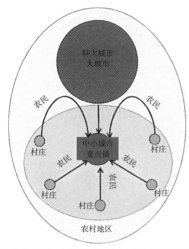

图 10-15　就地城镇化人口流动示意图

渐从农村向城镇转变的过程与现象，有别于过去长距离、长时间的外出务工。

实现就地城镇化，需要将一些具备条件的县城和重点镇培育成新生中小城市（图 10-15）。由于小城镇成长对外部因素敏感性高，离不开外部政治与经济环境的扶持，因此上级政府必须进行前瞻性、精细化、地域化的制度设计，出台相应的配套政策。在此过程中必须鼓励社会资本参与中小城市公共及公用设施投资运营。

当前中国的发展状况下，年轻人在县城居住、工作，而老人在农村务农的模式实现了县城和乡村这种综合成本收益的最优配置格局，所以县城是非常有吸引力的。因此，提供满足年轻人就业与生活需求的公共服务从而留住他们至关重要。博望的就业机会较充足，岗位类型也越来越丰富，就业收入也相对较高，那么就地城镇化的制约因素可能就是公共服务水平较低，教育、医疗、养老设施不够完善，以及城市商贸、娱乐、文化活动相对匮乏等。

二、区划调整推动博望城镇化

为了扩大市区面积以适应城市空间与产业转型升级的战略需要，2011 年马鞍山市政府打破原行政区划界线，成立博望新区并托管当涂县博望、丹阳、新市三镇。2012 年国务院正式批准马鞍山市设立博望区，管辖三镇，区政府驻博望镇（表 10-2、图 10-16）。此次划片设区使得博望由镇上升为区，并且被视为城市东向发展的战略节点，对其未来发展影响深远。

从理论角度分析，马鞍山市划片设区使得博望镇突破了原当涂县的行政界线，在空间上被纳入城区范围，并且成为区首位镇。博望镇从原当涂县域的边缘变为辖区的核心，从乡村腹地变为城区中心。一方面拉近了与市级政府的联系，在行政管

区划调整前后马鞍山市区的面积和人口　　　　　　　　　　表10-2

市辖区	区划调整前				区划调整后			
	金家庄区	花山区	雨山区	市区	花山区（将金家庄区并入）	雨山区	博望区	市区
面积（km²）	53	126	174	353	179	174	351	704
人口（万人）	11	15.56	26.65	53.15	37.5	26.65	18.35	72.5

（资料来源：《马鞍山统计年鉴 2013》）

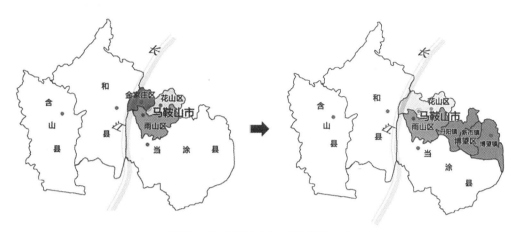

图 10-16 马鞍山市行政区划调整示意

理上实现了"直接对话"，另一方面重构了其相对于周边城镇的关系或位置，与江宁区、溧水区实现"平起平坐"，因此称之为"由镇升区"。由镇升区将对博望镇发展产生以下三方面促进作用。第一，政治经济地位上升。虽然没有改变博望镇的镇建制，但是取消了当涂县对其自上而下的管制，解除了与县城的地位势差以及县城对其资源的虹吸，因而有利于小城镇内部资源的就地整合。第二，管理主体升级。博望镇的管理主体由镇政府转变为"区政府 + 镇政府"，区政府更广、更大的自主管理权限将为小城镇资源开发和综合管理提供更为有利的体制制度保障。第三，职能定位提高。2013 年马鞍山市战略规划（图 10-17）将博望镇定位为"市域东部副城，宁马一体化对接的重要节点"。随后，博望镇新版总体规划将城镇性质从"特色工

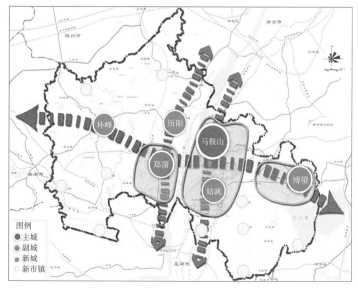

图 10-17 马鞍山市空间发展战略规划

（资料来源：《马鞍山市城市总体规划（2009—2030）》）

业镇"拔高为"全国刃模具和机床生产、销售与集散中心；南京都市圈现代制造业和研发转化基地；马鞍山市东部政治、经济、文化中心"。显然，这将提升其向上争取优惠政策的话语权以及竞争外部资源要素能力，从而为加快就地城镇化奠定有利条件。

第三节　策略与方案：多元统筹牵引下博望镇的跃迁升级

一、目标定位

1. 总体目标

根据博望镇的现状条件和外部形势提出规划的总目标：积极优化镇村布局和城镇空间结构，加强城乡公共服务设施建设，吸引生产要素向城镇集中，大力提升镇区的服务和辐射带动功能，加大城乡生态保护力度，将博望镇建设成为富裕、现代、宜居、美丽的马鞍山市中心副城。

2. 经济发展预测

参考《马鞍山市博望副城总体规划（2010—2030）》的预测结果，2020 年博望镇地区生产总值（GDP）为 125~190 亿元，2030 年为 370~530 亿元。结合近五年的经济增长速度，规划预测近期博望地区生产总值（GDP）年均增长 15% 左右，2020 年全镇地区生产总值（GDP）将达到 170 亿元左右，三次产业结构比重为 4：76：20；远期地区生产总值（GDP）年均增长率略微下降，为 12% 左右，2030 年地区生产总值（GDP）将达到 520 亿元左右，三次产业结构比重为 4：62：34（表 10-3）。

经济发展目标预测结果　　　　　　　　　　表10-3

年份	2010年	2020年	2030年
GDP（亿元）	42	170	520
第一产业	4%	4%	4%
第二产业	86%	76%	62%
第三产业	10%	20%	34%

3. 人口规模预测

根据不同的测算方式可以得到不同的人口规模预测。根据经济规模与就业人口预测，规划近期（2020 年）博望镇经济吸纳就业能力达到苏南 2008 年的水平，则按照 170 亿元的 GDP 和 50% 的劳动参与率计算，博望镇总人口约为 17 万人；规划远期

（2030年）博望镇经济吸纳就业能力维持近期水平，则按照520亿元的GDP和55%的劳动参与率计算，博望镇总人口约为37万人（表10-4）；根据人地关系预测，结合《马鞍山市博望副城总体规划（2010—2020）》和《博望镇土地利用总体规划（2005—2020年）》，近期（2020年）农业人口为1.1万人，农村人口3.3万人；远期（2030年）农业人口为0.5万人，农村人口1.8万人（表10-5）。城镇人口近期约13.7万人，远期约28.0万人。综合以上两种预测方法，规划最终预测博望镇的人口规模为近期博望镇

依据就业吸纳能力预测的人口总量　　　　　　　表10-4

年份	2010年	2020年	2030年
人口总量（万人）	9.1	17	37

农村人口规模预测结果　　　　　　　表10-5

年份	2010	2020	2030
耕地面积（hm²）	7408	7000	6500
人均耕作面积（hm²）	0.30	0.6	1.2
农业人口（万人）	2.4	1.17	0.54
农业人口占农村人口比重（%）	40	35	30
农村人口（万人）	6.1	3.3	1.8

镇域总人口预测结果　　　　　　　表10-6

年份	2010	2020	2030
城镇人口（万人）	3.0	13.6	28.0
农村人口（万人）	6.1	3.3	1.8
镇域总人口（万人）	9.1	17.0	29.8

域总人口为17万人左右，远期博望镇域总人口为30万人左右（表10-6）。

但事实上博望镇每年新增人口数量并不大，而且户籍人口也在外流，人口总量一直相对稳定，维持在10万人上下。所以从人口预测—推测建设用地规模—扩大建成区范围的旧思路，在一定程度上已经难以适应现实发展需求。

4. 建设用地规模预测

依据《城市用地分类与规划建设用地标准》（GB 50137），规划农村人均建设用地为2020年为130m²，2030年为120m²；规划城市人均建设用地：2020年为130m²，2030年为110m²。结合人口规模预测结果，博望镇建设用地规模如表10-7。

博望镇建设用地规模 表10-7

年份	2010	2020	2030
农村人口（万人）	6.1	3.3	1.8
农村人均建设用地（m²/人）	158	130	120
农村建设用地（hm²）	966	429	216
城镇人口（万人）	3.0	13.6	28.0
城镇人均建设用地（m²/人）	236	120	110
城镇建设用地（hm²）	708	1632	3080

根据规划，至2020年博望镇需要农村建设用地429hm²，城镇建设用地1632hm²；至2030年博望镇需要农村建设用地216hm²，城镇建设用地3080hm²。那么，届时可以从农村置换建设用地700~800hm²，极大地实现土地利用的集中、集约与集聚。

二、策略路径

基于目前发展的困境、机遇与条件，博望镇统筹城乡的关键在于通过创新发展思路，明确发展路径，打破城乡低水平、超稳定的格局，实现镇区与乡村的共同发展。为此，规划确立"以人口转移为核心、以空间整合为载体、以产业提升为基础"的统筹路径（图10-18）。

参考相关地区城乡统筹建设的经验，结合博望目前的发展阶段和未来的发展需求，规划树立"示范引领、循序渐进、联动发展"的理念，通过高起点建设镇区，搭建统筹城乡的高水平空间平台，即新城建设，充分发挥示范引领作用，吸引农民进城。同时，创新农村土地流转机制，健全保障体系，有序推进农民的市民化进程，最终实现城乡联动发展。具体包括以下策略：

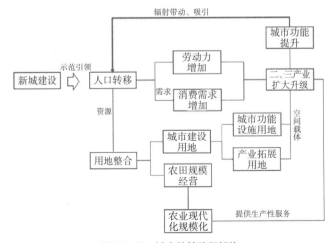

图10-18 城乡统筹路径解构

1.优化政策机制、健全保障体系、有序推进农民市民化进程

在国家政策允许范围内，改革现行土地管理方式，以土地流转制度创新为基础，构建完善的农村土地流转与有偿使用、转让制度体系，创新和激活农业地和宅基地的流转机制，盘活农村土地市场，解除农民进城市民化的瓶颈约束（图10-19）。

建立、健全与经济发展水平相适应，并且适合博望城镇化特点的社会保障体系。针对镇区外围农村，加快农民从以土地为载体的实物保障向基金式的社会保障的转移；对于镇区内部城中村，积极推进失地农民的社会保障体系建设，逐步建立与城镇居民同等的社会保障体系，从而有序推进农民市民化进程（图10-20）。

多层次、多形式地开展职业技能培训，增强失地农民的就业能力。与此同时，教育和引导农民转变观念，改变其原有的传统农民生活方式，树立适应社会经济发展的新生活方式，最终实现农民的市民化。

2.多元支撑，夯实城乡统筹的产业基础

立足博望产业发展现状，通过"优化二产、壮大三产、提升一产"的基本思路夯实城乡统筹的产业基础。推动博望工业转型，加快刃磨具和机械机床等传统产业的转型升级步伐，积极培育新型产业，重点发展高新技术产业。建立多元化投融资渠道，坚持民间资本与招商引资双轮驱动；积极促进产业集群升级，发挥龙头企业带动和品牌效应，打造集聚产业合作平台。进一步做大、做优工业园区，努力提高园区土地的使用效率和投入产出水平。营造区域创新环境，完善创新机制，引进并培育创新型人才，

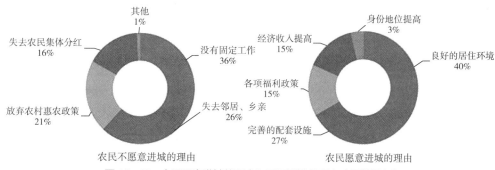

图10-19 农民愿意进城的理由和不愿进城的理由（问卷调查）

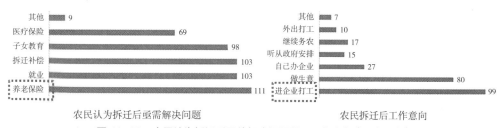

图10-20 农民认为拆迁后亟待解决问题以及工作意向（问卷调查）

创建创新型企业，强化自主品牌建设，形成具备自主创新能力和知识产权的产业体系、企业体系、产品体系和品牌体系，打造创新型区域，建构创新驱动博望发展的新格局。

以副城建设为契机，大力发展第三产业。以生产服务业和生活服务业的完善为先导，促进镇区房地产业、休闲旅游和现代商贸业等生活性服务业的发展，培育和推动现代物流、会展、商务金融等生产性服务业，从而建立完善、发达的第三产业体系，提升城市综合功能，为工业化和城镇化提供坚实的产业支撑。

发展现代农业，推进农业产业化进程。以城镇化过程中的土地流转为契机，创新农业组织模式，培养农业合作社、家庭农场等新型农业经营主体，实现农业规模化经营；调整农业产业结构，发展现代高效农业、都市精品农业等新型农业，实现农业的集约化、专业化。

3.构建城镇化发展的空间平台

采取滚动、渐进、有序建设的方式，启动新城建设的序幕；以新城为统筹城乡空间的载体，推进村庄整合，构建城镇化发展的空间平台；高起点地建设城市核心功能区，高水平建设各项城市综合服务设施，培育现代服务功能，进而提升城市综合服务水平，增强城镇的吸引力，树立副城新形象；建设精致、优美的进城农民安置区，妥善安置进城农民，通过发挥示范效应加速农民进城的步伐。近年来博望中心学校附近教育设施、教育文化服务设施新增明显，可见教育资源对博望农民进城的拉动作用最强，所以提供高水平的教育服务是博望城区留住人、吸引农民进城的关键之一（图10-21）。

三、空间规划

1.各类资源统筹

城乡资源利用状况决定了城乡全面、协调和可持续发展的进程与效果。城乡之间能否实现统筹发展，归根结底在于城乡资源能否实现公平合理、充分高效利用。按照城乡统筹发展的目标要求，规划选取对博望镇城乡发展最为关键的水资源、土地资源

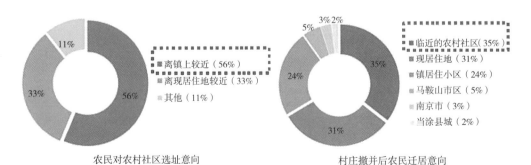

图10-21 农民对农村社区选址意向及村庄撤并后迁居意向（问卷调查）

和旅游资源作为城乡资源统筹的主要对象。在分析现状的基础上，提出对现有资源的梳理、整合、盘活等相应策略，以实现城乡资源的合理流动与配置，达到有限资源最大化利用的目的。

（1）水资源统筹

博望镇水域总面积约 520hm²，其中河流水系 420hm²，小型水塘 100hm²，主要水系依地势自北向南穿城而过，部分河流线型曲折，且易出现淤塞现象，不能满足泄洪要求。另外，小水塘数量众多，零散分布，防洪抗旱、保障生态安全的作用有限。

博望镇水系资料统计

表10-8

编号	水系名称	长度（km）	底宽（m）	河底高程（m）	设计水量（m³/s）
1	小溪港	21	80	6.0~25	100
2	博望河	30	20~80	5.5~38	159
3	高潮河	8	60	6.0~32	120
4	山河	2.5	4~9	5.0~16.0	78
5	西城河	5	60	4.0~26.0	80

基于生态安全、总量平衡、有机整合的原则，对水资源进行统筹规划，具体提出四项统筹措施（图10-22）：拓宽疏浚主要河流，保护生态功能型水资源不减少，适度

河滩整治示意：强化生态保护

局部水系放大示意：提升公共空间

滨水商业街示意：激发城市活力

图 10-22　水资源改造示意图

（图片来源：hty://www.sohu.com/a/151474126-733207）

整合单独分散的水塘，适时启动石臼湖整治工程。规划期内保持博望镇域水域面积不变，近期 2020 年和远期 2030 年博望镇水域面积均为 520hm²。统筹后的水资源主要包括河流和水库两类（图 10-23），其中，河流水域面积约 420hm²，水库面积约 100hm²。规划期内保持博望镇域水域面积不变，近期 2020 年和远期 2030 年博望镇水域面积均为 520hm²。其中，河流水域面积约 420hm²，水库面积约 100hm²。

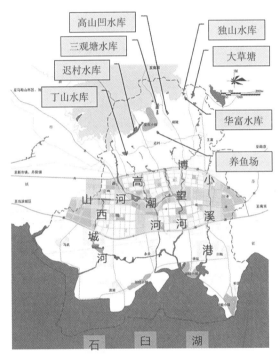

图 10-23　整合规划后的水资源统筹规划图

（2）土地资源统筹

博望镇北倚横山，南濒石臼湖，地势北高南低，属以冲积平原为主的湖积、丘陵岗地交织的地貌类型。镇域土地可以大致分为北部丘陵区、南部水域圩区和中部岗积平原区。全镇现有建设用地共 1880hm²，其中城镇建设用地 708hm²、村庄建设用地 966hm²、区域基础设施 206hm²；非建设用地共 10415hm²，其中水域 520.0hm²，农林用地 8264hm²（包括耕地面积 7352hm² 和北部山区林地面积 912hm²），其他非建设用地 1631hm²（表 10-9）。

规划通过土地资源整合和优化配置来提高土地资源利用效率，保证城乡经济发展用地需求。具体包括：①优先保证城镇建设用地的供应，为博望城区作为博望镇和博望区两级城镇功能设施建设提供用地保障，增强中心城区对周边地区的辐射带

博望镇镇域土地利用现状 表10-9

编号	用地种类			面积（hm²）	比例（%）
1	城乡建设用地			1880	15.29
	其中	城镇建设用地		708	5.76
		村庄建设用地		966	7.86
		区域基础设施		206	1.68
2	非建设用地			10415	84.71
	其中	耕地		7352	59.80
		林地		912	7.42
		水域		520	4.23
		其他非建设用地		1631	13.27
	城乡用地			12295	100.0

动作用；②按照城乡一体、共同发展的要求，把人均建设用地指标作为重要的约束性指标（按照相关法规要求，设定规划期末城镇人均建设用地指标均控制在 110m²/ 人，农村人均建设用地指标均控制在 120m²/ 人），推动城乡用地集约性的提高；③将乡村建设用地的复垦整理与城镇建设用地指标的分配相挂钩，整理出来的原乡村建设用地指标作为城镇建设用地与农村新社区建设用地，以全面彻底地推进博望镇的城市化进程。

综合考虑博望的发展需求，结合《马鞍山市博望副城总体规划（2010—2020）》和《博望镇土地利用总体规划（2005—2020 年）》，最终确定博望镇城乡用地的利用情况，详见表 10-10。

2030年博望镇城乡土地利用平衡表 表10-10

用地种类		现状2011年		近期2020年		远期2030年	
		用地面积（hm²）	比例（%）	用地面积（hm²）	比例（%）	用地面积（hm²）	比例（%）
非建设用地总计		10588	86.1	9701	78.9	8219	66.8
其中	耕地	7352	59.8	7000	56.9	6500	52.9
	林地	912	7.4	1046	8.5	1046	8.5
	水域	520	4.2	520	4.2	520	4.2
	其他非建设用地	1631	13.3	1135	9.2	153	1.2
城乡建设用地总计		1880	13.9	2617	21.2	4076	33.2

用地种类		现状2011年		近期2020年		远期2030年	
		用地面积（hm²）	比例（%）	用地面积（hm²）	比例（%）	用地面积（hm²）	比例（%）
其中	城镇建设用地	708	5.8	1632	13.2	3080	25.1
	乡村建设用地	966	7.9	429	3.5	216	1.8
	弹性建设用地	0	0.0	206	1.7	330	2.7
	区域基础设施	206	1.7	350	2.8	450	3.7
合计		12295	100.0	12318	100.0	12295	100.0

（3）旅游资源统筹

博望镇作为千年古镇，有着丰厚的文化底蕴和众多的人文景观，境内现存西林禅寺、大王庙等多处古迹，北部的横山和南部的石臼湖则是博望镇主要的山水旅游资源。

通过调查、梳理博望镇现状旅游资源情况，对其进行资源评估，规划围绕"一北一南，一山一水"确立发展思路，将横山风景区打造为都市型短假休闲旅游目的地，其中将横山林场作为历史遗迹、宗教景观与原生山野为特色的观光景区，将农业示范园建设为大地景观与运动休闲为特色的都市景观农业示范园。在生态整治的基础上及时引入投资，对石臼湖沿岸地区进行开发。旅游开发应该充分利用珍贵的岸线资源，围绕游艇码头、湖鲜美食和滨水民俗村落等主题进行差异化建设。

2. 城乡聚落统筹

在对村庄建设用地、镇区发展方向和增长边界进行认真研究和统筹考虑的基础上，确定博望镇城乡聚落体系的布局方案，主要包括城乡聚落体系结构、城乡居民点规划和城乡职能体系规划。

（1）城乡聚落体系结构

依据镇域资源要素的统筹利用原则，考虑区域城市化快速发展的趋势，全镇统筹安排各类建设用地，提高土地集约利用水平，促进各类公共服务设施、基础设施的共建共享，构筑城镇集聚、生态开敞的区域空间，形成"三片六轴九点"的城乡聚落组织体系。其中三片指北部横山风景旅游区、中部博望中心城区、南部滨湖农业休闲旅游区；六轴中四横指临山大道、丹博快速路、新314省道、滨湖发展轴，两纵为老314省道—滨湖、博宁—石臼湖通道；九点指迟村、槎陂、王富、马武、滨湖、永合、徐家、长裕和长流等9个乡村新社区。

（2）城乡居民点规划

对居民点按照"城区—社区"两级结构进行规划。各居民点人口与规划用地情况见表10-11。

规划居民点一览表 表10-11

名称	规模（人）	建设用地面积（hm²）	人均建设用地（m²/人）
中心城区	280000	3080	110
迟村	2000	24	120
槎陂	1500	18	120
王富	2000	24	120
马武	2000	24	120
滨湖	3000	36	120
永合	2000	24	120
徐家	1500	18	120
新陶	2000	24	120
长流	2000	24	120
总计	298000	3296	—

（3）城乡职能体系规划

中心城区是博望区和博望镇的综合服务中心，主要包括生活居住功能、城市服务功能、产业功能等，是未来马鞍山东翼—博望副城的核心区域。其中将迟村定位为横山生态旅游区的服务基地，结合横山生态旅游区的开发进行规划建设，主要包括旅游服务、旅游度假和乡村社区等功能；将槎陂定位为北部农业示范园区的服务基地，包括农业技术、日常管理和销售等功能；将王富定位为美好乡村试点，建设为具有浓郁皖南特色的典型性乡村，结合横山旅游区和农业示范园进行旅游开发；将马武定位为未来以现代农业为主；滨湖定位为以农村特色旅游和石臼湖旅游为主，重点打造湖鲜美食小镇；永合定位为以农业生产为主；徐家以石臼湖旅游为主；新陶定位为以农业生产为主；长流定位为突出游艇码头和旅游度假特色的滨湖度假小镇。

聚落职能体系规划一览表 表10-12

名称	主要职能	主要功能
中心城区	博望区综合服务中心	生活居住、城市服务、工业生产
迟村	横山旅游服务基地	旅游服务、旅游度假、乡村社区
槎陂	农业示范园区服务基地	农业技术、日常管理、农产品销售
王富	皖南特色乡村	皖南特色乡村、乡村旅游
马武	乡村新社区	现代农业、农村服务
滨湖	农村特色旅游、石臼湖旅游基地	农村特色旅游、湖鲜小镇
永合	乡村新社区	现代农业、农村服务

续表

名称	主要职能	主要功能
徐家	石臼湖旅游基地	石臼湖旅游
新陶	乡村新社区	现代农业、农村服务
长流	石臼湖旅游度假基地	游艇码头、旅游度假、石臼湖旅游

3. 空间格局划定

（1）对原空间规划进行纠正

指出原规划存在4处问题：①发展方向选择与现状发展阶段不符；②空间增长边界与基础设施门槛不适应；③功能布局与现状自然条件相左；④土地利用与道路交通规划矛盾（图10-24）。

（2）划定空间增长边界

本次规划认为：①新S314为过境快速通道，南向发展必然将过境通道再次演变为城市内部道路，重蹈原S314覆辙，不仅影响区域交通通达性，而且增加城市内外交通干扰；②南部圩区地势低洼，工程地质条件较差，增加建设工程成本；③南部村庄密集，拆迁量大，增加土地征用难度；④南侧500kV高压线对城市南向发展形成阻隔。总之，目前博望城区向南发展弊大于利，因此应限制其向南发展，选择向东西两侧、向北发展。

具体确定城区空间增长边界为：北至500kV高压线，南至新S314，东至博望镇界（即安徽省界），西至博望镇界，总面积约30km²（图10-25）。确定的空间范围符

图10-24　近期2015年副城土地利用规划图（左）远期2030年副城土地利用规划图（右）

（图片来源：《马鞍山市博望副城总体规划（2010—2030）》）

图 10-25　博望镇城区增长边界

合土地利用规划中城镇建设用地的允许建设范围，也位于博望副城总体规划确定的城区规划范围内，同时满足规划期内建设用地的需求。

（3）空间结构方案

规划形成"两心、一核、三轴、三带、三片区"的城区空间结构（图 10-26）。"两心"指政务办公中心和科研教育中心，城区西南依托区政府行政办公、文化设施、商业金融形成政务办公中心，发挥城区行政管理综合服务职能，城区东部围绕规划的刀模具职业教育学院以及研究机构形成科研教育中心。"一核"指现代服务核，围绕城区中心三条水系，规划布局商业金融、商务办公、文化娱乐等现代公共服务设施，形成融自然环境与人工设施于一体，环境优美、功能齐全的城市综合服务核及城区最具活力的地带。城市服务功能用地尽可能集中在中央公园两侧，以最大限度地发挥集聚效应，塑造城市中心（CBD）的形象。"三轴"指纬六路城市发展轴、两博大道城市发展轴和博宁城市发展轴，以两博大道城市发展轴引导现状老镇区向西拓展，起到联系东、中、西三大片区和串联新老城区公共服务中心以及政务中心的作用，并作为城区近期建设的轴线依托；纬六路发展轴作为引导未来北部城区东西向空间延伸的轴线，起到联系东、中、西三大片区和串联工业组团与居住生活服务组团的公共服务中心以及科研教育中心的作用，并作为城区远期建设的轴线依托；博宁城市发展轴以远景规划建设的博宁通道作为城市南北向发展的轴线，联系镇域南北地区的主要轴线，发挥博望与周边区域联系的作用。"三带"为高潮河景观风光带、博望河景观风光带、山河景观风光带，规划利用博望镇丰富的水系资源，依托三条主要河流形成一个带状滨水绿地步行景观带以全面展现山水城市的独特魅力，在保证防洪排涝的前提下，注重两岸建筑和绿化的精致化设计，打造沿河特色景观观光带。"三片区"指东部片区、中部片区、西部片区。其中，中部片区内，镇区居住用地在向西拓展的同时，逐步完善老镇区综合服务片区的建设，保留改造现状老镇区沿街的公共设施，新增公共设施用地围绕行政中心在镇区西部集中，形成协调、有机、完善的空间功能关系；西部片区内，在新片区构建具有复合功能、现代小城市风貌、紧凑布局的新城区，并承担博望城区综合服务、居住生活、工业生产等职能；东部片区内，将城市发展用地向东延至镇界，依托现状工业园建设以进一步扩大成为城东工业组团，并充分利用交通区位优势壮大产业规模，实现产业升级转型。

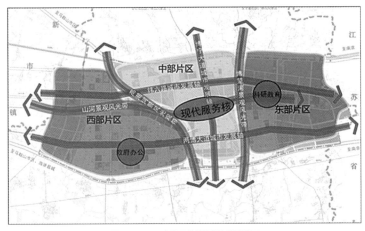

图 10-26　城区空间结构规划图

4. 村庄布点调整

博望镇现状村庄布局分散，均质化特征明显，村庄聚落体系处于低水平稳定状态。镇域内自然村数量众多，规模较大，村庄整体呈均质、散点状分布，局部地区沿水系或道路密集分布。同时，传统农耕聚落方式特征明显，农村道路、治污等基础设施建设滞后，居住环境较差。从各行政村比较来看（图 10-27），远离镇区的行政村人口与辖区面积均较大，邻近镇中心的自然村平均人口规模较大，镇区以南局部地区村庄成"连绵带状"。

在尊重农民意愿、遵循市场规律、坚持规划引导、确保有序实施的原则基础上，通过人口、经济、耕地、建设和意愿 5 个方面指标对乡村聚落整合难度进行评价（表 10-13），综合考虑规划期限和规划范围，将其分为 8 种整合类型（表 10-14）。在

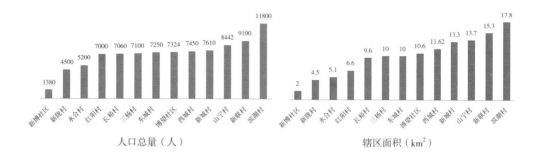

人口总量（人）　　　　　　　　　　　辖区面积（km²）

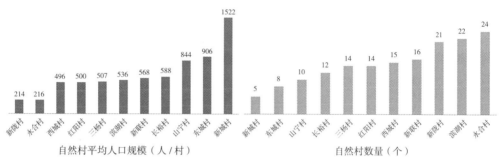

自然村平均人口规模（人/村）　　　　　自然村数量（个）

图 10-27　博望镇各行政村比较

村庄整合难度评价指标体系一览表

表10-13

主指标	二级指标	备选项或统计要求	指标说明	与自然村整合难度的相关性
人口要素	人口规模	直接填写	自然村总人口	正
	潜在城镇化人口比例	面临上学选择的人口的比例（3/15 岁）/待婚人口的比例（18/30，未婚）/	计划让子女进城读书的家庭是潜在的城镇化家庭；计划进镇买房结婚的青年人口是潜在城镇化人口	负
经济要素	家庭年收入水平	分等级选择	直接反映经济收入情况	负
	非农就业比例	务农/在博望镇区就业/在博望镇以外就业	以务农为主要收入来源的人口对农村有较强的依赖性，所以选择在博望镇区和在博望镇以外就业的人口作为量化	负
耕地要素	家庭耕地总面积	直接填写	反映家庭拥有耕地的总面积	正
	基本脱离耕地家庭比例	已经把耕地承包给别人/荒废中/被征用	基本脱离与农业的关系	负
	以务农为主家庭比例	种田大户/承包别人的耕地	种田大户以务农为主要收入来源，对农村有极强的依赖性	正
建设要素	交通条件	与主要道路的距离，数字表示	交通便捷对于农村地区的发展十分重要	正

续表

主指标	二级指标	备选项或统计要求	指标说明	与自然村整合难度的相关性
建设要素	发展资源	滨湖、滨河、临山等；以拥有资源的数量表示	具有重要经济发展资源或者潜在资源的村庄在未来的产业发展中通常会有所作为	正
	是否位于规划区内	1 是 /2 否	位于城镇规划区内的村庄撤并整合难度较小；远离城镇规划区的村庄撤并整合难度较大	负
	房屋建设质量	近 10 年建设住房的比例	现状建设情况对于村庄整合具有一定的影响	正
	公共设施情况	小学、中学、文体活动场地等；以拥有公共设施的数量表示	具有中小学的村庄对周边村庄具有一定的吸引力，具有继续发展潜力	负
	是否位于生态敏感区内	1 是 /2 否	该指标具有否决权	正
	是否有文物保护单位	1 是 /2 否	文物保护单位必须得到保护，是撤并必须考虑的因素；但保护文物单位，不一定要保留整个村庄	负
隐形要素	农民迁居、意愿	1 非常希望 /2 希望 /3 无所谓 /4 不希望 /5 非常不希望	愿意迁居的人口比例	负
	户籍转变意愿	1 非常希望 /2 希望 /3 无所谓 /4 不希望 /5 非常不希望	愿意转变的人口比例	负
	就业意愿	1 农业 /2 非农产业	选择非农产业的比例	负

"正"表示指标数值越大，整合难度越大；反之，负表示越小。

博望镇村庄整理分类 表10-14

编号	类型	位置	期限	近期管制措施	远期管制措施	村民迁居主要去向	自然村	自然村数量
A1	近期就地整合型	城镇近期规划范围内	2020	就地整合	—	城区	巴甸、草屋甸、后迟、前迟、上甸、丁家等	43
A2	近期疏导远期融合型	城镇远期规划范围内	2030	控制疏导	远期融合为居住区	城区	王村、山芋棚、费村、大陶、沈家甸、小庄等	26
B1	近期迁居型	城镇规划范围周边	2020	撤并迁居	—	城区	上坛林、下坛林等	9
B2	近期疏导远期迁居型	城镇规划范围周边	2030	控制疏导	撤并迁居	城区	大袁、李龙、童王、苏村	4

续表

编号	类型	位置	期限	近期管制措施	远期管制措施	村民迁居主要去向	自然村	自然村数量
C1	近期撤并型	城镇规划范围以外	2020	撤并	—	新社区／城区	富墩、太平、小陶、旺保、新屋等	42
C2	近期疏导远期撤并型	城镇规划范围以外	2030	控制疏导	撤并	新社区／城区	江西湾、独山寺、上迟、下迟、丁山等	23
C3	保留优化发展型	城镇规划范围以外	保留	保留	保留	新社区	王富、迟村、槎陂、陈甸、南陈等	11

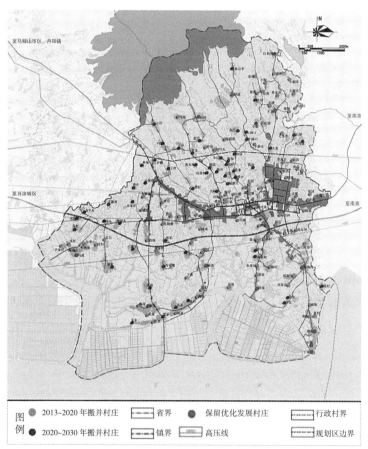

图 10-28　村庄整合时序图

现状 161 个自然村的基础上，对各村庄按时序进行撤并，近期 2020 年之前撤并 94 个，保留 67 个；远期 2030 年之前再撤并 53 个，整合为 9 个居民点（图 10-28）。

　　客观上，外部社会、经济环境是动态的，村庄布点数量和定点不存在最佳方案，当前应以通过审批的《博望镇村庄布点规划》为依据，在现实中根据政府项目和特定需求有针对性地进行乡村建设。

四、实效评估

整个规划编制过程伴随着博望区的成立持续了 5 年时间。在这个发展过程中，最初高等级行政职能的瞬时植入带来了资本寻租，激活了博望产业投资和土地开发，同时也倒逼基层政府治理方式的转型，加快了小城镇各类园区和房地产开发的建设步伐，博望镇在产业经济、城市建设以及公共服务等方面都发生了显著变化。

1.产业集聚扩大与结构调整

由镇升区后，博望突破了长期以来小城镇等级的平台限制，政府借助区级平台进行地方优势产业和创业文化的营销。对外，以国家剪折机床示范区、省级高新区、特色产业集聚区等名片进行全球性招商引资；主办全国刃磨具博览会和博商论坛等大型活动，主动与国内外知名机械制造企业合作，以此拓宽国内外市场，提高"博望品牌"的影响力。对内，凭借博望在城市产业布局及交通规划中的节点位置，积极向市级政府争取各类优惠政策与重大项目。例如，主动将博望横山、石臼湖纳入马鞍山采石矶风景区范围内，借助其 5A 级景区的名片提升本地旅游资源的知名度。通过承办"长三角自行车越野赛"等大型赛事建立与区域大城市的社会经济联系，并激发本地乡村旅游和现代服务业活力。除此之外，由镇升区后政府积极利用新城意象和地方文化的宣传，强化本地居民的城区意识以及对家乡的依恋，从而增加就地发展信心。近 4 年博望镇利用外资达到 300 多亿元，改变了过去长期以来内生增长占主导、外资驱动不足的境况。目前全区各类工业企业达 2000 多家，规模以上企业 130 多家，形成了具有较大规模的特色制造业集聚区，同时酒店、物流、银行等生产性服务企业也逐渐提档升级。即使在宏观经济增长放缓的形势下，全区经济总量和人均收入仍有较大幅度提升。2015 年地区生产总值达到 83 亿元，达到 4 年前的 1.5 倍；城、乡人均收入分别为 3.1 万元、1.8 万元，是当涂县平均水平的 1.5 倍。此外，野蜂等农业合作社项目的正式运营，也加快了农业现代化步伐，三产结构正缓步优化（表 10-15）。

博望区的经济统计数据　　　　　　　　　　　　　　　表10-15

年份	三产结构	规模以上企业总数（家）	规上工业增加值（亿元）	地区生产总值（亿元）	城镇人均收入（亿元）	农村人均纯收入（万元）
2012	4：80：16	—	26	55	1.89	1.17
2013	—	—	31	70	1.89	1.41
2014	—	129	33	77	2.40	1.53
2015	9：70：21	139	38	83	3.08	1.83

注："—"代表缺乏数据。

（资料来源：博望区年度工作报告及博望区"十三五"规划纲要）

2. 城镇空间拓展与功能提升

由镇升区后，区政府首先通过修编总体规划重新划定城镇建设区范围，扩大城镇建设用地规模。在区级国土和规划建设自主管理权支持下，新版总规将三杨等 6 个行政村划入城区范围，规划建设用地面积（28km²）达到原先两倍，因此获得了相对较多的建设用地指标，为小城镇土地开发与老镇区更新提供了可能。近 4 年内博望已累计完成固定资产投资 600 亿元，建成西部城区和东部工业园共约 6km²，包括 15 处商品房小区以及商业综合体、刃磨具市场、酒店以及大型超市等商业商务设施。此外，利用本级财政和上级财政转移资金完善了各类公共设施与市政设施，整治城镇环境卫生，城镇综合服务功能与形象均得到提升，逐渐改变了传统乡镇的面貌，这也是调研中政府与民众反映最突出的变化。对比 2010、2015 年博望镇区建设用地结构图发现：工业用地比重大幅下降，而居住、商业和绿化用地比重相应提高（图 10-29）。

3. 公共管理制度与市区对接

除了硬件设施建设之外，博望区通过各部门重组和制度调整，使得医疗、教育、城管等公共管理制度与市区实现了统一，提高乡镇教育和医疗的硬件设施水平和专业岗位人员配备，逐步缩小了与市区公共管理与公共服务的差距，使其能够发挥区级服务平台的作用。其中包括实施教师"县管校用"办法、中高考制度改革、乡村教师职业技能培训等一系列具体措施，提高本地教育软实力。其次，至 2015 年底博望与马鞍山城区完全对接了老年人高龄津贴制度、就业制度等社保服务制度；本地政府公务员与事业单位职员基本待遇达到了市区同等水平。除此之外，博望本地城乡居民基本

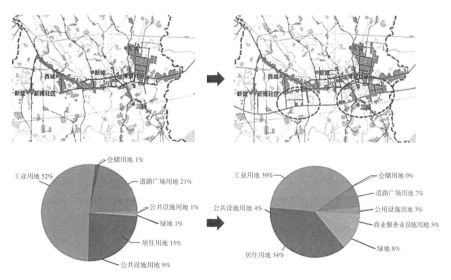

图 10-29 2010 年、2015 年博望镇区土地利用现状和建设用地结构

（图片来源：根据《博望副城总体规划（2010—2030）》、2015 年实地踏勘补充绘制）

养老保险参保率达 90%，城乡居民基本医疗保险也基本实现全覆盖。

以上变化带来的实际结果则是农民就地转移的意愿增强，转移速度加快。由镇升区以来，一方面，由于本地企业数量增长，现代农业、乡村旅游以及第三产业崛起又进一步创造出充足、多样化的非农就业岗位，博望新增外出务工或经商者开始减少，返乡创业者越来越多。统计表明，全区已累计新增个体工商户 1300 户以及私营企业 750 家。根据对企业工人的问卷调查得知：农业转移劳动力在本镇企业工作时间较长并且收入较高，对博望区成立之后的就业机会、工作前景和收入增长的满意度较高，因而近 60% 的人希望继续在本镇上班或做生意，就地转移意愿很强（图 10-30）。另一方面，近年随着博望镇城乡交通、居住、医疗、教育等条件改善，以及商业商务、文体娱乐活动的日益丰富，城镇生活便利程度越来越高，希望上班、上学便利的农村居民纷纷转移进镇。例如近年来博望镇区居住小区的入住率显著提高，带动小区周边配套设施日臻成熟（表 10-16）。其中，博望镇区在校学生人数和教育培训机构数量增加明显，而农村小学则急剧萎缩，学校对吸纳农民进镇的作用最为明显（表 10-17）。此外新农村建设也加快了乡村资源就地整合，推动农民就地转移，甚至外地务工者在博望买房定居现象也越来越普遍。2012年博望镇区常住人口不到 5 万人，现已增长到 5 万人，城镇化率从 30% 提高到 40%。

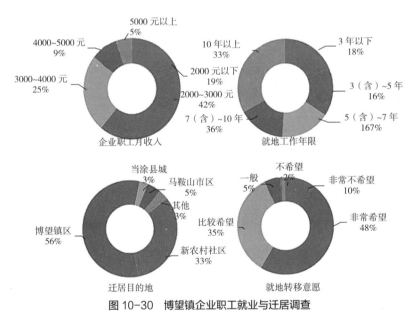

图 10-30　博望镇企业职工就业与迁居调查

博望镇主要商品房小区和安置房小区的入住率　　　　　　　　表10-16

小区	商品房小区						安置房小区	
	多蓝水岸	春江花月园	红旗北路商业街	博望时代花园	众泰紫金城	碧桂花园	三杨新村二村	新城安置小区
建成时间	2008 年	2008 年	2010 年	2010 年	2012 年	2013 年	2012 年	2012 年

续表

小区	商品房小区						安置房小区	
	多蓝水岸	春江花月园	红旗北路商业街	博望时代花园	众泰紫金城	碧桂花园	三杨新村二村	新城安置小区
2013 年	90%	60%	80%	10%	5%	5%	30%	30%
2015 年	90%	80%	90%	40%	40%	40%	80%	80%

（资料来源：根据跟踪观察和居民访谈数据整理）

博望镇各类学校的学生人数以及学习辅导机构数量的变化　　表10-17

类型	中心镇区				农村地区	
	中心学校（人）	阳光中学（人）	石家小学（人）	学习辅导机构（个）	完小数量（个）	教学点（个）
2012 年	1870	1700	300	2-3	14	3
2013 年	1900	1790	330	5	—	—
2014 年	1970	1850	380	7	—	—
2015 年	2050	1900	400	>9	5	1

注：“—”代表缺乏数据。

（资料来源：根据对博望区教育局和各学校电话访谈所得数据整理）

第四节　总结与回顾：城乡统筹规划的过程反思

一、时效性：全过程的规划干预

《博望镇城乡统筹规划（2012—2030）》编制过程持续了 5 年时间，其中项目组与博望区、博望镇政府进行了 4 次正式汇报交流，数十次非正式对接（表 10-18）。从宏观上指导了《博望镇总体规划（2013—2020）》《博望镇村庄布点规划》《博望生态旅游规划》的同步编制，实现与这三个规划的对接、协调，具体如下。

第一阶段：前期沟通

2012 年 9 月，国务院批复马鞍山市成立博望区。

2012 年 10 月，参加博望镇专家咨询会，作城乡统筹主题报告。

第二阶段：项目调研、成果编制及汇报交流

2012 年 11 月，初次实地调研，踏勘横山、石白湖、工业园区、启动区选址；与镇长及相关领导商议城乡规划编制工作。

2012 年 12 月，正式调研，与政府部门进行部门座谈，召开新农村建设大会，分成两个调研组，对 11 个行政村村支部、5 个代表性企业进行走访、问卷调查、实地调研；与城镇建设办公室等部门对接，搜集工业发展各方面资料。

2012 年 1~3 月，工作组整理资料，开会讨论，编制初步成果。

2013 年 3 月 6 日，当地相关部门听取工作组的首次汇报，就初步成果提出重要意见和建议。

2013 年 4 月 11 日，第二轮成果交流。

第三阶段：规划实施、修改完善

2013 年 4 月，第三轮成果交流，项目组根据政府意见作相关修改。

2013 年 4 月，开展城乡规划基本知识主题讲座。

2013 年 5 月底，完成城乡统筹规划说明书编制，与政府部门协商。

2013 年 6 月底，工作组参加马鞍山市规划院编制的《博望镇村庄布点规划》初步评审会，进行有益对接。

2013 年 7 月，召开城乡统筹会议，作为城乡统筹规划编制的公众参与环节。

2013 年 10 月，踏勘横山农业生态园、博望粮站更新改造、湖上餐厅、春江花月、碧桂二期等项目，讨论选址可行性和项目开发等问题；对城乡统筹中的具体项目进行落实。

第四阶段：规划延伸研究

2014 年 3~4 月，在博望进行了 2 次实地调研，对经济发展办公室、博望商会、高新区管委会、华菱公司等进行调研，作为城乡统筹规划调研的补充；结合博望镇政府调研的一户一谈、存量用地整理等资料。

第五阶段：补充调研、规划研究与评审

2016 年 1 月，团队负责人于博望镇作新型城镇化报告。

2016 年 2 月，团队负责人带队与博望镇进行再次对接。

2016 年 5 月，博望镇政府部门领导来南京听取汇报，完成总报告，进入评审环节。

二、参与性：多种形式的公众参与

2012~2013 年工作组开展了"农村居民城镇化意愿调研""农业转移人口城镇化意愿调研"2 次大规模的问卷调研，包括来自 11 个村的 800 多份问卷和 17 个企业的 400 多份问卷。该调研通过对 11 个行政村村干部的正式面对面访谈，了解了各村的发展历史和现实问题；通过 2 次大规模的村民代表大会，向老百姓传达了城乡统筹的要义和政府城乡统筹的基本思路，并听取村民代表需求和意见；通过 4 次主题式（博望设区、城乡统筹、新型城镇化、"十三五"规划）的报告、讲座，提高了城乡居民的参与积极性，提升了对规划的认知力，由此不仅为城乡统筹规划编制提供了第一手资料，同时也为政府相关政策的制定提供了可靠的参考（图 10-31、图 10-32）。此次规划编制过程中政府和规划师之间的面对面以及网络沟通频繁、形式多样、内容丰富，最终在多方交流过程中达成共识。

图 10-31　2012 年 12 月博望镇村委代表大会　　　图 10-32　与博望镇领导与工作组交流

三、动态性：动态的协商式规划

从 2012 年博望区成立以来，中央政府对城镇化的主要思路从以城乡统筹为核心，2014 年国家新型城镇化政策正式出台，2015 年中央提出新常态、供给侧改革等新的发展方针，安徽省马鞍山市新型城镇化指导思路也随之相继推出，宏观发展形势和政策背景变化对博望镇产生了不同程度的影响。在整个规划编制过程中，工作组的规划思路、分析内容和方法也在动态化调整，经历了从最开始增长主义意识形态主导下人口高速增长、空间高速扩张的预测，到当前提出"适度人口集聚、适度空间扩展、存量空间优先"的基本思路，尽可能灵活适应现实发展的需求。

从本次规划自身的定位——面向项目实施、面向公共参与、面向城乡资源统筹的过程跟踪式、协商式规划可以明显看出"集众智、惠城乡"的基本理念。因此，本次规划最大的意义不在于绘制一张宏伟的发展蓝图，而是在规划编制过程中不同管理部门（国土、城建、农委、旅游、美好办等）和不同利益主体（政府、企业家、农民等）带着不同诉求和多种类型项目共同讨论、相互协商，从而得出对小城镇发展目标定位和发展路径转型的指导性建议，以及一系列指导具体项目实施的参考性建议。总之，本项目历时 5 年，将规划组织编制过程作为一个重要事件，工作组长期跟踪服务于博望镇政府各项管理工作，发挥的作用远远大于规划成果本身。

参考文献

[1]   Alexander A.. Britain's New Towns. Garden Cities to Sustainable Communities [J].
      European Planning Studies, 2009, 18（5）: 861-862.

[2]   Campbell S.et al. Reading in Planning Theory [M]. New Work: Blackwell, 1996.

[3]   Frederic J.O., Arnold Whittick. New Towns: Their Origins, Achievement and
      Progress[M].Great Britain: Leonard Hill, 1977.

[4]   Gallion A.B.. The Urban Pattern [M]. Van Nostrand: Van Nostrand Reinhold Company,
      1983.

[5]   Luís M. A., Bettencourt. The Origins of Scaling in Cities [J]. Science, 2013, 340
      （6139）: 1 438-1441.

[6]   Mcgee T. G.. Desakota[M]. The International Encyclopedia of Geography, 2017.

[7]   Pacione M.. Models of urban land use structure in cities of the developed world [J].
      Geography, 2001, 86: 97-119.

[8]   Qadeer M. A.. Ruralopolises: The Spatial Organisation and Residential Land Economy
      of High-density Rural Regions in South Asia [J]. Urban Studies, 2000, 37（9）:
      1583-1603.

[9]   Qian J., Feng D., Zhu H.. Tourism-driven urbanization in China's small town
      development: A case study of Zhapo town, 1986-2003[J]. Habitat International, 2012,
      36（1）: 152-160.

[10] Sauer C. O.. The morphology of landscape [M]. Berkeley: University of California
      publications in geography, 1925.

[11] Shu B., Zhang H., Li Y.. Spatiotemporal variation analysis of driving forces of urban land
      spatial expansion using logistic regression: A case study of port townsin Taicang city,
      China [J]. Habitat International, 2014, 43（4）: 181-190.

[12] Sun S. H.. Urban expansion in contemporary China: What can we learn from a small
      town? [J].Land Use Policy, 2010, 27（3）: 780-787.

[13] [加] 阿维·弗里德曼 . 中小城镇规划 [M]. 周典富译 . 武汉：华中科技大学出版社，
2016.

[14] [美] 保罗·L·诺克斯，[瑞士] 海克迈耶 . 小城镇的可持续性：经济、社会和环
境创新 [M]. 易晓峰，苏燕羚译 . 北京：中国建筑工业出版社，2018.

[15] [美] 杰克·舒尔茨 . 美国的兴旺之城——小城镇成功的 8 个秘诀 [M]. 谢永琴译 .
北京：中国建筑工业出版社，2008.

[16] [英] 舒马赫 . 小的是美好的 [M]. 李华夏译 . 南京：译林出版社，2007.

[17] 安晓力 . 澳大利亚的农村小城镇发展迅速 [J]. 世界农业，1988（2）：62-62.

[18] 白素霞，蒋同朋 . 苏南模式、珠江模式与温州模式的比较分析 [J]. 中国经贸导刊，
2017，34：44-46.

[19] 蔡昉 . 劳动力迁移的两个过程及其制度障碍 [J]. 社会学研究，2001（4）：44-51.

[20] 车前进，段学军，郭垚，曹有挥 . 长江三角洲地区城镇空间扩展特征及机制 [J]. 地
理学报，2011，66（4）：446-456.

[21] 陈白磊，齐同军 . 城乡统筹下大城市郊区小城镇发展研究——以杭州市为例 [J]. 城
市规划，2009（5）：84-87.

[22] 陈博文，彭震伟 . 供给侧改革下小城镇特色化发展的内涵与路径再探——基于长
三角地区第一批中国特色小镇的实证 [J]. 城市规划学刊，2018（1）：73-82.

[23] 陈鹏 . 西方城镇空间结构研究新进展及其启示 [J]. 城镇规划汇刊，2006，22（10）：
81-13.

[24] 陈萍 . 小城镇城市空间形态控制策略研究与实证分析 [M]. 北京：中国水利水电出
版社，2015.

[25] 陈前虎 . 浙江小城镇工业用地形态结构演化研究 [J]. 城市规划学刊，2000（6）：
48-49.

[26] 陈前虎 . 浙江城镇空间形态演化研究 [D]. 浙江：浙江大学，2001.

[27] 陈晓玲 . 环境遥感模型与应用 [M]. 武汉：武汉大学出版社，2014.

[28] 程兰，魏建兵，庞海燕 . 城镇建设用地扩展类型的空间识别及其意义 [J]. 生态学
杂志，2009，28（12）：2593-2599.

[29] 程遥，赵民 . 新时期我国建设"全球城市"的辨析与展望——基于空间组织模型
的视角 [J]. 城市规划，2015（2）：9-15.

[30] 崔功豪 . 近十年来中国城市化研究的进展 [J]. 地域研究与开发，1989（1）：1-5.

[31] 大林，欧永坚 . 中国特色小镇发展报告 2019[M]. 北京：中国发展出版社，2019.

[32] 邓春风 . 过境交通与小城镇空间形态演变的关系探讨——以安徽省岳西县温泉镇

为例 [J]. 小城镇建设，2008（11）：71–73.

[33] 邓冀中，于涛，冯静 . 制度变迁视角下的强镇扩权地域空间效应研究——以江苏省戴南镇为例 [J]. 现代城市研究，2014（10）：39–45.

[34] 丁声俊 . 德国小城镇的发展道路及启示 [J]. 世界农业，2012（2）：60–65.

[35] 段炼，刘玉龙 . 城镇用地形态的理论建构及方法研究 [J]. 城镇发展研究，2006（2）：95–101.

[36] 费孝通 . 小城镇四记 [M]. 北京：新华出版社，1983.

[37] 冯晶 . 京津冀一体化背景下环京小城镇空间发展特征研究——以河北大厂为例 [J]. 城市发展研究，2014（8）：16–20.

[38] 高峰 . 城市空间生产的运作逻辑——基于新马克思主义空间理论的分析 [J]. 学习与探索，2010（1）：9–14.

[39] 高鉴国 . 新马克思主义城镇理论 [M]. 北京：商务印书馆，2006：6–28.

[40] 高立金 . 托达罗的人口流动模型与我国农村剩余劳动力的转移 [J]. 农业技术经济，1997（5）：35–38.

[41] 耿虹，宋子龙 . 资源型旅游小城镇公共服务设施配置探究 [J]. 城市规划，2013（3）：54–58.

[42] 耿虹，赵学彬 . 高速公路推动小城镇发展的作用探究 [J]. 城市规划，2004（9）：43–46.

[43] 谷人旭，钱志刚 . 苏南镇域企业空间集聚问题实证研究 [J]. 经济地理，2001（S1）：191–195.

[44] 顾朝林，甄峰，张京祥 . 集聚与扩散——城镇空间结构新论 [M]. 南京：东南大学出版社，2000.

[45] 顾朝林 . 战后西方城镇研究的学派 [J]. 地理学报，1994，49（4）：371–382.

[46] 顾朝林 . 中国城镇化的"放权"和"地方化"——兼论县辖镇级市的政府组织架构和公共服务设施配置 [J]. 城市与环境研究，2015（3）：14–28.

[47] 关成贺 . 美国小城镇的城市中心 [J]. 小城镇建设，2017（7）：10.

[48] 关为泓 . 基于中美小城镇比较的中国小城镇建设发展研究 [D]. 黑龙江：哈尔滨工业大学，2005：1–140.

[49] 郭强，汪斌锋 . 论中国城镇化的"中镇"模式选择 [J]. 中国名城，2013（5）：4–10.

[50] 郭文炯，郑泽文 . 中国小城镇发展研究热点及近年动态——基于 Citespace 的图谱量化分析 [J]. 中国名城，2019（2）：23–28.

[51] 郭长文 . 美国小城镇观览 [J]. 经济论坛，1998（12）：44–45.

[52] 胡小武. 重构中小城镇发展动力的理性思考 [J]. 中国国情国力，2018（2）：12-14.

[53] 黄天元. 小城镇工业园区建设研究 [J]. 经济地理，2001，21（2）：223-226.

[54] 黄亚平，冯艳，张毅，王洁心. 武汉都市发展区簇群式空间成长过程、机理及规律研究 [J]. 城市规划学刊，2011（5）：1-10.

[55] 姜凡. 美国城镇史学中的人文生态学理论角 [J]. 史学理论研究，2001（2）：105-118.

[56] 金钟范. 韩国小城镇发展政策实践与启示 [J]. 中国农村经济，2004（3）：74-78.

[57] 蓝海涛，黄汉权. 澳大利亚、新西兰小城镇管理与发展经验的借鉴（上）[J]. 小城镇建设，2005（2）：102-104.

[58] 蓝庆新，张秋阳. 日本城镇化发展经验对我国的启示 [J]. 城市，2013（8）：34-37.

[59] 郎鹏飞. 新型城镇化背景下小城镇发展政策研究 [D]. 北京：中国财政科学研究院，2016：64.

[60] 李兵弟，郭龙彪，徐素君，李湉. 走新型城镇化道路，给小城镇十五年发展培育期 [J]. 城市规划，2014，38（3）：9-13.

[61] 李明超. 英国新城开发的回顾与分析 [J]. 管理学刊，2009，22（5）：8-11.

[62] 李清泽. 日本大分县的一村一品运动发展情况 [J]. 世界农业，2006（3）：35-36.

[63] 李松志，武友德，何绍福. 云南省小城镇发展现状和动力机制及发展模式研究 [J]. 云南地理环境研究，2001（S1）：22-25.

[64] 李郇，殷江滨. 劳动力回流：小城镇发展的新动力 [J]. 城市规划学刊，2012（2）：47-53.

[65] 廉伟，王力. 小城镇在城乡一体化中的作用 [J]. 地域研究与开发，2001，20（2）：23-26.

[66] 梁德阔. 小城镇空间结构变迁的形式和动力 [J]. 云南地理环境究，2003，15（2）：72-77，32.

[67] 梁励韵，刘晖. 工业化视角下的小城镇形态演变——以顺德北滘镇为例 [J]. 城市问题，2014（4）：48-52.

[68] 林初昇，马润潮. 我国小城镇功能结构初探——以广东省为例 [J]. 地理学报，1990，45（4）：412-420.

[69] 林凯旋，周敏，黄亚平. 基于"四化同步"背景的城郊型小城镇发展动力、模式研究——以武汉市五里界为例 [J]. 现代城市研究，2015（8）：85-91.

[70] 刘国良. 苏南模式与温州模式、珠江模式的比较 [J]. 浙江经济，2006（18）：36-37.

[71] 刘纪远，王新生，庄大方，张稳，胡文岩. 凸壳原理用于城镇用地空间扩展类型识别 [J]. 地理学报，2003，58（6）：885-892.

[72] 刘健，毛其智，刘佳燕，赵亮等著 . 小城镇总体规划设计作业集 [M]. 北京：清华大学出版社，2016.

[73] 刘琼 . 关中地区小城镇商业空间结构体系优化研究——以岐山凤鸣镇、凤翔城关镇为例 [D]. 长安大学，2012：94.

[74] 刘盛和，吴传钧，陈田 . 评析西方城镇土地利用的理论研究 [J]. 地理研究，2001，20（1）：111-119.

[75] 刘盛和，周建民 . 西方城镇土地利用研究的理论与方法 [J]. 国外城镇规划 2001，1（5）：17-19.

[76] 刘旺，张文忠 . 国内外城镇居住空间研究的回顾与展望 [J]. 人文地理，2004，19（3）：6-11.

[77] 刘杨，傅鸿源 . 中美小城镇发展模式比较 [J]. 城市问题，2009（10）：85-89.

[78] 刘志彪 . 区域一体化发展的再思考——兼论促进长三角地区一体化发展的政策与手段 [J]. 南京师大学报（社会科学版），2012（6）：37-46.

[79] 龙微琳，张京祥，陈浩 . 强镇扩权下的小城镇发展研究——以浙江省绍兴县为例 [J]. 现代城市研究，2012（4）：8-14.

[80] 娄晓峰 . 当涂县城市空间形态演变与影响机制研究 [D]. 东南大学，2018.

[81] 卢峰，杨丽婧 . 日本小城镇应对人口减少的经验——以日本北海道上士幌町为例 [J]. 国际城市规划，网络首发 htty：//kns.cnki.net/kns/brief/default_result.aspx.

[82] 罗震东，何鹤鸣 . 全球城市区域中的小城镇发展特征与趋势研究——以长江三角洲为例 [J]. 城市规划，2013（1）：9-16.

[83] 罗震东，何鹤鸣 . 新自下而上进程——电子商务作用下的乡村城镇化 [J]. 城市规划，2017（3）：31-40.

[84] 马海涛，李强，刘静玉，郭晓娜，刘梦丽，王芳 . 中国淘宝镇的空间格局特征及其影响因素 [J]. 经济地理，2017，37（9）：118-124.

[85] 马荣华，陈雯，陈小卉，段学军 . 常熟市城镇用地扩展分析 [J]. 地理学报，2004，59（3）：418-426.

[86] 马晓冬，李全林，沈一 . 江苏省乡村聚落的形态分异及地域类型 [J]. 地理学报，2012，67（4）：516-525.

[87] 马晓冬，朱传耿，马荣华，蒲英霞 . 苏州地区城镇扩展的空间格局及其演化分析 [J]. 地理学报，2008，63（4）：405-416.

[88] 欧阳江南 . 20 年代以来西方国家城镇内部结构研究进展 [J]. 热带地理，1995，15（3）：209-233.

[89] 彭翀，李婷，彭仲仁等 . 美国小城镇总体规划编制的公共参与组织案例研究——以德州丹顿大学城为例 [J]. 现代城市研究，2016（9）：60-66.

[90] 彭震伟，张文 . 新常态下的特色小城镇规划、建设和管理 [M]. 上海：同济大学出版社，2017.

[91] 彭震伟 . 小城镇发展与实施乡村振兴战略 [J]. 城乡规划，2018（1）：11-16.

[92] 千庆兰，陈颖彪，刘素娴等 . 淘宝镇的发展特征与形成机制解析——基于广州新塘镇的实证研究 [J]. 地理学报，2017（7）：1040-1048.

[93] 秦梦迪，李京生 . 德国慕尼黑大都市区小城镇就业空间关系研究 [J]. 国际城市规划，网络首发 htty：//kns.cnki.net/kns/brief/default_result.aspt.

[94] 申东润 . 韩国小城市发展的经验 [J]. 当代韩国，2010（2）：55-63.

[95] 盛成，黄明华，王爱 . 乡镇撤并对被撤并小城镇镇区的发展影响研究——以苏州市为例 [C]. 2012 年中国城市规划年会论文集，2012.

[96] 石楠 . 西方新古典主义城市地租理论浅述 [J]. 城市规划，1990（5）：28-32.

[97] 石忆邵 . 德国均衡城镇化模式与中国小城镇发展的体制瓶颈 [J]. 经济地理，2015（11）：54-60，70.

[98] 石忆邵 . 中国农村小城镇发展若干认识误区辨析 [J]. 城市规划，2004，94：27-31.

[99] 孙洁，朱喜钢，郭紫雨 . 由镇升区的就地城镇化效应思辨——以马鞍山市博望镇为例 [J]. 现代城市研究，2018（6）：106-112.

[100] 汤铭潭，宋劲松，刘仁根，李永洁 . 小城镇发展与规划（第二版）[M]. 北京：中国建筑工业出版社，2012.

[101] 汤铭潭 . 小城镇规划案例——技术应用示范 [M]. 北京：机械工业出版社，2009.

[102] 唐岳良，陆阳等 . 苏南的变革与发展 [M]. 北京：中国经济出版社，2006.

[103] 唐子来 . 西方城镇空间结构研究的理论和方法 [J]. 城镇规划汇刊，1997（6）：1-11.

[104] 田明，张小林 . 我国乡村小城镇分类初探 [J]. 经济地理，1999（6）：92-96.

[105] 王承慧 . 转型背景下城市新区居住空间规划研究 [M]. 东南大学出版社，2011.

[106] 王岱霞，施德浩，吴一洲等 . 区域小城镇发展的分类评估与空间格局特征研究：以浙江省为例 [J]. 城市规划学刊，2018（2）：89-97.

[107] 王慧英，季任钧 . 中小企业集群与推进我国小城镇经济发展的路径选择 [J]. 人文地理，2006，21（3）：96-98.

[108] 王景新 . 温州"强镇扩权"：探索现代小城镇发展的新途径 [J]. 现代经济探讨，2010（12）：5-8.

[109] 王茵茵，崔玲，陈向军 . 旅游影响下村落向小城镇形态演变特征分析——以大理

市喜洲镇为例 [J]. 华中建筑，2013（4）：156-160.

[110] 王雨村, 王影影, 屠黄桔. 精明收缩理论视角下苏南乡村空间发展策略 [J]. 规划师，2017（1）：39-44.

[111] 王志强. 曼纽尔·卡斯特的结构主义马克思主义城镇理论 [J]. 马克思主义与现实，2014（6）：90-96.

[112] 王志强. 小城镇发展研究 [M]. 东南大学出版社，2007.

[113] 王志宪. 我国小城镇可持续发展研究 [M]. 北京：科学出版社，2012.

[114] 魏后凯. 中国城市行政等级与规模增长 [J]. 城市与环境研究，2014（1）：4-17.

[115] 魏开, 许学强. 城镇空间生产批判——新马克思主义空间研究范式述评 [J]. 城镇问题，2009（4）：83-87.

[116] 翁建荣, 钱哲, 俞亦赟, 张健华. 小城市大未来——中国新型城镇化浙江样本 [M]. 北京：红旗出版社，2018.

[117] 吴康, 方创琳. 新中国 60 年来小城镇的发展历程与新态势 [J]. 经济地理，2009，29（10）：1605-1611.

[118] 吴林芳, 姚萍, 聂康才. 基于 GIS 的浙南镇村空间分析与优化研究 [J]. 小城镇建设，2011（12）：27-32.

[119] 吴志强, 李德华. 城市规划原理 [M]. 中国建筑工业出版社，2010.

[120] 武前波, 徐伟. 新时期传统小城镇向特色小镇转型的理论逻辑 [J]. 经济地理，2018（2）：82-89.

[121] 夏南凯, 王骏. 特色小镇设计开发理论与实践 [M]. 南京：江苏凤凰科学技术出版社，2019.

[122] 许莉. 小城镇公共服务供给结构：理论与实证分析 [M]. 北京：经济管理出版社，2017.

[123] 许学强, 黄丹娜. 近年来珠江三角洲城镇发展特征分析 [J]. 地理科学，1989，9（3）：197-203.

[124] 阳建强等著. 最佳人居小城镇空间发展与规划设计 [M]. 南京：东南大学出版社.2007.

[125] 杨芬. 城镇空间生产的重要论题及武汉市案例研究 [J]. 经济地理，2012，32（23）：61-66.

[126] 杨林防. 对促进小城镇经济发展的思考 [J]. 小城镇建设，2003（12）：78-79.

[127] 杨书臣. 日本小城镇的发展及政府的宏观调控 [J]. 现代日本经济，2002（6）：20-23.

[128] 杨双姝玛，黄庆旭，何春阳，刘紫玟. 中国建设用地空间格局分析 [J]. 地球信息科学学报，2019，21（2）：178–189.

[129] 杨月，朱建达. 苏州小城镇空间形态演变的经济动力机制初探 [J]. 小城镇建设，2011（5）：48–51.

[130] 姚华松, 薛德升, 许学强. 1990年以来西方城市社会地理学研究进展 [J]. 人文地理，2007（3）：12–17.

[131] 姚士谋，陈爽. 我国城镇化建设与可持续发展 [J]. 科学，2009，61（2）：35–38.

[132] 翟健. 国际新城新区建设实践（一）：英国新城——进程及特征 [J]. 城市规划通讯，2015（1）：17.

[133] 詹庆明，徐涛，周俊. 基于分形理论和空间句法的城市形态演变研究——以福州市为例 [J]. 华中建筑，2010，28（4）：7–10.

[134] 张凤超. 资本逻辑与空间化秩序——新马克思主义空间理论述评 [J]. 马克思主义研究，2010（7）：37–45.

[135] 张捷. 当前我国新城规划建设的若干讨论——形势分析和概念新解 [J]. 城市规划，2003，27（5）：71–75.

[136] 张京祥，崔功豪. 城市空间结构增长原理 [J]. 人文地理，2000（4）：15–18.

[137] 张立. 新时期的"小城镇、大战略"——试论人口高输出地区的小城镇发展机制 [J]. 城镇规划学刊，2012（1）：23–32.

[138] 张品. 人类生态学派城镇空间研究述评 [J]. 理论与现代化，2014（5）：96–99.

[139] 张颖，王振坡，杨楠. 美国小城镇规划、建设与管理的经验思考及启示 [J]. 城市，2016（7）：72–79.

[140] 张应祥，蔡禾. 新马克思主义城镇理论述评 [J]. 学术研究，2006（3）：85–89.

[141] 赵晖等著. 说清小城镇：全国121个小城镇详细调查 [M]. 北京：中国建筑工业出版社，2017.

[142] 赵民，游猎，陈晨. 论农村人居空间的"精明收缩"导向与规划策略 [J]. 城市规划，2015（7）：9–18，24.

[143] 赵鹏军，白羽. 不同功能类型的小城镇特征差异性分析 [J]. 小城镇建设，2017（11）：37–43.

[144] 赵小芸. 国内外旅游小城镇研究综述 [J]. 上海经济研究，2009，8：114–119.

[145] 赵新平，周一星. 改革以来中国城市化道路及城市化理论研究述评 [J]. 中国社会科学，2002（2）：132–138.

[146] 赵之枫. 城乡二元住房制度——城镇化进程中村镇住宅规划建设的瓶颈 [J]. 城市

规划汇刊，2003（5）：73-76.

[147] 中国城市规划学会 . 小城镇空间特色塑造指南 [M]. 北京：中国建筑工业出版社，2019.

[148] 中国城市科学研究会 . 中国小城镇和村庄建设发展报告（2017—2018）[M]. 北京：中国建材工业出版社，2018.

[149] 中国赴日本大分县"一村一品运动"考察团 . 日本大分县"一村一品运动"考察报告（摘）[J]. 江西政报，1992（2）：5-9.

[150] 周干峙 . 促使小城市在城镇化过程中发挥更大的作用 [J]. 城市规划，1988（4）：3-5.

[151] 周明生 . 新苏南模式：若干认识与思考 [J]. 江苏行政学院学报，2008（2）：43-51.

[152] 朱传一 . 美国小城镇诺伍德的社区发展 [J]. 中国人口·资源与环境，1994（2）：83-86.

[153] 朱建达 . 小城镇空间形态发展规律：未来规划设计的新理念、新方法 [M]. 南京：东南大学出版社，2014.

[154] 朱建芬，汪先良，蒋书明 . 择优培育小城镇的探索——江苏省重点中心镇发展调研报告 [J]. 小城镇建设，2003（12）：4-7.

[155] 朱建江 . 乡村振兴与中小城市小城镇发展 [M]. 北京：经济科学出版社，2018.

[156] 邹兵 . 我国小城镇产业发展中的困境与展望 [J]. 城市规划学刊，1999（3）：40-45.

[157] 邹兵 . 小城镇的制度变迁与政策分析 [M]. 中国建筑工业出版社，2003.